李嘉璇 著

TensorFlow
技术解析与实战

人民邮电出版社

北京

图书在版编目（CIP）数据

TensorFlow技术解析与实战 / 李嘉璇著． -- 北京：
人民邮电出版社，2017.6（2017.6重印）
  ISBN 978-7-115-45613-7

Ⅰ．①T… Ⅱ．①李… Ⅲ．①人工智能－算法－研究
Ⅳ．①TP18

中国版本图书馆CIP数据核字(2017)第076614号

内 容 提 要

TensorFlow 是谷歌公司开发的深度学习框架，也是目前深度学习的主流框架之一。本书从深度学习的基础讲起，深入 TensorFlow 框架原理、模型构建、源代码分析和网络实现等各个方面。全书分为基础篇、实战篇和提高篇三部分。基础篇讲解人工智能的入门知识，深度学习的方法，TensorFlow 的基础原理、系统架构、设计理念、编程模型、常用 API、批标准化、模型的存储与加载、队列与线程，实现一个自定义操作，并进行 TensorFlow 源代码解析，介绍卷积神经网络（CNN）和循环神经网络（RNN）的演化发展及其 TensorFlow 实现、TensorFlow 的高级框架等知识；实战篇讲解如何用 TensorFlow 写一个神经网络程序并介绍 TensorFlow 实现各种网络（CNN、RNN 和自编码网络等），并对 MINIST 数据集进行训练，讲解 TensorFlow 在人脸识别、自然语言处理、图像和语音的结合、生成式对抗网络等方面的应用；提高篇讲解 TensorFlow 的分布式原理、架构、模式、API，还会介绍 TensorFlow XLA、TensorFlow Debugger、TensorFlow 和 Kubernetes 结合、TensorFlowOnSpark、TensorFlow 移动端应用，以及 TensorFlow Serving、TensorFlow Fold 和 TensorFlow 计算加速等其他特性。最后，附录中列出一些可供参考的公开数据集，并结合作者的项目经验介绍项目管理的一些建议。

本书深入浅出，理论联系实际，实战案例新颖，基于最新的 TensorFlow 1.1 版本，涵盖 TensorFlow 的新特性，非常适合对深度学习和 TensorFlow 感兴趣的读者阅读。

◆ 著　　李嘉璇
  责任编辑　杨海玲
  责任印制　焦志炜

◆ 人民邮电出版社出版发行　北京市丰台区成寿寺路 11 号
  邮编　100164　电子邮件　315@ptpress.com.cn
  网址　http://www.ptpress.com.cn
  三河市海波印务有限公司印刷

◆ 开本：800×1000　1/16
  印张：19.75
  字数：432 千字　　　　　　　　　2017 年 6 月第 1 版
  印数：7 501 - 9 000 册　　　　　　2017 年 6 月河北第 4 次印刷

定价：79.00 元

读者服务热线：(010)81055410　印装质量热线：(010)81055316
反盗版热线：(010)81055315
广告经营许可证：京东工商广登字20170147号

恭喜你选择 TensorFlow，它是最流行的深度学习框架，没有之一。
我相信这是一本能让你坚持看到最后一页的技术书。

谨以此书献给我的挚爱——文森特·梵高先生，他毕生用画作所代表的对生活的美好追求，是我在无数个黑夜中的灵魂伴侣。

序

今天深度学习已经渗透到互联网技术和产品的方方面面，它从学术界的一个研究课题变成了被工业界最广泛应用的关键技术。对于每一个程序员，我认为都应该或多或少了解和掌握深度学习。对于初学者来说，从 TensorFlow 入手是很好的起点。TensorFlow 有谷歌的强大支持，并且有广泛的社区。

本书的作者李嘉璇曾是百度的一名优秀工程师，一位非常勤奋的女生。她在工作之余致力于人工智能的研究，对深度学习框架的架构、应用及编程进行深入钻研，并利用深度学习做图像处理、情感分析、文本挖掘等项目。更为难得的是，她在繁忙的工作之外积极创建 TensorFlow 及深度学习交流社区，同时也活跃于国内各大技术社区。这本书更是她投入了很多个不眠之夜编写而成。

鉴于这样的背景，我认为这本书非常适合希望入门深度学习的程序员。他们可以将本书作为一本入门和实践的书籍阅读。读者可以从本书中了解基本的深度学习原理、典型的模型、大量的 TensorFlow 源代码以及成功的应用范例。从本书出发，读者可以循序渐进，逐步深入，在工作实践中加以运用，领略深度学习的美妙。

余凯

地平线机器人创始人，前百度深度学习实验室主任

前言

缘起

2017年2月，TensorFlow的首届开发者峰会（2017 TensorFlow Dev Summit）在美国的加利福尼亚州举行。在会上，谷歌公司宣布正式发布TensorFlow 1.0版本。本书就是基于最新的1.1.0版本来介绍TensorFlow的技术解析和实战。

人工智能大潮来了。2016年，AlphaGo击败围棋大师李世石后，人工智能的应用仿佛一夜之间遍地开花。在科技潮流的大环境中，现在硅谷的用人单位越来越倾向于雇用既懂理论（思考者）又懂编程（执行者）的工程师。思考者的日常工作是阅读文献以求产生思路，而执行者则是编写代码来实现应用。但是要成为一名真正的工程师，学习机器学习是将思考者和执行者相结合的最快途径。

众所周知，人工智能是高级计算智能最宽泛的概念，机器学习是研究人工智能的一个工具，深度学习是机器学习的一个子集，是目前研究领域卓有成效的学习方法。深度学习的框架有很多，而TensorFlow将神经网络、算法这些平时停留在理论层面的知识，组织成一个平台框架，集合了神经网络的各个算法函数组成一个工具箱，让广大工程师可以专心建造自己的目标领域的"轮子"，而且TensorFlow是基于Python语言的，极易上手，这些优势迅速吸引了全世界的工程师。

我曾经也是一名前后端开发工程师，更专注于后端工程方向，而潜心研究深度学习和TensorFlow后，我被TensorFlow深深地迷住了。我发现它对各行各业将会有很深远的影响，并且会大大地解放劳动力。

与传统工程师的主要工作——实现产品需求或者设计高可用性架构不同，深度学习让人总结和抽象人类是怎样理解和看待问题的，并把这种方式教给机器。例如，在AlphaGo的研究中，人们需要先抽象出人类思考围棋的方式，然后将这种方式抽象成算法，并且配合人类大脑构造中神经网络的传输来实现这些算法。这时，工程师不会再写实现业务需求的逻辑代码，而是深度学习中将神经网络的"黑盒"和模型效果非常好却缺乏"可解释性"的特性相结合，在次次实验中尽量找出规律。记得美国前总统肯尼迪在宣布登月计划时曾说："我们选择去月球，不是因为它简单，而是因为它困难。"今天，我相信，所有致力于人工智能方向的工程师之所以自豪地去研究，也不是因为它简单，而是因为它困难。我们研究它，是因为立足于现在这个点往前看，我们看不到已经建好的高楼大厦，看到的是一片等待我们去发掘的空旷的大地，而这个发掘过程需要的是十足的远见、决心、勇气和信心。

我在学习的过程中，由于深度学习的资料英文的居多，在理解上走了不少弯路。我把学到的知识和原理用心整理并用文字表述出来，写成这本书，希望能帮助没有接触过深度学习的广大程序员迅速上手，而不再被英文阅读理解挡在门外。说实话，TensorFlow 的文档以及 API 接口是比较抽象的，再加上有一些从工程方向转入深度学习的人以前没有过深度学习的经验，所以如果带着工程类程序研发的思维去学习，甚至是实现业务逻辑需求的思维去学习，效果会很差。我希望这本书能为读者呈现一个通俗易懂、形象生动的 TensorFlow，使读者迅速走入深度学习的世界。

在本书的写作过程中，为了能充分挤出时间，深夜当我困倦时，我常常让自己以最不舒服的方式入睡，希望能尽量少睡，以此增加仔细钻研的时间。有时我还会打开电视，将音量设置为静音，感受房间中电视背景光闪烁的动感，以此提醒自己时间的流动。刚开始我会坐在工作台前写作，累了又会抱着笔记本坐在床上继续写作，有时会写着写着不知不觉地睡着，凌晨三四点钟又醒来，感受黑夜里的那片安宁，心情顿时平静，再次投入到钻研中。每每有灵感，都非常激动；每每再次深入一个概念，增删易稿，把原理逼近真相地讲透，都让我非常有成就感。

面向的读者

我素来不爱探究数学公式的推导原理，对符号也很茫然，只是在必须要用时才对这些公式进行详细的推导，但是我却对这些原理在应用层面如何使用出奇地感兴趣。本书的目标就是带读者进入造"应用轮子"的大门。我会以最少的数学公式讲清楚如何用 TensorFlow 实现 CNN、RNN，如何在实战中使用 TensorFlow 进行图片分类、人脸识别和自然语言处理等，以及如何将想训练的数据、想实现的应用亲手做出来。

同时，Python 语言是一门相当高级的语言，有"可执行的伪代码"的美誉，可以用极少的代码行去完成一个复杂的功能，同时 Python 还有极为丰富的第三方库，让全世界很多工程师的开发工作变得异常简单。TensorFlow 是用 Python 语言实现的框架，对很多学生来说非常容易上手，当然，如果是有开发经验的工程师，就更容易学会。如果说设计神经网络模型像是盖一栋大楼，那么 TensorFlow 强大的 API 用起来会让人感觉就像搭积木一样容易。因此，懂点儿 Python，即便不怎么懂数学和算法原理也没关系，尽管跟着我一起学便是。

在翻译学上有一个概念叫作"平行语料库"，这个概念来自制于公元前 196 年的古埃及罗塞塔石碑，石碑上用希腊文字、古埃及文字和当时的通俗体文字刻了同样的内容。在本书进行某个概念的讲解时，虽然是用 Python 代码作示范，但 TensorFlow 前端开发同时也支持多种上层语言，本书讲解过程中也会兼顾到用 C++、Java、Go 语言做开发的读者。

我希望，本书成为不同领域的读者进入人工智能领域的"垫脚石"，也希望所有的读者在人生路上能利用 TensorFlow 这个工具大放异彩。

我有很重的强迫症，因此，在编写本书的过程中，阅读了国内外很多与 TensorFlow 相关的资料，对本书的目录结构和框架经过很多次反复琢磨和调整；在写完之后，我又从头到尾地读过好几遍，并且和了解 TensorFlow 不同方面的人反复交流，根据建议又反复修改。这一切就是希望它能通俗易懂，把读者快速领入深度学习的大门。

这扇门的背后是异彩纷呈的，身怀这门技艺的人是应该非常自豪的，但这扇门的背后也是非常辛苦的，有时数据需要自己去想办法解决，还需要每天看论文，知晓最新科研成果，给自己以启发，反复地做实验，研究算法和模型，寻求提升和解决方法，经常会遇到在很长一段时间没有思路的情况。但是，只要做的东西是开创的，令人称赞的，就会开心地享受这个过程。

我专为本书读者建立了一个 QQ 交流群（320420130），希望在群里与大家深入讨论和交流学习过程中遇到的问题，也希望与大家分享最新的研究成果。

致谢

非常感谢谷歌大脑的工程师 Jeff Dean，在得知我目前正在写这本书的时候，他特地发了邮件鼓励我："听说你写了一本关于 TensorFlow 的书，真是太好了。希望你很享受学习 TensorFlow 的这段经历，并享受运用 TensorFlow 完成各种任务的这种体验。我非常高兴你为中文社区写这本书。"①这让我更坚定了传播 TensorFlow 深度学习的决心。

感谢百度硅谷 AI 实验室资深科学家王益老师关于 AI on Kubernetes 的建议。

感谢在百度工作时的同事陈后江，在写作过程中，我们有时在周末的深夜还进行讨论，印象最深的一次是在大冬天晚上，我们恰好都在外面，相互通了 20 多分钟电话，手冻得像冰棒似的。还要感谢童牧晨玄，他也是深度学习领域的爱好者，对关键的概念理解得非常透彻，能十分精准地讲出原理。

非常感谢《Redis 实战》一书的译者黄健宏，他对技术写作有很丰富的经验。和他聊书总是能聊到凌晨以后，讨论到畅快处，甚至聊到天亮，他对问题的思考就像是"演杂技"一样，精准又恰到好处；同时，他又是一个非常让人感到温暖和踏实的朋友。

非常感谢 iOS 资深开发者唐巧，他在国内社区乐于分享的精神造福了很多的技术从业者，

---

① Jeff Dean 的邮件原文是："It's great that you've written a book about TensorFlow. I hope you enjoyed the experience in learning about TensorFlow and how to accomplish various tasks. I'm glad that you're making your book available for the Chinese speaking community."。

也正是他的推荐让我和本书的编辑杨海玲老师结下了这段美好的情谊。

非常感谢人民邮电出版社的杨海玲编辑，她最开始想到这个写作方向，我们一起一点一点地讨论书的内容，确认书的写作框架。在写作过程中，她的细致、专业、独到的见解也为本书增色不少。她对内容严谨和认真的态度令人动容。

非常感谢中科院计算所刘昕博士对本书第 6 章神经网络的发展提出的建议；感谢曾经的百度同事毕骁鹏对第 8 章、第 9 章、第 13 章、第 14 章、第 20 章、第 21 章提出的极为细致的建议，尤其是他擅长 GPU 和 FPGA 的部分，对本书的硬件加速提供了很多建议；感谢中科院智能信息处理重点实验室常务副主任山世光对第 10 章人脸识别部分提出的建议；感谢刘元震对本书第 11 章提出的建议；感谢我的好朋友容器专家苗立尧对第 17 章提出的建议；感谢百度地图导航专家梁腾腾对第 19 章移动端开发给予的极为细致的建议；感谢阿里巴巴数据科学与技术研究院高级专家孙亮博士对整本书的结构和知识点提出的建议。

感谢我的好朋友吴丽明，曾经那么帮助过我；感谢我的好朋友饶志臻先生，一直诱惑我买苹果设备，有个硬件发烧友真的很幸福；感谢我的闺蜜谢禹曦，好久没有和你聚餐了，甚是思念。

最后，还得感谢一位流行歌手——"火星弟弟"华晨宇，他在舞台上那一次次创意和感染力的演出深深地吸引了我，他在台下那认真刻苦作曲改歌的样子也激励着我，每次想到他的事迹，都给我极大的鼓励。

非常感谢本书的每一位读者，本书的完成过程非常辛苦但也充满甜蜜。我在"知乎"（ID：李嘉璇）和网站（tf.greatgeekgrace.com）上也会回答关于"人工智能"的各类问题，希望通过内容的更新与读者不断交流。另外，由于水平有限，在内容上表述上难免也有遗漏和疏忽，也恳请读者多多指正。

李嘉璇

2017 年 4 月于北京石景山

个人博客：blog.greatgeekgrace.com

TensorFlow 交流社区：tf.greatgeekgrace.com

电子邮箱：qiyueli_2013@163.com

目录

第一篇 基础篇

第1章 人工智能概述 ············· 2
1.1 什么是人工智能 ············· 2
1.2 什么是深度学习 ············· 5
1.3 深度学习的入门方法 ········· 7
1.4 什么是TensorFlow ·········· 11
1.5 为什么要学TensorFlow ······ 12
  1.5.1 TensorFlow的特性 ······ 14
  1.5.2 使用TensorFlow的公司 ··· 15
  1.5.3 TensorFlow的发展 ······ 16
1.6 机器学习的相关赛事 ········· 16
  1.6.1 ImageNet的ILSVRC ····· 17
  1.6.2 Kaggle ·················· 18
  1.6.3 天池大数据竞赛 ········· 19
1.7 国内的人工智能公司 ········· 20
1.8 小结 ························· 22

第2章 TensorFlow环境的准备 ···· 23
2.1 下载TensorFlow 1.1.0 ······· 23
2.2 基于pip的安装 ··············· 23
  2.2.1 Mac OS环境准备 ······· 24
  2.2.2 Ubuntu/Linux环境准备 ·· 25
  2.2.3 Windows环境准备 ····· 25
2.3 基于Java的安装 ············· 28
2.4 从源代码安装 ················ 29
2.5 依赖的其他模块 ·············· 30
  2.5.1 numpy ·················· 30
  2.5.2 matplotlib ·············· 31

  2.5.3 jupyter ·················· 31
  2.5.4 scikit-image ············ 32
  2.5.5 librosa ·················· 32
  2.5.6 nltk ····················· 32
  2.5.7 keras ··················· 33
  2.5.8 tflearn ·················· 33
2.6 小结 ························· 33

第3章 可视化TensorFlow ········ 34
3.1 PlayGround ·················· 34
  3.1.1 数据 ···················· 35
  3.1.2 特征 ···················· 36
  3.1.3 隐藏层 ·················· 36
  3.1.4 输出 ···················· 37
3.2 TensorBoard ················· 39
  3.2.1 SCALARS面板 ········· 40
  3.2.2 IMAGES面板 ·········· 41
  3.2.3 AUDIO面板 ············ 42
  3.2.4 GRAPHS面板 ·········· 42
  3.2.5 DISTRIBUTIONS面板 ·· 43
  3.2.6 HISTOGRAMS面板 ···· 43
  3.2.7 EMBEDDINGS面板 ···· 44
3.3 可视化的例子 ················ 44
  3.3.1 降维分析 ················ 44
  3.3.2 嵌入投影仪 ·············· 48
3.4 小结 ························· 51

第 4 章　TensorFlow 基础知识 …… 52
- 4.1　系统架构 …… 52
- 4.2　设计理念 …… 53
- 4.3　编程模型 …… 54
  - 4.3.1　边 …… 56
  - 4.3.2　节点 …… 57
  - 4.3.3　其他概念 …… 57
- 4.4　常用 API …… 60
  - 4.4.1　图、操作和张量 …… 60
  - 4.4.2　可视化 …… 61
- 4.5　变量作用域 …… 62
  - 4.5.1　variable_scope 示例 …… 62
  - 4.5.2　name_scope 示例 …… 64
- 4.6　批标准化 …… 64
  - 4.6.1　方法 …… 65
  - 4.6.2　优点 …… 65
  - 4.6.3　示例 …… 65
- 4.7　神经元函数及优化方法 …… 66
  - 4.7.1　激活函数 …… 66
  - 4.7.2　卷积函数 …… 69
  - 4.7.3　池化函数 …… 72
  - 4.7.4　分类函数 …… 73
  - 4.7.5　优化方法 …… 74
- 4.8　模型的存储与加载 …… 79
  - 4.8.1　模型的存储与加载 …… 79
  - 4.8.2　图的存储与加载 …… 82
- 4.9　队列和线程 …… 82
  - 4.9.1　队列 …… 82
  - 4.9.2　队列管理器 …… 85
  - 4.9.3　线程和协调器 …… 86
- 4.10　加载数据 …… 87
  - 4.10.1　预加载数据 …… 87
  - 4.10.2　填充数据 …… 87
  - 4.10.3　从文件读取数据 …… 88
- 4.11　实现一个自定义操作 …… 92
  - 4.11.1　步骤 …… 92
  - 4.11.2　最佳实践 …… 93
- 4.12　小结 …… 101

第 5 章　TensorFlow 源代码解析 …… 102
- 5.1　TensorFlow 的目录结构 …… 102
  - 5.1.1　contirb …… 103
  - 5.1.2　core …… 104
  - 5.1.3　examples …… 105
  - 5.1.4　g3doc …… 105
  - 5.1.5　python …… 105
  - 5.1.6　tensorboard …… 105
- 5.2　TensorFlow 源代码的学习方法 …… 106
- 5.3　小结 …… 108

第 6 章　神经网络的发展及其 TensorFlow 实现 …… 109
- 6.1　卷积神经网络 …… 109
- 6.2　卷积神经网络发展 …… 110
  - 6.2.1　网络加深 …… 111
  - 6.2.2　增强卷积层的功能 …… 115
  - 6.2.3　从分类任务到检测任务 …… 120
  - 6.2.4　增加新的功能模块 …… 121
- 6.3　MNIST 的 AlexNet 实现 …… 121
  - 6.3.1　加载数据 …… 121
  - 6.3.2　构建网络模型 …… 122
  - 6.3.3　训练模型和评估模型 …… 124
- 6.4　循环神经网络 …… 125
- 6.5　循环神经网络发展 …… 126
  - 6.5.1　增强隐藏层的功能 …… 127
  - 6.5.2　双向化及加深网络 …… 129
- 6.6　TensorFlow Model Zoo …… 131
- 6.7　其他研究进展 …… 131
  - 6.7.1　强化学习 …… 132
  - 6.7.2　深度森林 …… 132
  - 6.7.3　深度学习与艺术 …… 132
- 6.8　小结 …… 133

第 7 章　TensorFlow 的高级框架 …… 134
- 7.1　TFLearn …… 134

7.1.1 加载数据……134	7.2.1	Keras 的优点……136
7.1.2 构建网络模型……135	7.2.2	Keras 的模型……136
7.1.3 训练模型……135	7.2.3	Keras 的使用……137
7.2 Keras……135	7.3 小结……141

第二篇 实战篇

第 8 章 第一个 TensorFlow 程序……144
8.1 TensorFlow 的运行方式……144
    8.1.1 生成及加载数据……144
    8.1.2 构建网络模型……145
    8.1.3 训练模型……145
8.2 超参数的设定……146
8.3 小结……147

第 9 章 TensorFlow 在 MNIST 中的应用……148
9.1 MNIST 数据集简介……148
    9.1.1 训练集的标记文件……148
    9.1.2 训练集的图片文件……149
    9.1.3 测试集的标记文件……149
    9.1.4 测试集的图片文件……150
9.2 MNIST 的分类问题……150
    9.2.1 加载数据……150
    9.2.2 构建回归模型……151
    9.2.3 训练模型……151
    9.2.4 评估模型……152
9.3 训练过程的可视化……152
9.4 MNIST 的卷积神经网络……156
    9.4.1 加载数据……157
    9.4.2 构建模型……157
    9.4.3 训练模型和评估模型……159
9.5 MNIST 的循环神经网络……161
    9.5.1 加载数据……161
    9.5.2 构建模型……161
    9.5.3 训练数据及评估模型……163
9.6 MNIST 的无监督学习……164
    9.6.1 自编码网络……164

    9.6.2 TensorFlow 的自编码网络实现……165
9.7 小结……169

第 10 章 人脸识别……170
10.1 人脸识别简介……170
10.2 人脸识别的技术流程……171
    10.2.1 人脸图像采集及检测……171
    10.2.2 人脸图像预处理……171
    10.2.3 人脸图像特征提取……171
    10.2.4 人脸图像匹配与识别……172
10.3 人脸识别的分类……172
    10.3.1 人脸检测……172
    10.3.2 人脸关键点检测……173
    10.3.3 人脸验证……174
    10.3.4 人脸属性检测……174
10.4 人脸检测……175
    10.4.1 LFW 数据集……175
    10.4.2 数据预处理……175
    10.4.3 进行检测……176
10.5 性别和年龄识别……178
    10.5.1 数据预处理……179
    10.5.2 构建模型……181
    10.5.3 训练模型……182
    10.5.4 验证模型……184
10.6 小结……185

第 11 章 自然语言处理……186
11.1 模型的选择……186
11.2 英文数字语音识别……187
    11.2.1 定义输入数据并预处理数据……188

11.2.2　定义网络模型·················188
　　11.2.3　训练模型·····················188
　　11.2.4　预测模型·····················189
11.3　智能聊天机器人·····················189
　　11.3.1　原理··························190
　　11.3.2　最佳实践·····················191
11.4　小结··································200

第12章　图像与语音的结合··········201
12.1　看图说话模型·······················201
　　12.1.1　原理··························202
　　12.1.2　最佳实践·····················203
12.2　小结··································205

第13章　生成式对抗网络··············206
13.1　生成式对抗网络的原理············206
13.2　生成式对抗网络的应用············207
13.3　生成式对抗网络的实现············208
13.4　生成式对抗网络的改进············214
13.5　小结··································214

第三篇　提高篇

第14章　分布式TensorFlow···········216
14.1　分布式原理··························216
　　14.1.1　单机多卡和分布式··········216
　　14.1.2　分布式部署方式·············217
14.2　分布式架构··························218
　　14.2.1　客户端、主节点和工作
　　　　　　节点的关系·················218
　　14.2.2　客户端、主节点和工作
　　　　　　节点的交互过程············220
14.3　分布式模式··························221
　　14.3.1　数据并行·····················221
　　14.3.2　同步更新和异步更新······222
　　14.3.3　模型并行·····················224
14.4　分布式API··························225
14.5　分布式训练代码框架···············226
14.6　分布式最佳实践·····················227
14.7　小结··································235

第15章　TensorFlow线性代数编译
　　　　　框架XLA·························236
15.1　XLA的优势··························236
15.2　XLA的工作原理····················237
15.3　JIT编译方式························238
　　15.3.1　打开JIT编译·················238
　　15.3.2　将操作符放在XLA
　　　　　　设备上·······················238

15.4　JIT编译在MNIST上的实现······239
15.5　小结··································240

第16章　TensorFlow Debugger·······241
16.1　Debugger的使用示例···············241
16.2　远程调试方法·······················245
16.3　小结··································245

第17章　TensorFlow和Kubernetes
　　　　　结合································246
17.1　为什么需要Kubernetes············246
17.2　分布式TensorFlow在Kubernetes
　　　中的运行······························247
　　17.2.1　部署及运行···················247
　　17.2.2　其他应用·····················253
17.3　小结··································254

第18章　TensorFlowOnSpark·········255
18.1　TensorFlowOnSpark的架构······255
18.2　TensorFlowOnSpark在MNIST
　　　上的实践······························257
18.3　小结··································261

第19章　TensorFlow移动端应用·····262
19.1　移动端应用原理·····················262
　　19.1.1　量化···························263
　　19.1.2　优化矩阵乘法运算·········266
19.2　iOS系统实践························266
　　19.2.1　环境准备·····················266

  19.2.2 编译演示程序并运行……267
  19.2.3 自定义模型的编译及
     运行……………………269
 19.3 Android 系统实践………………273
  19.3.1 环境准备………………274
  19.3.2 编译演示程序并运行……275
  19.3.3 自定义模型的编译及
     运行……………………277
 19.4 树莓派实践……………………278
 19.5 小结……………………………278
第 20 章 TensorFlow 的其他特性………279
 20.1 TensorFlow Serving……………279
 20.2 TensorFlow Flod………………280
 20.3 TensorFlow 计算加速…………281
  20.3.1 CPU 加速………………281
  20.3.2 TPU 加速和 FPGA
     加速……………………282
 20.4 小结……………………………283
第 21 章 机器学习的评测体系……………284
 21.1 人脸识别的性能指标……………284
 21.2 聊天机器人的性能指标…………284
 21.3 机器翻译的评价方法……………286
  21.3.1 BLEU……………………286
  21.3.2 METEOR………………287
 21.4 常用的通用评价指标……………287
  21.4.1 ROC 和 AUC……………288
  21.4.2 AP 和 mAP………………288
 21.5 小结……………………………288
附录 A 公开数据集…………………………289
附录 B 项目管理经验小谈…………………292

第一篇
基础篇

著名历史学家斯塔夫里阿诺斯在《全球通史》中,曾以15世纪的航海在"物理上"连通"各大洲"作为标志将人类历史划分为两个阶段。在我正在写作的《互联网通史》中,我把互联网这个"信息上"连通"人类个体"的物件作为划分人类历史的标志。而随着人工智能最近的崛起,我们又该思考重新划分了,因为人工智能将会在"信息上"连通"各个物体"。到那时各个物体都有"智能",如智能汽车、智能电视、扫地机器人、智能音响等智能家居,想象极度的智能下,屋子里的电器和家居都可能和我们有简单的交互。

深度学习领域之所以异军突起,是因为传统的研发思维,如架构、组件化、大规模并发、存储与计算等,已经是技术红海了,而每位工程师都应该学习机器学习,是因为它带给工程师全新的开发思维,工程师可以用自己的代码让机器更加"聪明"。

第 1 章

人工智能概述

有人说，人工智能在世界范围的流行，是因为那盘围棋。2016 年 3 月，谷歌公司的 AlphaGo 向韩国棋院围棋九段大师李世石发起挑战，而这棋局走法的可能性有 361!种，最终 AlphaGo 战胜了这场"棋局数比可见宇宙中的原子数还多"的智力游戏。2015 年 11 月 9 日（在距这场比赛前 4 个月），谷歌公司开源了它的第二代深度学习系统 TensorFlow，也就是 AlphaGo 的基础程序。

1.1 什么是人工智能

什么是人工智能（artificial intelligence，AI）？要了解这个问题，我们先来看看人工智能的几个应用。

1. 微软小冰

相信很多朋友手机里都有关注"微软小冰"的公众号，这是微软（亚洲）互联网工程院的一款人工智能伴侣虚拟机器人，跟它聊天时你会发现，小冰有时回答得非常切中你的心意，而有时逻辑上表达却有点儿对不上上下文，所以你觉得它时而回答得不错像人，时而又一眼看穿它是个机器人。这种能否判断对方究竟是人还是机器人的思维实验，叫作"图灵测试"。

图灵测试是计算机科学之父英国人艾伦·图灵提出的，这是一种测试机器是否具备人类智能的方法。图灵设计了一种"模仿游戏"：远处的人在一段规定的时间内，根据两个实体——电脑和人类对他提出的各种问题来判断对方是人类还是电脑。[①]具体过程如图 1-1 所示。C 向 A 和 B 提出问题，由 C 来判断对方是人类还是电脑。通过一系列这样的测试，从电脑被误判断为人的概率就可以测出电脑的智能程度，电脑越被误判成人，说明智能程度就越高。

---

① 参考百度百科"图灵测试"。

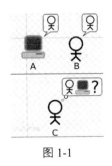

图 1-1

这种情感对话能力就是人工智能的一个方向。而现在微软小冰更是可以通过文本、图像、视频和语音与人类展开交流，逐渐具备能看、能听和能说的各种人工智能感官，并且能够和人类进行双向同步交互。

2．人脸识别

现在许多电脑开机密码、支付宝的刷脸支付、客流的闸机通行都有采用人脸识别技术。目前市面上也有许多人脸识别考勤机。很多公司已经采用了人脸闸机打卡签到技术，当有人刷脸打卡签到时，识别出这个人的面部特征，考勤机会将其与公司的员工信息进行比对，完成身份识别，确认后，便可开闸放行。

更进一步讲，人脸识别中还可以识别出人物的年龄、性别、是否佩戴眼镜、是否有笑容、情绪欢乐或悲伤，以及眼睛、鼻子、嘴等关键部位，这就是人脸关键点检测。图 1-2 就是人脸关键点检测的一个示例。

图 1-2

国内有一些公司在人脸识别上已经达到了先进水平，如云从科技、旷视科技、商汤科技等。旷视科技的 Face++有目前世界一流的人脸追踪、识别、分析等服务应用，面向开发者的云平台及 API、SDK，已经可以直接调用。

以上是人工智能应用的两个例子。百度百科上给出的人工智能的解释是："它是研究、开发用于模拟、延伸和扩展人的智能的理论、方法、技术及应用系统的一门新的技术科学。人工智能是计算机科学的一个分支，它企图了解智能的实质，并生产出一种新的能以人类智能相似的方式做出反应的智能机器，该领域的研究包括机器人、语言识别、图像识别、自然语言处理和专家系统等。"[1]

简而言之，人工智能就是研究用计算机来实现人类的智能，例如，去模仿人类的知觉、推理、学习能力等，从而让计算机能够像人一样思考和行动，有图像识别（机器识别出猫猫狗狗）、人机对话（机器感知到人类的语义和情感，并给出反馈）、围棋的人机对弈（AlphaGo、Master等让机器自己思考去下棋）等。

国际上的谷歌、苹果、亚马逊、微软等巨大公司都在"两条腿走路"，一方面在做研发项目，如"谷歌大脑"（Google Brain），另一方面同时发力智能家居，如"Google Home 智能音箱"，希望把设备当成人来交流。国内的阿里、腾讯、百度、搜狗、地平线等公司以及很多不同领域的创业公司也都在积累的大量数据上，开始尝试训练出高效的模型，不断优化业务指数。

那么，机器是如何实现人类的智力的呢？其实，机器主要是通过大量的训练数据进行训练，程序不断地进行自我学习和修正来训练出一个模型，而模型的本质就是一堆参数，用上千万、上亿个参数来描述业务的特点，如"人脸""房屋地段价格""用户画像"的特点，从而接近人类智力。这个过程一般采用的是机器学习以及机器学习的子集——深度学习（deep learning），也就是结合深度神经网络的方法来训练。所以说，深度学习方法是能够迅速实现人工智能很有效的工具。

AlphaGo 的原理

20 年前，IBM 的"深蓝"计算机打败人类象棋高手的情景仿佛还历历在目。20 年后，人工智能挑战最难的棋类——围棋棋局也成功了。那么 AlphaGo 是如何下棋的呢？我们知道，传统计算机的下棋方法，一般采取贪婪算法，用 Alpha-Beta 修剪法配合 Min-Max 算法。而 AlphaGo 采用了蒙特卡洛树搜索法（Monte Carlo tree search，MCTS）和深度卷积神经网络（deep convolutional neural network，DCNN）相结合。模型中涉及的主要网络及作用如下。

- 估值网络（value network，也称盘面评估函数）：计算出盘面的分数。
- 策略网络（policy network）：计算对于下每一个棋子的概率和胜率。它评估对手和自己可能下的位置，对可能的位置进行评估和搜寻。

训练模型的主要过程分为以下 4 步。

（1）采用分类的方法得到直接策略。
（2）直接策略对历史棋局资料库进行神经网络学习，得到习得策略。
（3）采用强化学习的方法进行自我对局来得到改良策略。

---

[1] 参考百度百科"人工智能"。

（4）用回归的方法整体统计后得到估值网络。

这里的神经网络部分都采用的是深度卷积神经网络，在自我对局的部分采用的是蒙特卡洛树状搜寻法（MCTS）。

更详细的论文见谷歌公司发表在《自然》(*Nature*)上的论文《Mastering the game of Go with deep neural networks and tree search》。

1.2 什么是深度学习

深度学习，顾名思义，需要从"深度"和"学习"两方面来谈。

1. 深度

深度学习的前身是人工神经网络（artificial neural network，ANN），它的基本特点就是试图模仿人脑的神经元之间传递和处理信息的模式。神经网络这个词本身可以指生物神经网络和人工神经网络。在机器学习中，我们说的神经网络一般就是指人工神经网络。

图 1-3 给出的是一个最基本的人工神经网络的 3 层模型。

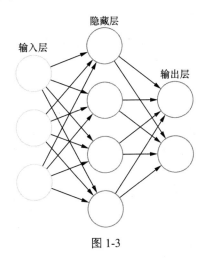

图 1-3

人工神经网络由各个层组成，输入层（input layer）输入训练数据，在输出层（output layer）输出计算结果，中间有 1 个或多个隐藏层（hidden layer），使输入数据向前传播到输出层。"深度"一词没有具体的特指，一般就是要求隐藏层很多（一般指 5 层、10 层、几百层甚至几千层）。

人工神经网络的构想源自对人类大脑的理解——神经元的彼此联系。二者也有不同之处，人类大脑的神经元是按照特定的物理距离连接的，而人工神经网络有独立的层和连接，还有数据传播方向。

例如，我们拿一张图片，对它做一些预处理，如图像居中、灰度调整、梯度锐化、去除噪声、倾斜度调整等，就可以输入到神经网络的第一层。然后，第一层会自己提取这个图像的特征，把有用的特征向下传递，直到最后一层，然后输出结果。这就是一次前向传播（forword propagation）。

最后一层的输出要给出一个结论，例如，在分类问题中，要告诉我们到底输入的图像是哪个类别，一般它会给出一个"概率向量"。如图1-4所示，列出了这只猫所属品种的前5个概率值。

图 1-4

人工神经网络的每一层由大量的节点（神经元）组成，层与层之间有大量连接，但是层内部的神经元一般相互独立。深度学习的目的就是要利用已知的数据学习一套模型，使系统在遇见未知的数据时也能够做出预测。这个过程需要神经元具备以下两个特性。

（1）激活函数（activation function）：这个函数一般是非线性函数，也就是每个神经元通过这个函数将原有的来自其他神经元的输入做一个非线性变化，输出给下一层神经元。激活函数实现的非线性能力是前向传播（forword propagation）很重要的一部分。

（2）成本函数（cost function）：用来定量评估在特定输入值下，计算出来的输出结果距离这个输入值的真实值有多远，然后不断调整每一层的权重参数，使最后的损失值最小。这就是完成了一次反向传播（backword propagation）。损失值越小，结果就越可靠。

神经网络算法的核心就是计算、连接、评估、纠错和训练，而深度学习的深度就在于通过不断增加中间隐藏层数和神经元数量，让神经网络变得又深又宽，让系统运行大量数据，训练它。

2．学习

什么是"学习"？有一些成语可以概括：举一反三、闻一知十、触类旁通、问牛知马、融会贯通等。计算机的学习和人类的学习类似，我们平时大量做题（训练数据），不断地经过阶段性考试（验证数据）的检验，用这些知识和解题方法（模型）最终走向最终（测试数据）的考场。

最简单也最普遍的一类机器学习算法就是分类（classification）。对于分类，输入的训练数据有特征（feature），有标记（label），在学习中就是找出特征和标记间的映射关系（mapping），通过标记来不断纠正学习中的偏差，使学习的预测率不断提高。这种训练数据都有标记的学习，称为有监督学习（supervised learning）。

无监督学习（unsupervised learning）则看起来非常困难。无监督学习的目的是让计算机自己去学习怎样做一些事情。因此，所有数据只有特征而没有标记。

无监督学习一般有两种思路：一是在训练时不为其指定明确的分类，但是这些数据会呈现出聚群的结构，彼此相似的类型会聚集在一起。计算机通过把这些没有标记的数据分成一个个组合，就是聚类（clustering）；二是在成功时采用某种形式的激励制度，即强化学习（reinforcement learning，RL）。对强化学习来说，它虽然没有标记，但有一个延迟奖赏与训练相关，通过学习过程中的激励函数获得某种从状态到行动的映射。强化学习一般用在游戏、下棋（如前面提到的 AlphaGo）等需要连续决策的领域。（6.7.1 节会讲解强化学习的应用。）

有人可能会想，难道就只有有监督学习和无监督学习这两种非黑即白的关系吗？二者的中间地带就是半监督学习（semi-supervised learning）。对于半监督学习，其训练数据一部分有标记，另一部分没有标记，而没标记数据的数量常常极大于有标记数据的数量（这也符合现实，大部分数据没有标记，标记数据的成本很大）。它的基本规律是：数据的分布必然不是完全随机的，通过结合有标记数据的局部特征，以及大量没标记数据的整体分布，可以得到比较好的分类结果。

因此，"学习"家族的整体构造如图 1-5 所示[①]。

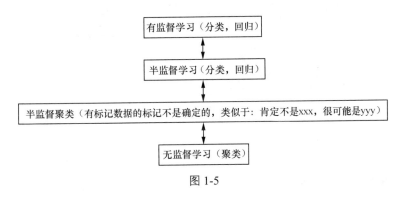

图 1-5

关于有监督学习和无监督学习在实战中的应用，会在本书"实战篇"中介绍。

1.3 深度学习的入门方法

要想入门深度学习，需要两个工具，即算法知识和大量的数据，外加一台计算机，如果有 GPU 就更好了，但是因为许多入门初学者的条件有限，没有 GPU 也可以，本书的许多讲解都

---

① 参考威斯康星大学麦迪逊分校一个 ppt 的第 14 页：http://pages.cs.wisc.edu/~jerryzhu/pub/sslicml07.pdf。

是基于 Mac 笔记本完成的。

我把深度学习的入门过程整理成图 1-6 所示的 7 个步骤。

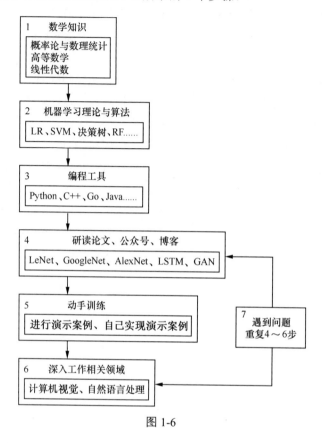

图 1-6

下面就来详细介绍一下这 7 个步骤。

1. 学习或者回忆一些数学知识

因为计算机能做的就只是计算，所以人工智能更多地来说还是数学问题[①]。我们的目标是训练出一个模型，用这个模型去进行一系列的预测。于是，我们将训练过程涉及的过程抽象成数学函数：首先，需要定义一个网络结构，相当于定义一种线性非线性函数；接着，设定一个优化目标，也就是定义一种损失函数（loss function）。

而训练的过程，就是求解最优解及次优解的过程。在这个过程中，我们需要掌握基本的概率统计、高等数学、线性代数等知识，如果学过就最好，没学过也没关系，仅仅知道原理和过

---

① 这里，一些人担心人工智能超越人类还会产生哲学和伦理问题。我认为做这种讨论还为时尚早，严谨的数据基础是要突破的主要方向。

程即可,有兴趣的读者可以涉猎一些推导证明。

2. 掌握经典机器学习理论与基本算法

这些基本算法包括支持向量机、逻辑回归、决策树、朴素贝叶斯分类器、随机森林、聚类算法、协同过滤、关联性分析、人工神经网络和 BP 算法、PCA、过拟合与正则化等。①

在本书"实战篇"的第 8 章到第 13 章的例子中也有贯穿这些算法知识,保证读者可以用它写出一个小的 TensorFlow 程序。

3. 掌握一种编程工具(语言)

Python 语言是一种解释型、面向对象、动态数据类型的高级程序设计语言。Python 是很多新入门的程序员的入门编程语言,也是很多老程序员后来必须掌握的编程语言。我们需要重点掌握使用线性代数库和矩阵的操作,尤其是 Numpy、Pandas 第三方库,也要多试试机器学习的库,如 sklearn,做一些 SVM 及逻辑回归的练习。这对直接上手写 TensorFlow 程序大有裨益。

有些工业及学术领域的读者还可能擅长 MATLAB 或 R,其实现算法的思想和 Python 也很类似。

同时考虑到许多读者是使用 C++、Java、Go 语言的,TensorFlow 还提供了和 Python "平行语料库"的接口。虽然本书是主要是基于 Python 讲解的,对于其他语言的原理和应用 API 也都非常类似,读者把基础掌握后,只需要花很短的时间就能使用自己擅长的语言开发。另外对于 Java 语言的同学,本书第 18 章会讲解 TensorFlowOnSpark,第 19 章会讲到 TensorFlow 的移动端开发。

4. 研读经典论文,关注最新动态和研究成果

一些经典论文是必读的。例如,要做手写数字识别,若采用 LeNet,要先阅读一下 LeNet 的学术论文;要做物体目标检测的训练,若选定 MSCNN 框架,可以先读 MSCNN 相关的论文。那么,论文从哪里找呢?那么多论文应该读哪篇呢?

下面以 GoogleNet 的 TensorFlow 实现为例。在 GitHub② 上,一般在开头的描述中就会说明这个模型所依据的论文,如图 1-7 所示。

顺着这篇论文阅读,可以大致了解这个网络的实现原理,对迅速上手应用有很大的作用。同时,我在第 6 章也会对 LeNet、AlexNet、ResNet 这几个常见的网络进行讲解,帮助读者举一反三。

---

① 推荐读者阅读李航老师的《统计学习方法》,很快就能入门。
② https://github.com/tensorflow/models/tree/master/inception

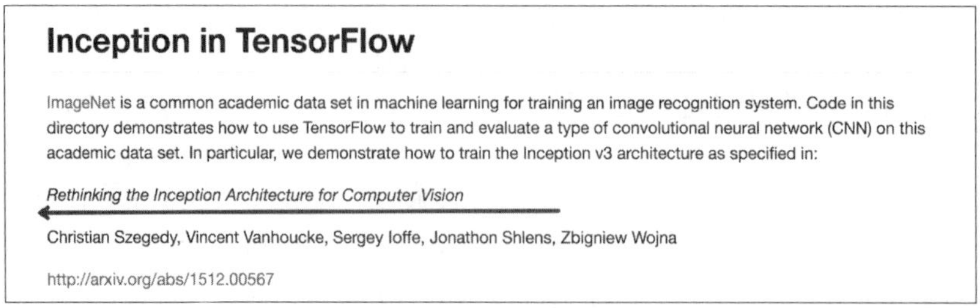

```
Inception in TensorFlow

ImageNet is a common academic data set in machine learning for training an image recognition system. Code in this
directory demonstrates how to use TensorFlow to train and evaluate a type of convolutional neural network (CNN) on this
academic data set. In particular, we demonstrate how to train the Inception v3 architecture as specified in:

Rethinking the Inception Architecture for Computer Vision

Christian Szegedy, Vincent Vanhoucke, Sergey Ioffe, Jonathon Shlens, Zbigniew Wojna

http://arxiv.org/abs/1512.00567
```

图 1-7

很多做模式识别的工作者之所以厉害，是因为他们有过很多、很深的论文积累，对模型的设计有很独到的见解，而他们可能甚至一行代码也不会写，而工程（写代码）能力在工作中很容易训练。许多工程方向的软件工程师，工作模式常常在实现业务逻辑和设计架构系统上，编码能力很强，但却缺少论文积累。同时具有这两种能力的人，正是硅谷一些企业目前青睐的人才。

读者平时还可以阅读一些博客、笔记，以及微信公众号、微博新媒体资讯等，往往一些很流行的新训练方法和模型会很快在这些媒体上发酵，其训练神经网络采用的一些方法可能有很大的启发性。

5. 自己动手训练神经网络

接着，就是要选择一个开源的深度学习框架。选择框架时主要考虑哪种框架用的人多。人气旺后，遇到问题很容易找到答案；GitHub 上关于这个框架的项目和演示会非常多；相关的论文也会层出不穷；在各个 QQ 群和微信群的活跃度会高；杂志、公众号、微博关注的人也会很多；行业交流和技术峰会讨论的话题也多；也能享受到国内外研究信息成果的同步。

目前这个阶段，TensorFlow 因为背靠谷歌公司这座靠山，再加上拥有庞大的开发者群体，而且采用了称为"可执行的伪代码"的 Python 语言，更新和发版速度着实非常快。目前 TensorFlow 已经升级到 1.1 版，在性能方面也有大幅度提高，而且新出现的 Debugger、Serving、XLA 特性也是其他框架所不及的。此外，一些外围的第三方库（如 Keras、TFLearn）也基于它实现了很多成果，并且 Keras 还得到 TensorFlow 官方的支持。TensorFlow 支持的上层语言也在逐渐增多，对于不同工程背景的人转入的门槛正在降低。

在 GitHub[①] 上有一个关于各种框架的比较，从建模能力、接口、模型部署、性能、架构、生态系统、跨平台等 7 个方面进行比较，TensorFlow 也很占综合优势。截至 2017 年 1 月，TensorFlow 的 star 数已经超过了其他所有框架的总和，如图 1-8 所示。

因此，从目前来看，投身 TensorFlow 是一个非常好的选择，掌握 TensorFlow 在找工作时

---

① https://github.com/zer0n/deepframeworks

是一个非常大的加分项。

图 1-8

接下来就是找一个深度神经网络，目前的研究方向主要集中在视觉和语音两个领域。初学者最好从计算机视觉入手，因为它不像语音等领域需要那么多的领域知识，结果也比较直观。例如，用各种网络模型来训练手写数字（MNIST）及图像分类（CIFAR）的数据集。

6．深入感兴趣或者工作相关领域

人工智能目前的应用领域很多，主要是计算机视觉和自然语言处理，以及各种预测等。对于计算机视觉，可以做图像分类、目标检测、视频中的目标检测等；对于自然语言处理，可以做语音识别、语音合成、对话系统、机器翻译、文章摘要、情感分析等，还可以结合图像、视频和语音，一起发挥价值。

更可以深入某一个行业领域。例如，深入医学行业领域，做医学影像的识别；深入淘宝的穿衣领域，做衣服搭配或衣服款型的识别；深入保险业、通信业的客服领域，做对话机器人的智能问答系统；深入智能家居领域，做人机的自然语言交互；等等。

7．在工作中遇到问题，重复 4~6 步

在训练中，准确率、坏案例（bad case）、识别速度等都是可能遇到的瓶颈。训练好的模型也不是一成不变的，需要不断优化，也需要结合具体行业领域和业务进行创新，这时候就要结合最新的科研成果，调整模型，更改模型参数，一步步更好地贴近业务需求。

1.4 什么是 TensorFlow

想想，在机器学习流行之前，我们是如何做与语音和图像相关的识别的？大多数是基于规则的系统。例如，做自然语言处理，需要很多语言学的知识；再如，1997 年的 IBM 的深蓝计算机对战国际象棋，也需要很多象棋的知识。

当以统计方法为核心的机器学习方法成为主流后，我们需要的领域知识就相对少了。重要的是做特征工程（feature engineering），然后调一些参数，根据一些领域的经验来不断提取特征，

特征的好坏往往就直接决定了模型的好坏。这种方法的一大缺点是，对文字等抽象领域，特征还相对容易提取，而对语音这种一维时域信号和图像这种二维空域信号等领域，提取特征就相对困难。

深度学习的革命性在于，它不需要我们过多地提取特征，在神经网络的每一层中，计算机都可以自动学习出特征。为了实现深度学习中运用的神经网络，TensorFlow 这样的深度学习开源工具就应运而生。我们可以使用它来搭建自己的神经网络。这就有点儿类似于 PHP 开发当中的 CodeIgniter 框架，Java 开发当中的 SSH 三大框架，Python 开发当中的 Tornado、Django 框架，C++当中的 MFC、ACE 框架。框架的主要目的就是提供一个工具箱，使开发时能够简化代码，呈现出来的模型尽可能简洁易懂。

1.5 为什么要学 TensorFlow

首先，TensorFlow 的一大亮点是支持异构设备分布式计算（heterogeneous distributed computing）。

何为异构？信息技术当中的异构是指包含不同的成分，有异构网络（如互联网，不同厂家的硬件软件产品组成统一网络且互相通信）、异构数据库（多个数据库系统的集合，可以实现数据的共享和透明访问[①]）。这里的异构设备是指使用 CPU、GPU 等核心进行有效地协同合作；与只依靠 CPU 相比，性能更高，功耗更低。

那何为分布式？分布式架构目的在于帮助我们调度和分配计算资源（甚至容错，如某个计算节点宕机或者太慢），使得上千万、上亿数据量的模型能够有效地利用机器资源进行训练。

图 1-9 给出的是开源框架 TensorFlow 的标志。

图 1-9

TensorFlow 支持卷积神经网络（convolutional neural network，CNN）和循环神经网络（recurrent neural network，RNN），以及 RNN 的一个特例长短期记忆网络（long short-term memory，LSTM），这些都是目前在计算机视觉、语音识别、自然语言处理方面最流行的深度神经网

[①] 参考百度百科"异构数据库"。

络模型。

下面参考《The Unreasonable Effectiveness of Recurrent Neural Networks》[①]这篇文章梳理了一个有效框架应该具有的功能。

- Tensor 库是对 CPU/GPU 透明的，并且实现了很多操作（如切片、数组或矩阵操作等）。这里的透明是指，在不同设备上如何运行，都是框架帮用户去实现的，用户只需要指定在哪个设备上进行哪种运算即可。
- 有一个完全独立的代码库，用脚本语言（最理想的是 Python）来操作 Tensors，并且实现所有深度学习的内容，包括前向传播/反向传播、图形计算等。
- 可以轻松地共享预训练模型（如 Caffe 的模型及 TensorFlow 中的 slim 模块）。
- 没有编译过程。深度学习是朝着更大、更复杂的网络发展的，因此在复杂图算法中花费的时间会成倍增加。而且，进行编译的话会丢失可解释性和有效进行日志调试的能力。

在我看来，在目前的深度学习的研究领域主要有以下 3 类人群。

- 学者。主要做深度学习的理论研究，研究如何设计一个"网络模型"，如何修改参数以及为什么这样修改效果会好。平时的工作主要是关注科研前沿和进行理论研究、模型实验等，对新技术、新理论很敏感。
- 算法改进者。这些人为了把现有的网络模型能够适配自己的应用，达到更好的效果，会对模型做出一些改进，把一些新算法改进应用到现有模型中。这类人主要是做一些基础的应用服务，如基础的语音识别服务、基础的人脸识别服务，为其他上层应用方提供优良的模型。
- 工业研究者。这类人群不会涉及太深的算法，主要掌握各种模型的网络结构和一些算法实现。他们更多地是阅读优秀论文，根据论文去复现成果，然后应用到自己所在的工业领域。这个层次的人也是现在深度学习研究的主流人群。

我相信本书的读者也大都是第二类和第三类人群，且以第三类人群居多。

而在工业界，TensorFlow 将会比其他框架更具优势。工业界的目标是把模型落实到产品上，而产品的应用领域一般有两个：一是基于服务端的大数据服务，让用户直接体验到服务端强大的计算能力（谷歌云平台及谷歌搜索功能）；二是直接面向终端用户的移动端（Android 系统）以及一些智能产品的嵌入式。

坐拥 Android 的市场份额和影响力的谷歌公司，在这两个方向都很强大。此外，谷歌力推的模型压缩和 8 位低精度数据存储（详见第 19 章）不仅对训练系统本身有优化作用，在某种程度上也能使算法在移动设备上的部署获益，这些优化举措将会使存储需求和内存带宽要求降低，并且使性能得到提升，对移动设备的性能和功耗非常有利。

---

① http://karpathy.github.io/2015/05/21/rnn-effectiveness/

如果一个框架的用户生态好，用的人就会很多，而用的人多会让用户生态更繁荣，用的人也就会更多。这庞大的用户数就是 TensorFlow 框架的生命力。

截至 2017 年 1 月，与 Caffe、Theano、Torch、MXNet 等框架相比，TensorFlow 在 GitHub 上 Fork 数和 Star 数都是最多的，如图 1-10 所示。

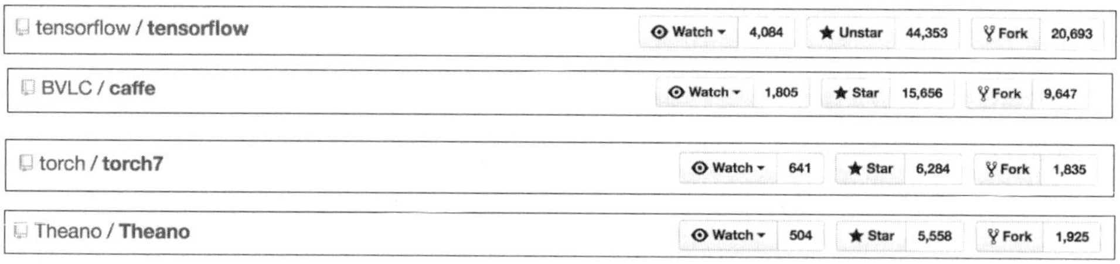

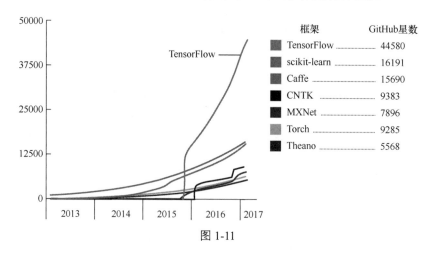

图 1-10

图 1-11 展示了截至 2017 年 2 月，近些年几大机器学习框架的流行程度。

图 1-11

1.5.1 TensorFlow 的特性

在 TensorFlow 官方网站[①]上，着重介绍了 TensorFlow 的 6 大优势特性。

- 高度的灵活性（deep flexibility）。TensorFlow 是一个采用数据流图（data flow graph），用于数值计算的开源软件库。只要计算可以表示为一个数据流图，就可以使用 TensorFlow，只需要构建图，书写计算的内部循环即可。因此，它并不是一个严格的"神经网络库"。用户也可以在 TensorFlow 上封装自己的"上层库"，如果发现没有自己想要的底层操作，用户也可以自己写 C++代码来丰富。关于封装的"上层库"，TensorFlow

---

① https://www.tensorflow.org/

现在有很多开源的上层库工具，极大地减少了重复代码量，在第 7 章中会详细介绍。
- 真正的可移植性（true portability）。TensorFlow 可以在 CPU 和 GPU 上运行，以及在台式机、服务器、移动端、云端服务器、Docker 容器等各个终端运行。因此，当用户有一个新点子，就可以立即在笔记本上进行尝试。
- 将科研和产品结合在一起（connect research and production）。过去如果将一个科研的机器学习想法应用到商业化的产品中，需要很多的代码重写工作。现在 TensorFlow 提供了一个快速试验的框架，可以尝试新算法，并训练出模型，大大提高了科研产出率。
- 自动求微分（auto-differentiation）。求微分是基于梯度的机器学习算法的重要一步。使用 TensorFlow 后，只需要定义预测模型的结构和目标函数，将两者结合在一起后，添加相应的数据，TensorFlow 就会自动完成计算微分操作。
- 多语言支持（language options）。TensorFlow 提供了 Python、C++、Java 接口来构建用户的程序，而核心部分是用 C++ 实现的，如图 1-12 所示。第 4 章中会着重讲解 TensorFlow 的架构。用户也可以使用 Jupyter Notebook[①] 来书写笔记、代码，以及可视化每一步的特征映射（feature map）。用户也可以开发更多其他语言（如 Go、Lua、R 等）的接口。

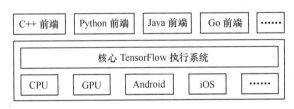

图 1-12

- 最优化性能（maximize performance）。假如用户有一台 32 个 CPU 内核、4 个 GPU 显卡的机器，如何将计算机的所有硬件计算资源全部发挥出来呢？TensorFlow 给予线程、队列、分布式计算等支持，可以让用户将 TensorFlow 的数据流图上的不同计算元素分配到不同的设备上，最大化地利用硬件资源。关于线程和队列，将在 4.9 节中介绍；关于分布式，将在第 14 章介绍。

1.5.2 使用 TensorFlow 的公司

除了谷歌在自己的产品线上使用 TensorFlow 外，国内的京东、小米等公司，以及国外的 Uber、eBay、Dropbox、Airbnb 等公司，都在尝试使用 TensorFlow。图 1-13 是摘自 TensorFlow 官方网站的日益壮大的公司墙。

---

① http://ipython.org/notebook.html

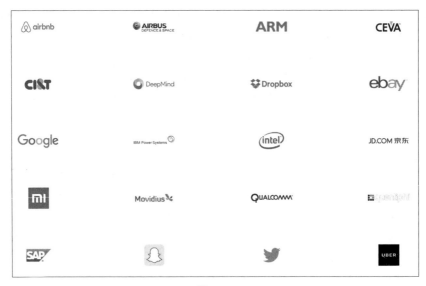

图 1-13

1.5.3 TensorFlow 的发展

2016 年 4 月，TensorFlow 的 0.8 版本就支持了分布式、支持多 GPU 运算。2016 年 6 月，TensorFlow 的 0.9 版本改进了对移动设备的支持。2017 年 2 月，TensorFlow 的 1.0 正式版本中，增加了 Java 和 Go 的实验性 API，以及专用编译器 XLA 和调试工具 Debugger，还发布了 tf.transform，专门用来数据预处理。并且还推出了"动态图计算"TensorFlow Fold，这是被评价为"第一次清晰地在设计理念上领先"。[①]

用户还可以使用谷歌公司的 PaaS TensorFlow 产品 Cloud Machine Learning 来做分布式训练。现在也已经有了完整的 TensorFlow Model Zoo。

另外，TensorFlow 出色的版本管理和细致的官方文档手册，以及很容易找到解答的繁荣的社区，应该能让用户用起来相当顺手。

截至 2017 年 3 月，用 TensorFlow 作为生产平台和科研基础研发已经越来越坚实可靠。

1.6 机器学习的相关赛事

说到机器学习，不得不提到每年的一些挑战赛。近年来取得好成绩的队伍，常常是使用深度学习的方法。正是这些赛事激励着全世界科学家不断采用更优化的方法提高算法结果的准

---

① 参考论文《Deep Leaning with Dynamic Computation Graphs》：https://openreview.net/pdf?id=ryrGawqex。

确率，也引领着年度的深度学习探索方向。

1.6.1 ImageNet 的 ILSVRC

ILSVRC（ImageNet Large Scale Visual Recognition Challenge，大规模视觉识别挑战赛）是用来大规模评估对象检测和图像识别的算法的挑战赛。从 2010 年开始，至 2016 年已举办 7 届。ImageNet 是目前世界上最大的图像识别数据库，拥有超过 1500 万张有标记的高分辨率图像的数据集，这些图像分属于大概 22 000 个类别。ILSVRC 使用 ImageNet 的一个子集，分为 1 000 种类别，每种类别中都有大约 1 000 张图像。总之，大约有 120 万张训练图像，5 万张验证图像和 15 万张测试图像。[①]图 1-14 所示为 ImageNet 的官方网站。

图 1-14

ILSVRC 每年邀请谷歌、微软、百度等 IT 企业使用 ImageNet，测试他们图片分类系统运行情况。过去几年中，该系统的图像识别功能大大提高，出错率仅为约 5%（比人眼还低，人眼的识别错误率大概为 5.1%[②]）。在 2015 年，ILSVRC 的错误率已经降低到了 3.57%[③]，采用 152 层的 ResNet 获得了 2015 年分类任务的第一名。ILSVRC 历年的 Top-5 错误率如图 1-15 所示。

在 ImageNet 上，习惯性地报告两个错误率：Top-1 和 Top-5。Top-1 错误率是指，预测输出

---

① 参考论文《ImageNet Classification with Deep Convolutional Neural Networks》：http://www.cs.toronto.edu/~fritz/absps/imagenet.pdf。

② 数据出自论文《Delving Deep into Rectifiers: Surpassing Human-Level Performance on ImageNet Classification》：https://arxiv.org/abs/1502.01852。

③ 数据出自论文《Deep Residual Learning for Image Recognition》：https://arxiv.org/abs/1512.03385。

的概率最高的类别，是否和人工标记的类别一致，如果不一致，此时的概率。Top-5 错误率是指，预测输出的概率最高的前 5 个类别当中，有没有和人工标记的类别一致，当 5 个都不一致时的概率。例如在图片分类任务下，对一张图片进行预测，输出这张图片分类概率最高的 5 个类别，只要有一个预测的类别和人工标注的类别标记一致，就是认为正确。当 5 个都不一致发生的概率就是 Top-5 错误率。

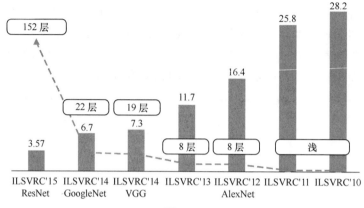

图 1-15

值得自豪的是，在刚刚过去的 ILSVRC 2016 上，中国学术界和工业界科研团队包揽了多项冠军[1]。

- CUImage（商汤科技联合港中文）：目标检测第一。
- Trimps-Soushen（公安部三所）：目标定位第一。
- CUvideo（商汤科技联合港中文）：视频中物体检测子项目第一。
- NUIST（南京信息工程大学）：视频中的物体探测两个子项目第一。
- Hikvvision（海康威视）：场景分类第一。
- SenseCUSceneParsing（商汤科技联合港中文）：场景分析第一。

1.6.2　Kaggle

如果说 ILSVRC 企业参加的居多，那 Kaggle 这个平台则更多地面向个人开发者。图 1-16 展示的是 Kaggle 的官方网站[2]首页。

Kaggle 成立于 2010 年，是一个进行数据发掘、数据分析和预测竞赛的在线平台。与 Kaggle 合作之后，一家公司可以提供一些数据，进而提出一个问题，Kaggle 网站上的计算机科学家和数学家（也就是现在的数据科学家）将领取任务，提供潜在的解决方案。最终胜出的解决方案

---

[1]　数据出自 ILSVRC 2016 比赛结果：http://image-net.org/challenges/LSVRC/2016/results。
[2]　https://www.kaggle.com/

可以获得 3 万美元到 25 万美元的奖励。也就是说，Kaggle 也是一个众包理念，利用全世界的人才来解决一个大问题。

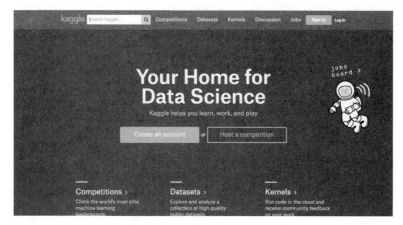

图 1-16

Kaggle 这个比赛非常适合学生参加，因为一般在校学生可能拿不到很多数据。此外，Kaggle 不仅对参赛者有算法能力上的要求，而且能锻炼参赛者对数据的"嗅觉"，使参赛者从数据本身问题出发来寻求解决方案。

1.6.3 天池大数据竞赛

"天池"是阿里搭建的一个大数据竞赛平台，图 1-17 展示的是它的官方网站[①]页面。

图 1-17

---

① https://tianchi.shuju.aliyun.com/

这个平台上一般会有一些穿衣搭配挑战、新浪微博互动预测、用户重复购买行为预测等赛事。平台提供的"赛题攻略"对新手入门有很大的引领作用。如果在一些项目上取得不错的成绩，还有丰厚的奖金，以及进入阿里巴巴的工作机会。

1.7 国内的人工智能公司

近年来，国内涌现出一批做人工智能的公司，很多原有的互联网公司也开始试水人工智能方向。虽然不可否认人工智能领域还是有一些泡沫存在，但是这个技术领域的井喷点确实来临了，确切地说是科研成果的井喷点。我们要做的就是加快科研成果向产品的转化速度。

国内的腾讯、阿里、百度三大公司在人工智能研究和商业化探索方面走得最早。腾讯优图是腾讯的人工智能开放平台；阿里云 ET 是阿里巴巴的智能机器人；百度主要在无人驾驶汽车和手机百度客户端的基于"自然语言的人机交互界面"的"度秘"上发力。这些都是人工智能在产业界应用的探索。此外，还有搜狗、云从科技、商汤科技、昆仑万维、格灵深瞳等公司，都在人工智能领域纷纷发力。

下面我们就来介绍国内几家比较有特色的做人工智能的公司。

（1）陌上花科技：衣+（dress+）①。提供图像识别、图像搜索、物体追踪检测、图片自动化标记、图像视频智能分析、边看边买、人脸识别和分析等服务。其官方网站的首页如图 1-18 所示。

图 1-18

---

① http://www.dress-plus.com/

（2）旷视科技：Face++[①]。以人脸识别精度著称，并且提供人工智能开放平台。目前已经和美图秀秀、魔漫相机合作，实现美白、瘦脸、五官美化等美颜效果。此外，还和支付宝合作，未来有望推出"Smile to Pay"。其官方网站首页如图 1-19 所示。

图 1-19

（3）科大讯飞[②]。主要提供语音识别解决方案，以及语音合成、语言云（分词、词性标注、命名实体识别、依存句法分析、语义角色标注等）等语音扩展服务，有完善的 SDK 及多种语言实现的 API。其官方网站首页如图 1-20 所示。

图 1-20

（4）地平线[③]。嵌入式人工智能的领导者，致力于提供高性能、低功耗、低成本、完整开放的嵌入式人工智能解决方案。其官方网站首页如图 1-21 所示。

---

① https://www.faceplusplus.com.cn/

② http://www.xfyun.cn/

③ http://www.horizon-robotics.com/index_cn.html

图 1-21

1.8 小结

本章主要介绍了人工智能、机器学习、深度学习的关系,以及深度学习的学习步骤,分析了这个领域的相关人群,以及这个领域的重要赛事。然后,全面介绍了 TensorFlow 的作用、特性,并介绍了国内做人工智能的公司,讲述了目前在产业界进行的探索,和提供给开发者的一些基础平台。

第 2 章

TensorFlow 环境的准备

本章的主要任务就是准备 TensorFlow 环境。与安装其他软件（如 Caffe）相比，TensorFlow 极容易安装，环境部署极为轻松。

接下来我们先介绍下载 TensorFlow 代码仓库，然后介绍基于 pip 的安装方式、基于 Java 的安装方式以及使用 Bazel 的源代码编译安装方式。

2.1 下载 TensorFlow 1.1.0

2017 年 5 月，TensorFlow 已经开放到 1.1.0-rc2 版本，支持多种操作系统。接下来我们就用 1.1.0 版本来介绍 TensorFlow 的环境准备过程。

我们从 GitHub 代码仓库中将 1.1.0 版本的 TensorFlow 源代码下载下来，在 Tags 中选择 1.1.0 版本将跳转到 1.1.0 版本的代码仓库[①]，如图 2-1 所示。

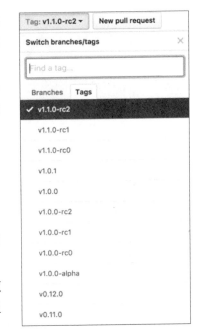

图 2-1

根据图 2-2 下载解压之后即得到源代码，我们将其保存在本地目录 tensorflow-1.1.0 中。

2.2 基于 pip 的安装

pip 是 Python 的包管理工具，主要用于 PyPI[②]（Python

图 2-2

---

① https://github.com/tensorflow/tensorflow/tree/v1.1.0
② https://pypi.python.org/pypi

Packet Index）上的包。命令简洁方便，包种类丰富，社区完善，并且拥有轻松升级/降级包的能力。

2.2.1　Mac OS 环境准备

Mac OS 是本书所讲内容依赖的环境，机器配置如图 2-3 所示。

图 2-3

首先需要依赖 Python 环境，以及 pip 命令。这在 Mac 和 Linux 系统中一般都有。这里使用的 Python 版本是 2.7.12。TensorFlow 1.1.0 版本兼容 Python 2 和 Python 3，读者可以用适合自己的 Python 环境。

1．安装 virtualenv

virtualenv 是 Python 的沙箱工具，用于创建独立的 Python 环境。我们毕竟是在自己机器上做实验，为了不来回修改各种环境变量，这里用 virtualenv 为 TensorFlow 创建一套"隔离"的 Python 运行环境。

首先，用 pip 安装 virtualenv：

```
$ pip install virtualenv --upgrade
```
安装好后创建一个工作目录，这里直接在 home 下创建了一个 tensorflow 文件夹：

```
$ virtualenv --system-site-packages ~/tensorflow
```

然后进入该目录，激活沙箱：

```
$ cd ~/tensorflow
$ source bin/activate
(tensorflow) $
```

2. 在 virtualenv 里安装 TensorFlow

进入沙箱后,执行下面的命令来安装 TensorFlow:

```
(tensorflow) $ pip install tensorflow==1.1.0
```

默认安装所需的依赖,直至安装成功。

3. 运行 TensorFlow

照着官方文档录入一个简单例子:

```
(tensorflow) $ python
Python 2.7.12 (default, Oct 11 2016, 05:16:02)
[GCC 4.2.1 Compatible Apple LLVM 7.0.2 (clang-700.1.81)] on darwin
Type "help", "copyright", "credits" or "license" for more information.
>>>
>>> import tensorflow as tf
>>> hello = tf.constant('Hello,TensorFlow!')
>>> sess = tf.Session()
>>> print sess.run(hello)
Hello, TensorFlow!
```

恭喜,TensorFlow 环境已经安装成功了。

注意,每次需要运行 TensorFlow 程序时,都需要进入 tensorflow 目录,然后执行 source bin/activate 命令来激活沙箱。

2.2.2　Ubuntu/Linux 环境准备

使用 Ubuntu/Linux 的读者可以照着 Mac OS 的环境准备,先安装 virtualenv 的沙盒环境,再用 pip 安装 TensorFlow 软件包。

TensorFlow 的 Ubuntu/Linux 安装分为 CPU 版本和 GPU 版本,下面来分别介绍。

(1) 安装仅支持 CPU 的版本,直接安装如下:

```
$ pip install tensorflow==1.1.0
```

(2) 安装支持 GPU 的版本的前提是已经安装了 CUDA SDK,直接使用下面的命令:

```
$ pip install tensorflow-gpu==1.1.0
```

2.2.3　Windows 环境准备

TensorFlow 1.1.0 版本支持 Windows 7、Windows 10 和 Server 2016。因为使用 Windows PowerShell 代替 CMD,所以下面的命令均在 PowerShell 下执行。这里使用的是 Windows 10 系

统，使用微软小娜呼唤出 PowerShell，如图 2-4 所示。

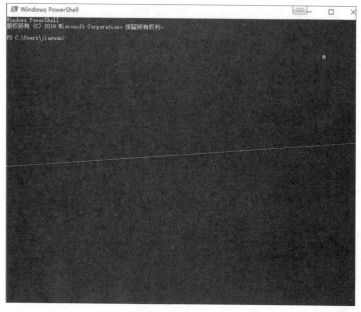

图 2-4

1. 安装 Python

TensorFlow 在 Windows 上只支持 64 位 Python 3.5.x，可以通过 Python Releases for Windows[①]或 Python 3.5 from Anaconda 下载并安装 Python 3.5.2（注意选择正确的操作系统）。下载后，安装界面如图 2-5 所示，注意勾选"Add Python 3.5 to PATH"。

图 2-5

---

① https://www.python.org/downloads/windows/

选择 Customize installation（自定义安装），进入下一步。如图 2-6 所示，可以看出 Python 包自带 pip 命令。

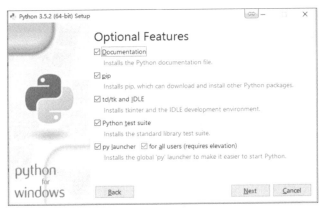

图 2-6

然后，等待安装完成，再到 PowerShell 中输入 python，看到进入终端的命令提示则代表 python 安装成功。在"开始"->"所有程序"下也可以找到 Python 终端。安装成功后的界面如图 2-7 所示。

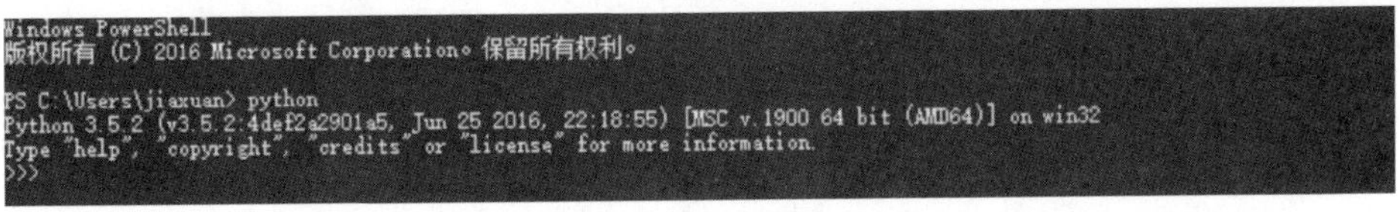

图 2-7

TensorFlow 的 Windows 安装也分为 CPU 版本和 GPU 版本，下面来分别介绍。

（1）CPU 版本安装。在 PowerShell 中执行如下命令，默认安装 TensorFlow 1.1.0 版本及相关依赖。

```
C:\> pip install tensorflow==1.1.0
```

安装完成后如图 2-8 所示。

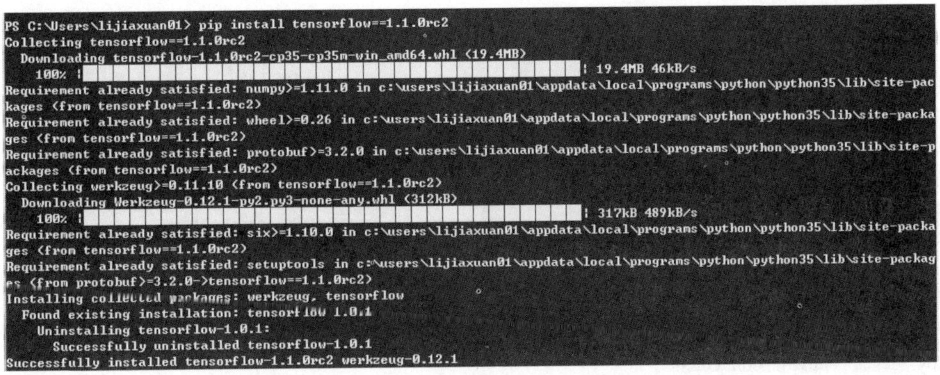

图 2-8

(2) GPU 版本安装。如果读者的机器支持安装 GPU 版本，请先安装如下两个驱动：CUDA[①]和 CuDNN[②]（后者需要注册 NVIDIA 用户，并加入 CuDNN 开发组，然后填若干问卷，才可以下载）。选择下载版本时要注意与 CUDA 版本匹配。解压后保存至 CUDA 的安装目录下。然后，安装 GPU 版本，安装命令如下：

```
C:\> pip install tensorflow-gpu==1.1.0
```

2. 运行 TensorFlow

在微软小娜中，搜索"python"，直接模糊匹配，调出命令窗口，输入测试代码：

```
>>>import tensorflow as tf
>>>sess = tf.Session()
>>>a = tf.constant(10)
>>>b = tf.constant(22)
>>>print(sess.run(a + b))
32
```

正确输出结果 32，安装完毕。

2.3 基于 Java 的安装

基于 Java 的方式安装，可以参照 TensorFlow 官方 GitHub 的安装方法[③]。

我们需要下载 JAR（Java ARchive）libtensorflow-1.1.0-rc2.jar 和运行 TensorFlow 需要的本地库。这些都可以直接从官方 GitHub 上下载，如图 2-9 所示。

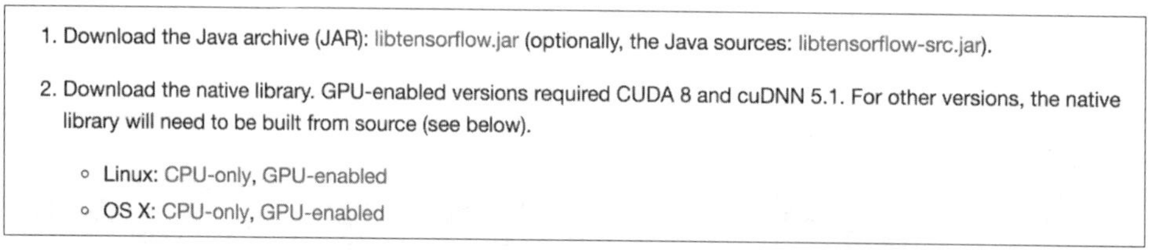

> 1. Download the Java archive (JAR): libtensorflow.jar (optionally, the Java sources: libtensorflow-src.jar).
> 2. Download the native library. GPU-enabled versions required CUDA 8 and cuDNN 5.1. For other versions, the native library will need to be built from source (see below).
>   - Linux: CPU-only, GPU-enabled
>   - OS X: CPU-only, GPU-enabled

图 2-9

这里仍然用 Mac OS X 系统，下载后的文件如下：

```
libtensorflow-1.1.0-rc2.jar
libtensorflow_jni-cpu-darwin-x86_64-1.1.0-rc2.tar.gz
```

---

① https://developer.nvidia.com/cuda-downloads
② https://developer.nvidia.com/cudnn
③ https://github.com/tensorflow/tensorflow/tree/master/tensorflow/java

对 libtensorflow_jni-cpu-darwin-x86_64-1.1.0-rc2.tar.gz 进行解压，解压到当前目录 jni。

```
tar zxvf libtensorflow_jni-cpu-darwin-x86_64-1.1.0-rc2.tar.gz -C ./jni
```

这样就完成了 TensorFlow 的 Java 安装。下面我们写一个例子来测试一下，看能否正确输出 TensorFlow 的版本。将下面代码写入文件，命名为 MyClass.java。

```java
import org.tensorflow.TensorFlow;

public class MyClass {
  public static void main(String[] args) {
    System.out.println("I'm using TensorFlow version: " + TensorFlow.version());
  }
}
```

然后进行编译：

```
javac -cp libtensorflow-1.1.0-rc2.jar MyClass.java
```

最后执行，成功输出所采用的 TensorFlow 版本，如图 2-10 所示。

```
(tf) → java java -cp libtensorflow-1.1.0-rc2.jar:. -Djava.library.path=./jni MyClass
I'm using TensorFlow version: 1.1.0-rc2
```

图 2-10

2.4 从源代码安装

从源代码编译安装，需要使用 Bazel 编译工具。我们先安装 Bazel 工具。在需要依赖的 JDK 8 配好之后，在 Mac 笔记本上直接执行下面命令，安装版本是 0.4.4：

```
brew install bazel
```

其他操作系统（如 Ubuntu）的计算机对 Bazel 的安装，可以采用 apt-get 等方式。

先进入 tensorflow-1.1.0 的源代码目录，运行 ./configure 脚本会出现所采用的 Python 路径、是否用 HDFS、是否用 Google Cloud Platform 等选项，读者可以根据自己的需要进行配置，或者直接按 "回车" 采用默认配置。

下面我们演示使用 CPU 版本的编译。具体如下：

```
→ tensorflow-1.1.0 ./configure
Please specify the location of python. [Default is /usr/local/bin/python]:
Please specify optimization flags to use during compilation [Default is -march=native]:
Do you wish to use jemalloc as the malloc implementation? (Linux only) [Y/n]
jemalloc enabled on Linux
Do you wish to build TensorFlow with Google Cloud Platform support? [y/N]
```

```
No Google Cloud Platform support will be enabled for TensorFlow
Do you wish to build TensorFlow with Hadoop File System support? [y/N]
No Hadoop File System support will be enabled for TensorFlow
Do you wish to build TensorFlow with the XLA just-in-time compiler (experimental)? [y/N]
No XLA support will be enabled for TensorFlow
Found possible Python library paths:
   /usr/local/Cellar/python/2.7.12_2/Frameworks/Python.framework/Versions/2.7/lib/python2.7/site-packages
   /Library/Python/2.7/site-packages
Please input the desired Python library path to use.  Default is [/usr/local/Cellar/python/2.7.12_2/Frameworks/Python.framework/Versions/2.7/lib/python2.7/site-packages]

Using python library path: /usr/local/Cellar/python/2.7.12_2/Frameworks/Python.framework/Versions/2.7/lib/python2.7/site-packages
Do you wish to build TensorFlow with OpenCL support? [y/N]
No OpenCL support will be enabled for TensorFlow
Do you wish to build TensorFlow with CUDA support? [y/N]
No CUDA support will be enabled for TensorFlow
Configuration finished
```

随后，我们执行 bazel 编译命令，因为编译时需要耗费大量的内存，加入 --local_resources 2048,4,1.0 来限制内存大小。具体如下：

```
bazel build --local_resources 2048,4,1.0 -c opt //tensorflow/tools/pip_package:build_pip_package
bazel-bin/tensorflow/tools/pip_package/build_pip_package /tmp/tensorflow_pkg
```

然后进入 /tmp/tensorflow_pkg，可以看到生成的文件 tensorflow-1.1.0-cp27-cp27m-macosx_10_12_intel.whl，直接安装如下：

```
pip install /tmp/tensorflow_pkg/tensorflow-1.1.0-cp27-cp27m-macosx_10_12_intel.whl
```

使用 GPU 版本的编译需要配置中选择使用 CUDA，然后填写对应的 CUDA SDK 版本等，其他步骤均相同。

2.5 依赖的其他模块

TensorFlow 在运行中需要做一些矩阵运算，时常会用到一些第三方模块，此外，在处理音频、自然语言时需要也要用到一些模块，建议一并安装好。本书"实战篇"中会大量用到这些扩展。

下面我们就来简单介绍 TensorFlow 依赖的一些模块。

2.5.1 numpy

numpy 是用来存储和处理大型矩阵的科学计算包，比 Python 自身的嵌套列表结构（nested

list structure）要高效的多。它包括：

- 一个强大的 N 维数组对象 Array；
- 比较成熟的函数库；
- 用于整合 C/C++和 Fortran 代码的工具包；
- 实用的线性代数、傅里叶变换和随机数生成函数。

numpy 模块的安装方法如下：

```
pip install numpy --upgrade
```

2.5.2　matplotlib

matplotlib 是 Python 最著名的绘图库，它提供了一整套和 MATLAB 相似的命令 API，十分适合交互式地进行制图。用它可以画出美丽的线图、散点图、等高线图、条形图、柱状图、3D 图等，而且还可以方便地将它作为绘图控件，嵌入 GUI 应用程序中。在后面的实例中，需要可视化地展现训练结果或者中间的特征映射，就很方便。

matplotlib 模块的安装方法如下：

```
pip install matplotlib --upgrade
```

2.5.3　jupyter

jupyter notebook 是 Ipython 的升级版，能够在浏览器中创建和共享代码、方程、说明文档。界面相当友好，功能也很强大。其实，jupyter 实际就是一个基于 Tornado 框架的 Web 应用，使用 MQ 进行消息管理。

jupyter 模块的安装方法如下：

```
pip install jupyter --upgrade
```

打开 jupyter notebook：

```
jupyter notebook
```

出现如下显示：

```
[W 06:02:13.434 NotebookApp] Widgets are unavailable. Please install widgetsnbextension or ipywidgets 4.0
    [I 06:02:13.454 NotebookApp] Serving notebooks from local directory: /Users/baidu/Downloads/tensorflow-0.12/tensorflow
    [I 06:02:13.454 NotebookApp] 0 active kernels
    [I 06:02:13.454 NotebookApp] The Jupyter Notebook is running at: http://localhost:8888/
```

```
[I 06:02:13.454 NotebookApp] Use Control-C to stop this server and shut down all
kernels (twice to skip confirmation).
```

浏览器自动打开，启动成功，界面如图 2-11 所示。其中，在 tensorflow-1.1.0/tensorflow/examples/udacity 下有许多扩展名为.ipynb 的示例文件，读者可以自行在浏览器中打开和学习。

图 2-11

2.5.4　scikit-image

scikit-image[①]有一组图像处理的算法，可以使过滤一张图片变得很简单，非常适合用于对图像的预处理。

scikit-image 模块的安装方法如下：

```
pip install scikit-image --upgrade
```

2.5.5　librosa

librosa 是用 Python 进行音频特征提取的第三方库，有很多方式可以提取音频特征。

librosa 模块的安装如下：

```
pip install librosa --upgrade
```

2.5.6　nltk

nltk[②]模块中包含着大量的语料库，可以很方便地完成很多自然语言处理的任务，包括分词、词性标注、命名实体识别（NER）及句法分析。

---

① http://scikit-image.org/

② http://www.nltk.org/

nltk 的安装方法：

```
pip install nltk --upgrade
```

安装完成后，需要导入 nltk 工具包，下载 nltk 数据源，如下：

```
>>> import nltk
>>> nltk.download()
```

2.5.7 keras

Keras 是第一个被添加到 TensorFlow 核心中的高级别框架，成为 Tensorflow 的默认 API。第 7 章中会详细讲解 Keras 的使用。

keras 模块的安装方法如下：

```
pip install keras --upgrade
```

2.5.8 tflearn

TFLearn 是另一个支持 TensorFlow 的第三方框架，第 7 章中会详细讲解 TFLearn 的使用。

tflearn 模块的安装方法如下：

```
pip install git+https://github.com/tflearn/tflearn.git
```

2.6 小结

本章介绍了 TensorFlow 环境的准备，分别讲解了使用 pip 命令、Java JAR 文件、用 Bazel 工具对源代码进行编译这 3 种安装方式，以及在 pip 安装方式下，在 Mac、Ubuntu/Linux、Windows 系统上如何安装 CPU 版本和 GPU 版本的 TensorFlow。

最后，讲了一些常用扩展的作用和安装，这些扩展在本书的"实战篇"中会用到。

第 3 章

可视化 TensorFlow

可视化是认识程序的最直观方式。在做数据分析时，可视化一般是数据分析最后一步的结果呈现。把可视化放到"基础篇"，是为了让读者在安装完成后，就能先看一下 TensorFlow 到底有哪些功能，直观感受一下深度学习的学习成果，让学习目标一目了然。

3.1 PlayGround

PlayGround[①]是一个用于教学目的的简单神经网络的在线演示、实验的图形化平台，非常强大地可视化了神经网络的训练过程。使用它可以在浏览器里训练神经网络，对 Tensorflow 有一个感性的认识。

PlayGround 界面从左到右由数据（DATA）、特征（FEATURES）、神经网络的隐藏层（HIDDEN LAYERS）和层中的连接线和输出（OUTPUT）几个部分组成，如图 3-1 所示。

图 3-1

---

① http://playground.tensorflow.org/

3.1.1 数据

在二维平面内，点被标记成两种颜色。深色（电脑屏幕显示为蓝色）代表正值，浅色（电脑屏幕显示为黄色）代表负值。这两种颜色表示想要区分的两类，如图 3-2 所示。

网站提供了 4 种不同形态的数据，分别是圆形、异或、高斯和螺旋，如图 3-3 所示。神经网络会根据所给的数据进行训练，再分类规律相同的点。

图 3-2

图 3-3

PlayGournd 中的数据配置非常灵活，可以调整噪声（noise）的大小。图 3-4 展示的是噪声为 0、25 和 50 时的数据分布。

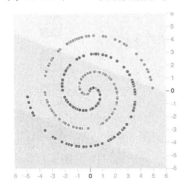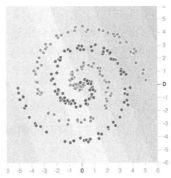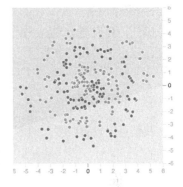

图 3-4

PlayGournd 中也可以改变训练数据和测试数据的比例（ratio）。图 3-5 展示的是训练数据和测试数据比例为 1∶9 和 9∶1 时的情况。

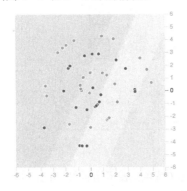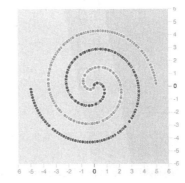

图 3-5

此外，PlayGournd 中还可以调整输入的每批（batch）数据的多少，调整范围可以是 1～30，就是说每批进入神经网络数据的点可以 1～30 个，如图 3-6 所示。

图 3-6

3.1.2 特征

接下来我们需要做特征提取（feature extraction），每一个点都有 X_1 和 X_2 两个特征，由这两个特征还可以衍生出许多其他特征，如 X_1X_1、X_2X_2、X_1X_2、$\sin(X_1)$、$\sin(X_2)$ 等，如图 3-7 所示。

从颜色上，X_1 左边浅色（电脑屏幕显示为黄色）是负，右边深色（电脑屏幕显示为蓝色）是正，X_1 表示此点的横坐标值。同理，X_2 上边深色是正，下边浅色是负，X_2 表示此点的纵坐标值。X_1X_1 是关于横坐标的"抛物线"信息，X_2X_2 是关于纵坐标的"抛物线"信息，X_1X_2 是"双曲抛物面"的信息，$\sin(X_1)$ 是关于横坐标的"正弦函数"信息，$\sin(X_2)$ 是关于纵坐标的"正弦函数"信息。

因此，我们要学习的分类器（classifier）就是要结合上述一种或者多种特征，画出一条或者多条线，把原始的蓝色和黄色数据分开。

3.1.3 隐藏层

我们可以设置隐藏层的多少，以及每个隐藏层神经元的数量，如图 3-8 所示。

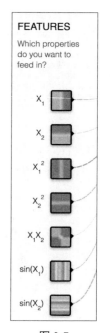

图 3-7

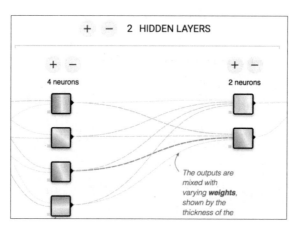

图 3-8

隐藏层之间的连接线表示权重（weight），深色（蓝色）表示用神经元的原始输出，浅色（黄色）表示用神经元的负输出。连接线的粗细和深浅表示权重的绝对值大小。鼠标放在线上可以看到具体值，也可以修改值，如图 3-9 所示。

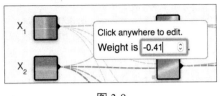

图 3-9

修改值时，同时要考虑激活函数，例如，当换成 Sigmoid 时，会发现没有负向的黄色区域了，因为 Sigmoid 的值域是(0,1)，如图 3-10 所示。

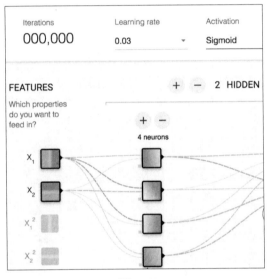

图 3-10

下一层神经网络的神经元会对这一层的输出再进行组合。组合时，根据上一次预测的准确性，我们会通过反向传播给每个组合不同的权重。组合时连接线的粗细和深浅会发生变化，连接线的颜色越深越粗，表示权重越大。

3.1.4 输出

输出的目的是使黄色点都归于黄色背景，蓝色点都归于蓝色背景，背景颜色的深浅代表可能性的强弱。

我们选定螺旋形数据，7 个特征全部输入，进行试验。选择只有 3 个隐藏层时，第一个隐藏层设置 8 个神经元，第二个隐藏层设置 4 个神经元，第三个隐藏层设置 2 个神经元。训练大概 2 分钟，测试损失（test loss）和训练损失（training loss）就不再下降了。训练完成时可以看出，我们的神经网络已经完美地分离出了橙色点和蓝色点，如图 3-11 所示。

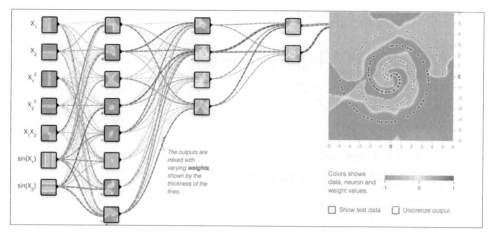

图 3-11

假设我们只输入最基本的前 4 个特征，给足多个隐藏层，看看神经网络的表现。假设加入 6 个隐藏层，前 4 层每层有 8 个神经元，第五层有 6 个神经元，第六层有 2 个神经元。结果如图 3-12 所示。

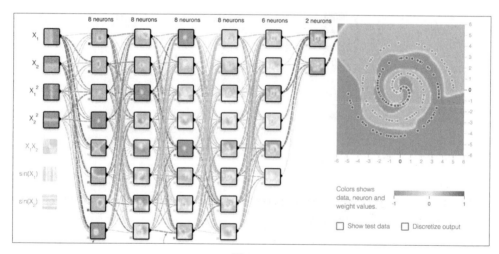

图 3-12

我们发现，通过增加神经元的个数和神经网络的隐藏层数，即使没有输入许多特征，神经网络也能正确地分类。但是，假如我们要分类的物体是猫猫狗狗的图片，而不是肉眼能够直接识别出特征的黄点和蓝点呢？这时候怎样去提取那些真正有效的特征呢？

有了神经网络，我们的系统自己就能学习到哪些特征是有效的、哪些是无效的，通过自己学习的这些特征，就可以做到自己分类，这就大大提高了我们解决语音、图像这种复杂抽象问题的能力。

3.2 TensorBoard[①]

TensorBoard 是 TensorFlow 自带的一个强大的可视化工具，也是一个 Web 应用程序套件。TensorBoard 目前支持 7 种可视化，即 SCALARS、IMAGES、AUDIO、GRAPHS、DISTRIBUTIONS、HISTOGRAMS 和 EMBEDDINGS。这 7 种可视化的主要功能如下。

- SCALARS：展示训练过程中的准确率、损失值、权重/偏置的变化情况。
- IMAGES：展示训练过程中记录的图像。
- AUDIO：展示训练过程中记录的音频。
- GRAPHS：展示模型的数据流图，以及训练在各个设备上消耗的内存和时间。
- DISTRIBUTIONS：展示训练过程中记录的数据的分布图。
- HISTOGRAMS：展示训练过程中记录的数据的柱状图。
- EMBEDDINGS：展示词向量（如 Word2vec）后的投影分布。

TensorBoard 通过运行一个本地服务器，来监听 6006 端口。在浏览器发出请求时，分析训练时记录的数据，绘制训练过程中的图像。在 9.3 节的 MNIST 示例中，会逐一讲解 TensorBoard 的图像绘制，让读者更好地了解训练的过程中发生了什么。本节我们就先看一下 TensorBoard 能够绘制出哪些东西。

TensorBoard 的可视化界面如图 3-13 所示。

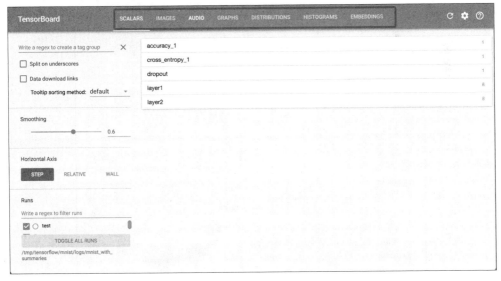

图 3-13

---

① 本节内容参考 https://github.com/tensorflow/tensorflow/blob/master/tensorflow/tensorboard/README.md。

从图 3-13 中可以看到，在标题处有上述几个可视化面板，下面通过一个示例，分别介绍这些可视化面板的功能。

这里，我们运行手写数字识别的入门例子，如下：

```
python tensorflow-1.1.0/tensorflow/examples/tutorials/mnist/mnist_with_summaries.py
```

然后，打开 TensorBoard 面板：

```
tensorboard --logdir=/tmp/tensorflow/mnist/logs/mnist_with_summaries
```

这时，输出：

```
Starting TensorBoard 39 on port 6006
(You can navigate to http://192.168.0.101:6006)
```

我们就可以在浏览器中打开 http://192.168.0.101:6006，查看面板的各项功能。

3.2.1　SCALARS 面板

SCALARS 面板的左边是一些选项，包括 Split on undercores（用下划线分开显示）、Data downloadlinks（数据下载链接）、Smoothing（图像的曲线平滑程度）以及 Horizontal Axis（水平轴）的表示，其中水平轴的表示分 3 种（STEP 代表迭代次数，RELATIVE 代表按照训练集和测试集的相对值，WALL 代表按照时间），如图 3-14 左边所示。图 3-14 右边给出了准确率和交叉熵损失函数值的变化曲线（迭代次数是 1000 次）。

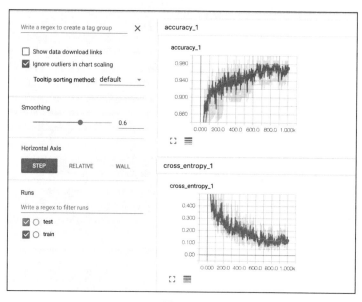

图 3-14

SCALARS 面板中还绘制了每一层的偏置（biases）和权重（weights）的变化曲线，包括每次迭代中的最大值、最小值、平均值和标准差，如图 3-15 所示。

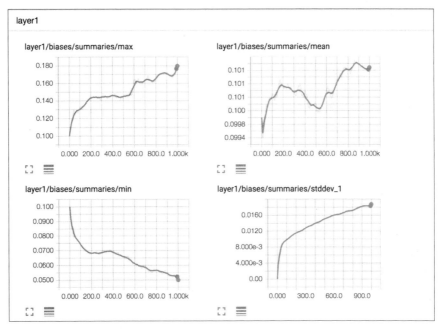

图 3-15

3.2.2　IMAGES 面板

图 3-16 展示了训练数据集和测试数据集经过预处理后图片的样子。

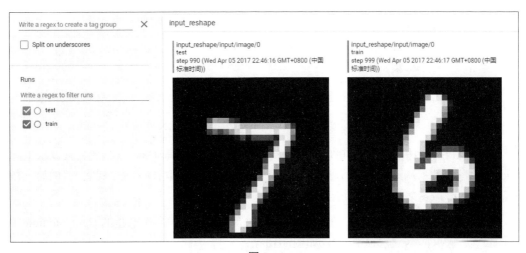

图 3-16

3.2.3 AUDIO 面板

AUDIO 面板是展示训练过程中处理的音频数据。这里暂时没有找到合适的例子,读者了解即可。

3.2.4 GRAPHS 面板

GRAPHS 面板是对理解神经网络结构最有帮助的一个面板,它直观地展示了数据流图。图 3-17 所示界面中节点之间的连线即为数据流,连线越粗,说明在两个节点之间流动的张量(tensor)越多。

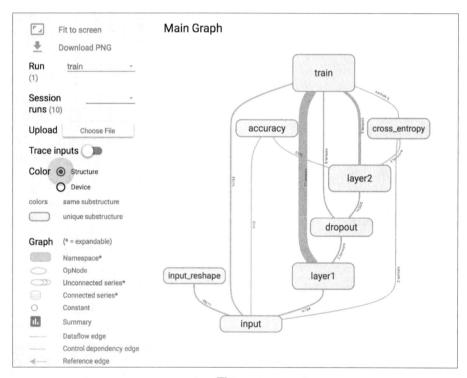

图 3-17

在 GRAPHS 面板的左侧,可以选择迭代步骤。可以用不同 Color(颜色)来表示不同的 Structure(整个数据流图的结构),或者用不同 Color 来表示不同 Device(设备)。例如,当使用多个 GPU 时,各个节点分别使用的 GPU 不同。

当我们选择特定的某次迭代(如第 899 次)时,可以显示出各个节点的 Compute time(计算时间)以及 Memory(内存消耗),如图 3-18 所示。

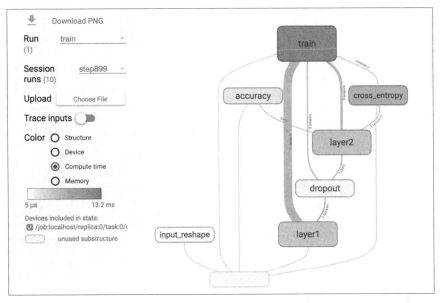

图 3-18

3.2.5　DISTRIBUTIONS 面板

　　DISTRIBUTIONS 面板和接下来要讲的 HISTOGRAMS 面板类似，只不过是用平面来表示来自特定层的激活前后、权重和偏置的分布。图 3-19 展示的是激活之前和激活之后的数据分布。

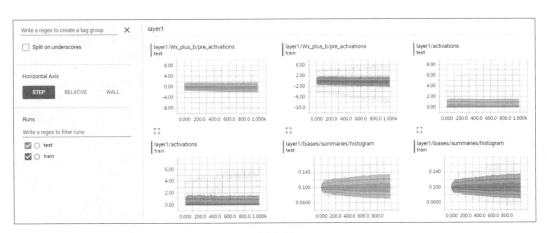

图 3-19

3.2.6　HISTOGRAMS 面板

　　HISTOGRAMS 主要是立体地展现来自特定层的激活前后、权重和偏置的分布。图 3-20 展示的是激活之前和激活之后的数据分布。

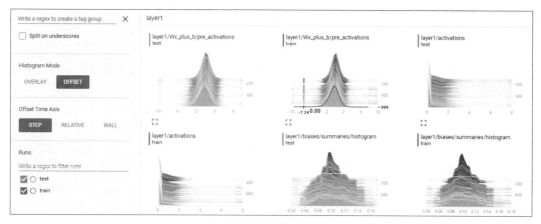

图 3-20

3.2.7 EMBEDDINGS 面板

EMBEDDINGS 面板在 MNIST 这个示例中无法展示，在 3.3 节中我们会用 Word2vec 例子来看一下这个面板的词嵌入投影仪。

3.3 可视化的例子

词嵌入（word embedding）在机器学习中非常常见，可以应用在自然语言处理、推荐系统等其他程序中。下面我们就以 Word2vec 为例来看看词嵌入投影仪的可视化。

TensorFlow 的 Word2Vec 有 basic、optimised 这两个版本，我们重点来看这两个版本的可视化表示。

3.3.1 降维分析

本节将以 GitHub 上的一段代码[1]为例，讲述可视化的思路。

Word2vec 采用 text8[2] 作为文本的训练数据集。这个文本中只包含 a～z 字符和空格，共 27 种字符。我们重点讲述产生的结果可视化的样子以及构建可视化的过程。这里我们采用的是 Skip-gram 模型，即根据目标词汇预测上下文。也就是说，给定 n 个词围绕着词 w，用 w 来预

---

[1] https://github.com/tensorflow/tensorflow/blob/master/tensorflow/examples/tutorials/word2vec/word2vec_basic.py
[2] http://mattmahoney.net/dc/textdata

测一个句子中其中一个缺漏的词 c，以概率 $p(c|w)$ 来表示。最后生成的用 t-SNE 降维呈现词汇接近程度的关系如图 3-21 所示。

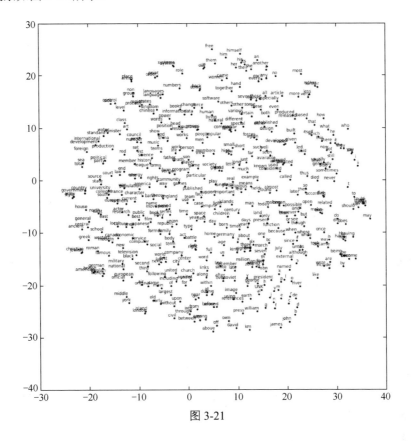

图 3-21

在 word2vec_basic.py 中，从获得数据到最终得到可视化的结果的过程分为 5 步。

（1）下载文件并读取数据。主要是 read_data 函数，它读取输入的数据，输出一个 list，里面的每一项就是一个词。

```
def read_data(filename):
  with zipfile.ZipFile(filename) as f:
    data = tf.compat.as_str(f.read(f.namelist()[0])).split()
  return data
```

这里的 data 就类似于['fawn', 'homomorphism', 'nordisk', 'nunnery']。

（2）建立一个词汇字典。这里首先建立了一个词汇字典，字典里是对应的词和这个词的编码。

```
vocabulary_size = 50000

def build_dataset(words):
  count = [['UNK', -1]]
```

```
      count.extend(collections.Counter(words).most_common(vocabulary_size - 1))
      dictionary = dict()
      for word, _ in count:
        dictionary[word] = len(dictionary)
      data = list()
      unk_count = 0
      for word in words:
        if word in dictionary:
          index = dictionary[word]
        else:
          index = 0  # dictionary['UNK']
          unk_count += 1
        data.append(index)
      count[0][1] = unk_count
      reverse_dictionary = dict(zip(dictionary.values(), dictionary.keys()))
      return data, count, dictionary, reverse_dictionary

    data, count, dictionary, reverse_dictionary = build_dataset(words)
```

dictionary 里存储的就是词与这个词的编码；reverse_dictionary 是反过来的 dictionary，对应的是词的编码与这个词；data 是 list，存储的是词对应的编码，也就是第一步中得到的词的 list，转化为词的编码表示；count 中存储的是词汇和词频，其中重复数量少于 49 999 个词，用'UNK'来代表稀有词。具体示例如下：

```
    data [5239, 3084, 12, 6, 195, 2, 3137, 46, 59, 156]
    count [['UNK', 418391], ('the', 1061396), ('of', 593677), ('and', 416629),
       ('one', 411764), ('in', 372201), ('a', 325873), ('to', 316376), ('zero', 264975),
       ('nine', 250430)]
    dictionary {'fawn': 0, 'homomorphism': 1, 'nordisk': 2, 'nunnery': 3, 'chthonic':
           4, 'sowell': 5, 'sonja': 6, 'showa': 7, 'woods': 8, 'hsv': 9}
    reverse_dictionary {0: 'fawn', 1: 'homomorphism', 2: 'nordisk', 3: 'nunnery', 4:
           'chthonic', 5: 'sowell', 6: 'sonja', 7: 'showa', 8: 'woods', 9: 'hsv'}
```

（3）产生一个批次（batch）的训练数据。这里定义 generate_batch 函数，输入 batch_size、num_skips 和 skip_windows，其中 batch_size 是每个 batch 的大小，num_skips 代表样本的源端要考虑几次，skip_windows 代表左右各考虑多少个词，其中 skip_windows*2=num_skips。最后返回的是 batch 和 label，batch 的形状是[batch_size]，label 的形状是[batch_size, 1]，也就是用一个中心词来预测一个周边词。

举个例子。假设我们的句子是"我在写一首歌"，我们将每一个字用 dictionary 中的编码代替，就变成了[123, 3084, 12, 6, 195, 90]，假设这里的 window_size 是 3，也就是只预测上文一个词，下文一个词，假设我们的 generate_batch 函数从 3084 出发，源端重复 2 次，那么 batch 就是[3084 3084 12 12 6 6 195 195]，3084 的上文是 123，下文是 12；12 的上文是 3084，下文是 6；6 的上文是 12，下文是 195；195 的上文是 6，下文是 90。因此，对应输出的 label 就是：

```
    [[ 123]
     [ 12]
```

```
[3084]
[   6]
[  12]
[ 195]
[   6]
[  90]]
```

（4）构建和训练模型。这里我们构建一个 Skip-gram 模型，具体模型搭建可以参考 Skip-gram 的相关论文。执行结果如下：

```
Found and verified text8.zip
Data size 17005207   # 共有 17005207 个单词数
Most common words (+UNK) [['UNK', 418391], ('the', 1061396), ('of', 593677),
                          ('and', 416629), ('one', 411764)]
Sample data [5239, 3084, 12, 6, 195, 2, 3137, 46, 59, 156] ['anarchism', 'originated',
            'as', 'a', 'term', 'of', 'abuse', 'first', 'used', 'against']
3084 originated -> 5239 anarchism
3084 originated -> 12 as
12 as -> 3084 originated
12 as -> 6 a
6 a -> 195 term
6 a -> 12 as
195 term -> 6 a
195 term -> 2 of
Initialized
Average loss at step  0 :  263.743347168
Nearest to a: following, infantile, professor, airplane, retreat, implicated,
ideological, epstein,
Nearest to will: apokryphen, intercity, casta, nsc, commissioners, conjuring,
stockholders, bureaucrats,
Nearest to this: option, analgesia, quelled, maeshowe, comers, inevitably, kazan, burglary,
Nearest to in: embittered, specified, deicide, pontiff, omitted, edifice, levitt, cordell,
Nearest to world: intelligible, unguarded, pretext, cinematic, druidic, agm, embarks,
cingular,
Nearest to use: hab, tabula, estates, laminated, battle, loyola, arcadia, discography,
Nearest to from: normans, zawahiri, harrowing, fein, rada, incorrect, spandau, insolvency,
Nearest to people: diligent, tum, cour, komondor, lecter, sadly, barnard, ebony,
Nearest to it: fulfilled, referencing, paullus, inhibited, myra, glu, perpetuation,
theologiae,
Nearest to united: frowned, turkey, profusion, personifications, michelangelo,
sisters, okeh, claypool,
Nearest to new: infanta, fen, mizrahi, service, monrovia, mosley, taxonomy, year,
Nearest to seven: tilsit, prefect, phyla, varied, reformists, bc, berthe, acceptance,
Nearest to also: pri, navarrese, abandonware, env, plantinga, radiosity, oops, manna,
Nearest to about: lorica, nchen, closing, interpret, smuggler, viceroyalty, barsoom, caving,
Nearest to his: introduction, mania, rotates, switzer, elvis, warped, chilli,
etymological,
Nearest to and: robson, fun, paused, scent, clouds, insulation, boyfriend, agreeable,
Average loss at step  2000 :  113.878970229
Average loss at step  4000 :  53.0354625027
```

```
Average loss at step  6000 :  33.5644974816
Average loss at step  8000 :  23.246792558
Average loss at step  10000 :  17.7630081813
```

（5）用 t-SNE 降维呈现。这里我们将上一步训练的结果做了一个 t-SNE 降维处理，最终用 Matplotlib 绘制出图形，图形见图 3-19。代码如下：

```
def plot_with_labels(low_dim_embs, labels, filename='tsne.png'):
    assert low_dim_embs.shape[0] >= len(labels), "More labels than embeddings"
    plt.figure(figsize=(18, 18))  # in inches
    for i, label in enumerate(labels):
        x, y = low_dim_embs[i, :]
        plt.scatter(x, y)
        plt.annotate(label,
                     xy=(x, y),
                     xytext=(5, 2),
                     textcoords='offset points',
                     ha='right',
                     va='bottom')

    plt.savefig(filename)

try:
    from sklearn.manifold import TSNE
    import matplotlib.pyplot as plt

    tsne = TSNE(perplexity=30, n_components=2, init='pca', n_iter=5000)
    plot_only = 500
    low_dim_embs = tsne.fit_transform(final_embeddings[:plot_only, :])
    labels = [reverse_dictionary[i] for i in xrange(plot_only)]
    plot_with_labels(low_dim_embs, labels)

except ImportError:
    print("Please install sklearn, matplotlib, and scipy to visualize embeddings.")
```

> **小知识**
>
> t-SNE 是流形学习（manifold Learning）方法的一种。它假设数据是均匀采样于一个高维空间的低维流形，流形学习就是找到高维空间中的低维流形，并求出相应的嵌入映射，以实现维数约简或者数据可视化。流形学习方法分为线性的和非线性的两种。线性的流形学习方法如主成份分析（PCA），非线性的流形学习方法如等距特征映射（Isomap）、拉普拉斯特征映射（Laplacian eigenmaps，LE）、局部线性嵌入（Locally-linear embedding，LLE）等。

3.3.2 嵌入投影仪

在 3.2 节中我们说到，在 TensorBorad 的面板中还有一个 EMBEDDINGS 面板，用于交互式可视化和分析高维数据。对于上面的 word2vec_basic.py 文件，我们只是做了一个降维分析，下面我们就来看看 TensorBorad 在词嵌入中的投影。这里采用官方 GitHub 开源实现上的例子[①]进行讲解。

这里我们自定义了两个操作（operator，OP）：SkipgramWord2vec 和 NegTrainWord2vec。为什么需要自定义操作以及如何定义一个操作将在 4.10 节介绍。操作需要先编译，然后执行。这里采用 Mac OS 系统，在 g++ 命令后加上 -undefined dynamic_lookup 参数：

```
TF_INC=$(python -c 'import tensorflow as tf; print(tf.sysconfig.get_include())')
g++ -std=c++11 -shared word2vec_ops.cc word2vec_kernels.cc -o word2vec_ops.so -fPIC -I $TF_INC -O2 -D_GLIBCXX_USE_CXX11_ABI=0
```

在当前目录下生成 word2vec_ops.so 文件，然后执行 word2vec_optimized.py，生成的模型和日志文件位于/tmp/，我们执行：

```
tensorboard --logdir=/tmp/
```

访问 http://192.168.0.101:6006/，得到的 EMBEDDINGS 面板如图 3-22 所示。

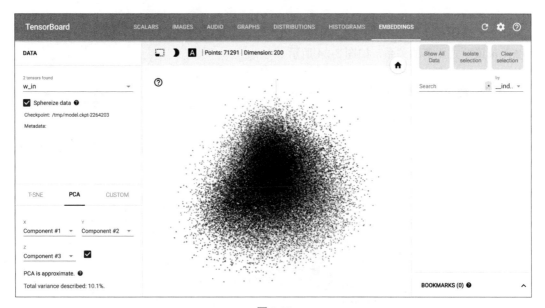

图 3-22

在 EMBEDDINGS 面板左侧的工具栏中，可以选择降维的方式，有 T-SNE、PCA 和 CUSTOM 的降维方式，并且可以做二维/三维的图像切换。例如，切换到 t-SNE 降维工具，可以手动调整 Dimension（困惑度）、Learning rate（学习率）等参数，最终生成 10 000 个点的分布，如图 3-23 所示。

---

① https://github.com/tensorflow/models/blob/master/tutorials/embedding/word2vec_optimized.py

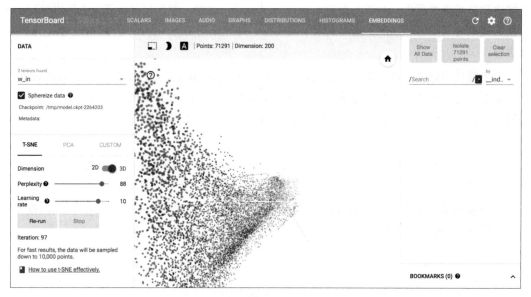

图 3-23

在 EMBEDDINGS 面板的右侧，可以采用正则表达式匹配出某些词，直观地看到词之间的余弦距离或欧式距离的关系，如图 3-24 所示。

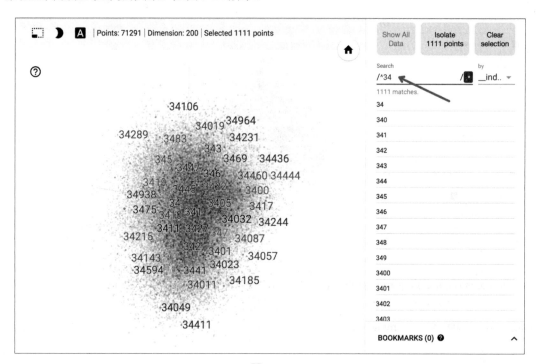

图 3-24

任意选择一个点，如 8129，选择"isolate 101 points"按钮，将会展示出 100 个在空间上最接近被选择点的词，也可以调整展示的词的数量，如图 3-25 所示。

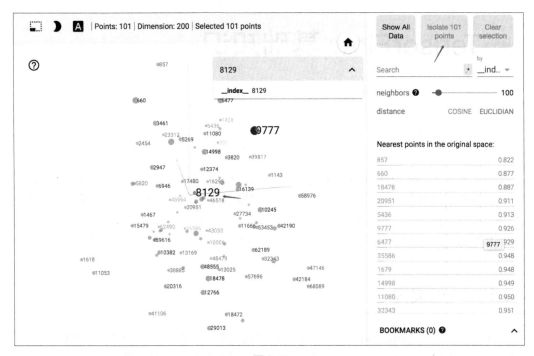

图 3-25

3.4 小结

可视化是研究深度学习的一个重要方向，有利于我们直观地探究训练过程中的每一步发生的变化。TensorFlow 提供了强大的工具 TensorBoard，不仅有完善的 API 接口，而且提供的面板也非常丰富。在 4.3.2 节我们会讲解实现 TensorBoard 的 API。在第 17 章我们还会讲到 TensorFlow 的调试工具，调试和可视化配合起来，有利于精准地调整模型。

第 4 章

TensorFlow 基础知识

本章主要参考 TensorFlow 官方网站上的新手入门[1]和扩展教程[2]，讲解 TensorFlow 的基本概念。本章从系统架构、设计理念、编程模型、常用 API、存储与加载模型、线程及队列、加载数据、自定义操作等多个方面进行讲解，相信通过本章的学习，读者会对 TensorFlow 的全貌有一个基本的认识。本章的学习对理解 TensorFlow 的原理和实战非常重要，读者需要用心揣摩。

4.1 系统架构

图 4-1 给出的是 TensorFlow 的系统架构，自底向上分为设备层和网络层、数据操作层、图计算层、API 层、应用层，其中设备层和网络层、数据操作层、图计算层是 TensorFlow 的核心层。[3]

下面就自底向上详细介绍一下 TensorFlow 的系统架构。最下层是网络通信层和设备管理层。网络通信层包括 gRPC（google Remote Procedure Call Protocol）和远程直接数据存取（Remote Direct Memory Access，RDMA），这都是在分布式计算时需要用到的。设备管理层包括 TensorFlow 分别在 CPU、GPU、FPGA 等设备上的实现，也就是对上层提供了一个统一的接口，使上层只需要处理卷积等逻辑，而不需要关心在硬件上的卷积的实现过程。

其上是数据操作层，主要包括卷积函数、激活函数等操作（参见 4.7 节）。再往上是图计算层，也是我们要了解的核心，包含本地计算图和分布式计算图的实现（本章会做基础知识的梳理，包括图的创建、编译、优化和执行，本书的"实战篇"会介绍图的具体应用，第 15 章会介绍分布式计算图的实现）。再往上是 API 层和应用层（4.4 节和 4.7 节会介绍重点常用的 API 的 Python 实现以及一些其他语言的实现，本书的"实战篇"会重点讲解调用 API 层对深度学习各种网络模型的实现）。

---

[1] https://www.tensorflow.org/get_started/get_started
[2] https://www.tensorflow.org/extend/architecture
[3] 本节内容参考 https://www.tensorflow.org/extend/architecture。

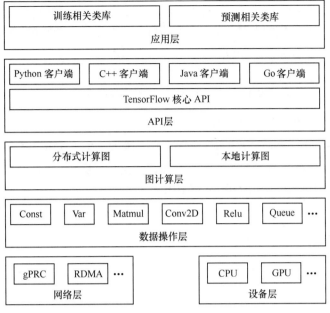

图 4-1

4.2 设计理念

TensorFlow 的设计理念主要体现在以下两个方面。

（1）将图的定义和图的运行完全分开。因此，TensorFlow 被认为是一个 "符号主义" 的库。

我们知道，编程模式通常分为命令式编程（imperative style programming）和符号式编程（symbolic style programming）。命令式编程就是编写我们理解的通常意义上的程序，很容易理解和调试，按照原有逻辑执行。符号式编程涉及很多的嵌入和优化，不容易理解和调试，但运行速度相对有所提升。现有的深度学习框架中，Torch 是典型的命令式的，Caffe、MXNet 采用了两种编程模式混合的方法，而 TensorFlow 完全采用符号式编程。

符号式计算一般是先定义各种变量，然后建立一个数据流图，在数据流图中规定各个变量之间的计算关系，最后需要对数据流图进行编译，但此时的数据流图还是一个空壳儿，里面没有任何实际数据，只有把需要运算的输入放进去后，才能在整个模型中形成数据流，从而形成输出值。[①]

例如：

```
t = 8 + 9
print(t)
```

---

① 这一段参考 http://www.xue163.com/5800/10381/58008965.html。

在传统的程序操作中，定义了 t 的运算，在运行时就执行了，并输出 17。而在 TensorFlow 中，数据流图中的节点，实际上对应的是 TensorFlow API 中的一个操作，并没有真正去运行：

```
import tensorflow as tf
t = tf.add(8, 9)
print(t) # 输出 Tensor("Add_1:0", shape=(), dtype=int32)
```

定义了一个操作，但实际上并没有运行。

（2）TensorFlow 中涉及的运算都要放在图中，而图的运行只发生在会话（session）中。开启会话后，就可以用数据去填充节点，进行运算；关闭会话后，就不能进行计算了。因此，会话提供了操作运行和 Tensor 求值的环境。例如：

```
import tensorflow as tf

# 创建图
a = tf.constant([1.0, 2.0])
b = tf.constant([3.0, 4.0])
c = a * b

# 创建会话
sess = tf.Session()

# 计算 c
print sess.run(c) # 进行矩阵乘法，输出[3., 8.]
sess.close()
```

了解了设计理念，接下来看一下 TensorFlow 的编程模型。

4.3 编程模型[①]

TensorFlow 是用数据流图做计算的，因此我们先创建一个数据流图（也称为网络结构图），如图 4-2 所示，看一下数据流图中的各个要素。

图 4-2 讲述了 TensorFlow 的运行原理。图中包含输入（input）、塑形（reshape）、Relu 层（Relu layer）、Logit 层（Logit layer）、Softmax、交叉熵（cross entropy）、梯度（gradient）、SGD 训练（SGD Trainer）等部分，是一个简单的回归模型。

它的计算过程是，首先从输入开始，经过塑形后，一层一层进行前向传播运算。Relu 层（隐藏层）里会有两个参数，即 W_{h1} 和 b_{h1}，在输出前使用 ReLu（Rectified Linear Units）激活函数做非线性处理。然后进入 Logit 层（输出层），学习两个参数 W_{sm} 和 b_{sm}。用 Softmax 来计算输

[①] 本节内容参考 TensorFlow 白皮书《TensorFlow: Large-Scale Machine Learning on Heterogeneous Distributed Systems》：http://download.tensorflow.org/paper/whitepaper2015.pdf。

出结果中各个类别的概率分布。用交叉熵来度量两个概率分布（源样本的概率分布和输出结果的概率分布）之间的相似性。然后开始计算梯度，这里是需要参数 W_{h1}、b_{h1}、W_{sm} 和 b_{sm}，以及交叉熵后的结果。随后进入 SGD 训练，也就是反向传播的过程，从上往下计算每一层的参数，依次进行更新。也就是说，计算和更新的顺序为 b_{sm}、W_{sm}、b_{h1} 和 W_{h1}。

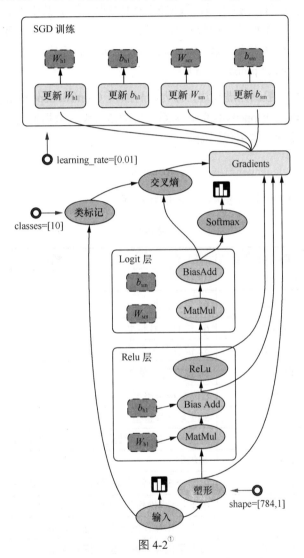

图 4-2[①]

顾名思义，TensorFlow 是指"张量的流动"。TensorFlow 的数据流图是由节点（node）和边（edge）组成的有向无环图（directed acycline graph，DAG）。TensorFlow 由 Tensor 和 Flow 两部分组成，Tensor（张量）代表了数据流图中的边，而 Flow（流动）这个动作就代表了数据流图

---

① 本图参考 https://www.tensorflow.org/images/tensors_flowing.gif。

中节点所做的操作。

4.3.1 边

TensorFlow 的边有两种连接关系：数据依赖和控制依赖[1]。其中，实线边表示数据依赖，代表数据，即张量。任意维度的数据统称为张量。在机器学习算法中，张量在数据流图中从前往后流动一遍就完成了一次前向传播（forword propagation），而残差[2]从后向前流动一遍就完成了一次反向传播（backward propagation）。

还有一种特殊边，一般画为虚线边，称为控制依赖（control dependency），可以用于控制操作的运行，这被用来确保 happens-before 关系，这类边上没有数据流过，但源节点必须在目的节点开始执行前完成执行。常用代码如下：

```
tf.Graph.control_dependencies(control_inputs)
```

TensorFlow 支持的张量具有表 4-1 所示的数据属性。

表 4-1

数据类型	Python 类型	描述
DT_FLOAT	tf.float32	32 位浮点型
DT_DOUBLE	tf.float64	64 位浮点型
DT_INT64	tf.int64	64 位有符号整型
DT_INT32	tf.int32	32 位有符号整型
DT_INT16	tf.int16	16 位有符号整型
DT_INT8	tf.int8	8 位有符号整型
DT_UINT8	tf.uint8	8 位无符号整型
DT_STRING	tf.string	可变长度的字节数组，每一个张量元素都是一个字节数组
DT_BOOL	tf.bool	布尔型
DT_COMPLEX64	tf.complex64	由两个 32 位浮点数组成的复数：实部和虚部
DT_QINT32	tf.qint32	用于量化[3]操作的 32 位有符号整型
DT_QINT8	tf.qint8	用于量化操作的 8 位有符号整型
DT_QUINT8	tf.quint8	用于量化操作的 8 位无符号整型

---

[1] 源自图论里的 DAG、数据依赖、控制依赖的相关描述。
[2] 在数理统计中，残差是指实际观察值与训练的估计值之间的差。
[3] 量化是数字信号处理领域的一个概念，是指将信号的连续取值（或者大量可能的离散取值）近似为有限多个（或较少的）离散值的过程（参考百度百科"量化"）。

有关图及张量的实现的源代码均位于 tensorflow-1.1.0/tensorflow/python/framework/ops.py，后面会详细讲。

4.3.2 节点

图中的节点又称为算子，它代表一个操作（operation，OP），一般用来表示施加的数学运算，也可以表示数据输入（feed in）的起点以及输出（push out）的终点，或者是读取/写入持久变量（persistent variable）的终点。表 4-2 列举了一些 TensorFlow 实现的算子。算子支持表 4-1 所示的张量的各种数据属性，并且需要在建立图的时候确定下来。

表 4-2[①]

类别	示例
数学运算操作	Add、Subtract、Multiply、Div、Exp、Log、Greater、Less、Equal……
数组运算操作	Concat、Slice、Split、Constant、Rank、Shape、Shuffle……
矩阵运算操作	MatMul、MatrixInverse、MatrixDeterminant……
有状态的操作	Variable、Assign、AssignAdd……
神经网络构建操作	SoftMax、Sigmoid、ReLU、Convolution2D、MaxPool,……
检查点操作	Save、Restore
队列和同步操作	Enqueue、Dequeue、MutexAcquire、MutexRelease……
控制张量流动的操作	Merge、Switch、Enter、Leave、NextIteration

与操作相关的代码位于 tensorflow-1.1.0/tensorflow/python/ops/ 目录下。以数学运算为例，代码为上述目录下的 math_ops.py，里面定义了 add、subtract、multiply、scalar_mul、div、divide、truediv、floordiv 等数学运算，每个函数里面调用了 gen_math_ops.py 中的方法，这个文件是在编译（安装时）TensorFlow 时生成的，位于 Python 库 site-packages/tensorflow/python/ops/gen_math_ops.py 中，随后又调用了 tensorflow-1.1.0/tensorflow/core/kernels/ 下面的核函数实现。再例如，数组运算的代码位于 tensorflow-1.1.0/tensorflow/python/ops/array_ops.py 中，里面定义了 concat、split、slice、size、rank 等运算，每个函数都调用了 gen_array_ops.py 中的方法，这个文件也是在编译 TensorFlow 时生成的，位于 Python 库 site-packages/tensorflow/python/ops/gen_array_ops.py 中，随后又调用了 tensorflow-1.1.0/tensorflow/core/kernels/ 下面的核函数实现。

4.3.3 其他概念

除了边和节点，TensorFlow 还涉及其他一些概念，如图、会话、设备、变量、内核等。下

[①] 本表的内容参考 TensorFlow 白皮书《TensorFlow: Large-Scale Machine Learning on Heterogeneous Distributed Systems》：http://download.tensorflow.org/paper/whitepaper2015.pdf。

面就分别介绍一下。

1. 图

把操作任务描述成有向无环图。那么，如何构建一个图呢？构建图的第一步是创建各个节点。具体如下：

```
import tensorflow as tf

# 创建一个常量运算操作，产生一个 1×2 矩阵
matrix1 = tf.constant([[3., 3.]])

# 创建另外一个常量运算操作，产生一个 2×1 矩阵
matrix2 = tf.constant([[2.],[2.]])

# 创建一个矩阵乘法运算 ，把 matrix1 和 matrix2 作为输入
# 返回值 product 代表矩阵乘法的结果
product = tf.matmul(matrix1, matrix2)
```

2. 会话

启动图的第一步是创建一个 Session 对象。会话（session）提供在图中执行操作的一些方法。一般的模式是，建立会话，此时会生成一张空图，在会话中添加节点和边，形成一张图，然后执行。

要创建一张图并运行操作的类，在 Python 的 API 中使用 tf.Session，在 C++ 的 API 中使用 tensorflow::Session。示例如下：

```
with tf.Session() as sess:
  result = sess.run([product])
  print result
```

在调用 Session 对象的 run()方法来执行图时，传入一些 Tensor，这个过程叫填充（feed）；返回的结果类型根据输入的类型而定，这个过程叫取回（fetch）。

与会话相关的源代码位于 tensorflow-1.1.0/tensorflow/python/client/session.py。

会话是图交互的一个桥梁，一个会话可以有多个图，会话可以修改图的结构，也可以往图中注入数据进行计算。因此，会话主要有两个 API 接口：Extend 和 Run。Extend 操作是在 Graph 中添加节点和边，Run 操作是输入计算的节点和填充必要的数据后，进行运算，并输出运算结果。

3. 设备

设备（device）是指一块可以用来运算并且拥有自己的地址空间的硬件，如 GPU 和 CPU。

TensorFlow 为了实现分布式执行操作，充分利用计算资源，可以明确指定操作在哪个设备上执行。具体如下：

```
with tf.Session() as sess:
    # 指定在第二个 gpu 上运行
  with tf.device("/gpu:1"):
    matrix1 = tf.constant([[3., 3.]])
    matrix2 = tf.constant([[2.],[2.]])
    product = tf.matmul(matrix1, matrix2)
```

与设备相关的源代码位于 tensorflow-1.1.0/tensorflow/python/framework/device.py。

4．变量

变量（variable）是一种特殊的数据，它在图中有固定的位置，不像普通张量那样可以流动。例如，创建一个变量张量，使用 tf.Variable()构造函数，这个构造函数需要一个初始值，初始值的形状和类型决定了这个变量的形状和类型：

```
# 创建一个变量，初始化为标量 0
state = tf.Variable(0, name="counter")
```

创建一个常量张量：

```
input1 = tf.constant(3.0)
```

TensorFlow 还提供了填充机制，可以在构建图时使用 tf.placeholder()临时替代任意操作的张量，在调用 Session 对象的 run()方法去执行图时，使用填充数据作为调用的参数，调用结束后，填充数据就消失。代码示例如下：

```
input1 = tf.placeholder(tf.float32)
input2 = tf.placeholder(tf.float32)
output = tf.multiply(input1, input2)
with tf.Session() as sess:
  print sess.run([output], feed_dict={input1:[7.], input2:[2.]})
# 输出 [array([ 14.], dtype=float32)]
```

与变量相关的源代码位于 tensorflow/tensorflow/python/ops/variables.py。

5．内核

我们知道操作（operation）是对抽象操作（如 matmul 或者 add）的一个统称，而内核（kernel）则是能够运行在特定设备（如 CPU、GPU）上的一种对操作的实现。因此，同一个操作可能会对应多个内核。

当自定义一个操作时，需要把新操作和内核通过注册的方式添加到系统中。4.10 节会用一个示例来讲解如何自定义一个操作。

4.4 常用 API

了解 TensorFlow 的 API 有助于在应用时得心应手。下面介绍的是常用 API，在后面的示例中基本上都会用到。这里主要介绍基于 Python 的 API，基于其他语言的 API 也大同小异，最重要的是理解 API 的功能及其背后的原理。①

4.4.1 图、操作和张量

TensorFlow 的计算表现为数据流图，所以 tf.Graph 类中包含一系列表示计算的操作对象（tf.Operation），以及在操作之间流动的数据——张量对象（tf.Tensor）。与图相关的 API 均位于 tf.Graph 类中，参见表 4-3。

表 4-3

操作	描述
tf.Graph.__init__()	创建一个空图
tf.Graph.as_default()	将某图设置为默认图，并返回一个上下文管理器。如果不显式添加一个默认图，系统会自动设置一个全局的默认图。所设置的默认图，在模块范围内定义的节点都将默认加入默认图中
tf.Graph.device(device_name_or_function)	定义运行图所使用的设备，并返回一个上下文管理器
tf.Graph.name_scope(name)	为节点创建层次化的名称，并返回一个上下文管理器

tf.Operation 类代表图中的一个节点，用于计算张量数据。该类型由节点构造器（如 tf.matmul() 或者 Graph.create_op()）产生。例如，c = tf.matmul(a, b) 创建一个 Operation 类，其类型为 MatMul 的操作类。与操作相关的 API 均位于 tf.Operation 类中，参见表 4-4。

表 4-4

操作	描述
tf.Operation.name	操作的名称
tf.Operation.type	操作的类型，如 MatMul
tf.Operation.inputs tf.Operation.outputs	操作的输入与输出

---

① 基于 Java 和 Go 语言的 API 还在完善，基于 Java 语言的 API 参见 https://www.tensorflow.org/api_docs/java/reference/org/tensorflow/package-summary。基于 Go 语言的 API 参见 https://godoc.org/github.com/tensorflow/tensorflow/tensorflow/go。

续表

操作	描述
tf.Operation.control_inputs	操作的依赖
tf.Operation.run(feed_dict=None, session=None)	在会话中运行该操作
tf.Operation.get_attr(name)	获取操作的属性值

tf.Tensor 类是操作输出的符号句柄，它不包含操作输出的值，而是提供了一种在 tf.Session 中计算这些值的方法。这样就可以在操作之间构建一个数据流连接，使 TensorFlow 能够执行一个表示大量多步计算的图形。与张量相关的 API 均位于 tf.Tensor 类中，参见表 4-5。

表 4-5

操作	描述
tf.Tensor.dtype	张量的数据类型
tf.Tensor.name	张量的名称
tf.Tensor.value_index	张量在操作输出中的索引
tf.Tensor.graph	张量所在的图
tf.Tensor.op	产生该张量的操作
tf.Tensor.consumers()	返回使用该张量的操作列表
tf.Tensor.eval(feed_dict=None, session=None)	在会话中求张量的值，需要使用 sess.as_default()或者 eval(session=sess)
tf.Tensor.get_shape()	返回用于表示张量的形状（维度）的类 TensorShape
tf.Tensor.set_shape(shape)	更新张量的形状
tf.Tensor.device	设置计算该张量的设备

4.4.2 可视化

在第 3 章中，我们讲解了可视化面板的功能，但如何编写可视化的程序呢？可视化时，需要在程序中给必要的节点添加摘要（summary），摘要会收集该节点的数据，并标记上第几步、时间戳等标识，写入事件文件（event file）中。tf.summary.FileWriter 类用于在目录中创建事件文件，并且向文件中添加摘要和事件，用来在 TensorBoard 中展示。9.3 节将详细讲解可视化的过程。

表 4-6 给出了可视化常用的 API 操作。

表 4-6

API	描述
tf.summary.FileWriter.__init__(logdir, graph=None, max_queue=10, flush_secs=120, graph_def=None)	创建 FileWriter 和事件文件，会在 logdir 中创建一个新的事件文件
tf.summary.FileWriter.add_summary(summary, global_step=None)	将摘要添加到事件文件
tf.summary.FileWriter.add_event(event)	向事件文件中添加一个事件

续表

API	描述
tf.summary.FileWriter.add_graph(graph, global_step=None, graph_def=None)	向事件文件中添加一个图
tf.summary.FileWriter.get_logdir()	获取事件文件的路径
tf.summary.FileWriter.flush()	将所有事件都写入磁盘
tf.summary.FileWriter.close()	将事件写入磁盘,并关闭文件操作符
tf.summary.scalar(name, tensor, collections=None)	输出包含单个标量值的摘要
tf.summary.histogram(name, values, collections=None)	输出包含直方图的摘要
tf.summary.audio(name, tensor, sample_rate, max_outputs=3, collections=None)	输出包含音频的摘要
tf.summary.image(name, tensor, max_outputs=3, collections= None)	输出包含图片的摘要
tf.summary.merge(inputs, collections=None, name=None)	合并摘要,包含所有输入摘要的值

4.5 变量作用域

在 TensorFlow 中有两个作用域(scope),一个是 name_scope,另一个是 variable_scope。它们究竟有什么区别呢?简而言之,variable_scope 主要是给 variable_name 加前缀,也可以给 op_name 加前缀;name_scope 是给 op_name 加前缀。下面我们就来分别介绍。

4.5.1 variable_scope 示例

variable_scope 变量作用域机制在 TensorFlow 中主要由两部分组成:

```
v = tf.get_variable(name, shape, dtype, initializer) # 通过所给的名字创建或是返回一个变量
tf.variable_scope(<scope_name>) # 为变量指定命名空间
```

当 tf.get_variable_scope().reuse == False 时,variable_scope 作用域只能用来创建新变量:

```
with tf.variable_scope("foo"):
    v = tf.get_variable("v", [1])
    v2 = tf.get_variable("v", [1])
assert v.name == "foo/v:0"
```

上述程序会抛出 ValueError 错误,因为 v 这个变量已经被定义过了,但 tf.get_variable_scope().reuse 默认为 False,所以不能重用。

当 tf.get_variable_scope().reuse == True 时,作用域可以共享变量:

```
with tf.variable_scope("foo") as scope:
    v = tf.get_variable("v", [1])
```

```
with tf.variable_scope("foo", reuse=True):
    #也可以写成:
    #scope.reuse_variables()
    v1 = tf.get_variable("v", [1])
assert v1 == v
```

1. 获取变量作用域

可以直接通过 tf.variable_scope()来获取变量作用域:

```
with tf.variable_scope("foo") as foo_scope:
    v = tf.get_variable("v", [1])
with tf.variable_scope(foo_scope)
    w = tf.get_variable("w", [1])
```

如果在开启的一个变量作用域里使用之前预先定义的一个作用域，则会跳过当前变量的作用域，保持预先存在的作用域不变。

```
with tf.variable_scope("foo") as foo_scope:
    assert foo_scope.name == "foo"
with tf.variable_scope("bar")
    with tf.variable_scope("baz") as other_scope:
        assert other_scope.name == "bar/baz"
        with tf.variable_scope(foo_scope) as foo_scope2:
            assert foo_scope2.name == "foo"  # 保持不变
```

2. 变量作用域的初始化

变量作用域可以默认携带一个初始化器，在这个作用域中的子作用域或变量都可以继承或者重写父作用域初始化器中的值。方法如下:

```
with tf.variable_scope("foo", initializer=tf.constant_initializer(0.4)):
    v = tf.get_variable("v", [1])
    assert v.eval() == 0.4  # 被作用域初始化
    w = tf.get_variable("w", [1], initializer=tf.constant_initializer(0.3)):
    assert w.eval() == 0.3  # 重写初始化器的值
    with tf.variable_scope("bar"):
        v = tf.get_variable("v", [1])
        assert v.eval() == 0.4  # 继承默认的初始化器
    with tf.variable_scope("baz", initializer=tf.constant_initializer(0.2)):
        v = tf.get_variable("v", [1])
        assert v.eval() == 0.2  # 重写父作用域的初始化器的值
```

上面讲的是 variable_name，那对于 op_name 呢？在 variable_scope 作用域下的操作，也会被加上前缀:

```
with tf.variable_scope("foo"):
    x = 1.0 + tf.get_variable("v", [1])
```

```
assert x.op.name == "foo/add"
```

variable_scope 主要用在循环神经网络（RNN）的操作中，其中需要大量的共享变量。

4.5.2　name_scope 示例

TensorFlow 中常常会有数以千计的节点，在可视化的过程中很难一下子展示出来，因此用 name_scope 为变量划分范围，在可视化中，这表示在计算图中的一个层级。name_scope 会影响 op_name，不会影响用 get_variable()创建的变量，而会影响通过 Variable()创建的变量。因此：

```
with tf.variable_scope("foo"):
    with tf.name_scope("bar"):
        v = tf.get_variable("v", [1])
        b = tf.Variable(tf.zeros([1]), name='b')
        x = 1.0 + v
assert v.name == "foo/v:0"
assert b.name == "foo/bar/b:0"
assert x.op.name == "foo/bar/add"
```

可以看出，tf.name_scope()返回的是一个字符串，如上述的"bar"。name_scope 对用 get_variable()创建的变量的名字不会有任何影响，而 Variable()创建的操作会被加上前缀，并且会给操作加上名字前缀。

4.6　批标准化

批标准化（batch normalization，BN）是为了克服神经网络层数加深导致难以训练而诞生的。我们知道，深度神经网络随着网络深度加深，训练起来会越来越困难，收敛速度会很慢，常常会导致梯度弥散问题（vanishing gradient problem）。

统计机器学习中有一个 ICS（Internal Covariate Shift）理论，这是一个经典假设：源域（source domain）和目标域（target domain）的数据分布是一致的。也就是说，训练数据和测试数据是满足相同分布的。这是通过训练数据获得的模型能够在测试集获得好的效果的一个基本保障。

Covariate Shift 是指训练集的样本数据和目标样本集分布不一致时，训练得到的模型无法很好地泛化（generalization）。它是分布不一致假设之下的一个分支问题，也就是指源域和目标域的条件概率是一致的，但是其边缘概率不同。的确，对于神经网络的各层输出，在经过了层内操作后，各层输出分布就会与对应的输入信号分布不同，而且差异会随着网络深度增大而加大，但是每一层所指向的样本标记（label）仍然是不变的。

解决思路一般是根据训练样本和目标样本的比例对训练样本做一个矫正。因此，通过引入批标准化来规范化[1]某些层或者所有层的输入，从而固定每层输入信号的均值与方差。

4.6.1 方法

批标准化一般用在非线性映射（激活函数）之前，对 $x=Wu+b$ 做规范化，使结果（输出信号各个维度）的均值为 0，方差为 1。让每一层的输入有一个稳定的分布会有利于网络的训练。

4.6.2 优点

批标准化通过规范化让激活函数分布在线性区间，结果就是加大了梯度，让模型更加大胆地进行梯度下降，于是有如下优点：

- 加大探索的步长，加快收敛的速度；
- 更容易跳出局部最小值；
- 破坏原来的数据分布，一定程度上缓解过拟合。

因此，在遇到神经网络收敛速度很慢或梯度爆炸[2]（gradient explode）等无法训练的情况下，都可以尝试用批标准化来解决。

4.6.3 示例

我们对每层的 Wx_plus_b 进行批标准化，这个步骤放在激活函数之前：

```
# 计算 Wx_plus_b 的均值和方差，其中 axes=[0] 表示想要标准化的维度
fc_mean, fc_var = tf.nn.moments(Wx_plus_b, axes=[0], )
scale = tf.Variable(tf.ones([out_size]))
shift = tf.Variable(tf.zeros([out_size]))
epsilon = 0.001
Wx_plus_b = tf.nn.batch_normalization(Wx_plus_b, fc_mean, fc_var, shift,
                                      scale, epsilon)
# 也就是在做：
# Wx_plus_b = (Wx_plus_b - fc_mean) / tf.sqrt(fc_var + 0.001)
# Wx_plus_b = Wx_plus_b * scale + shift
```

更多关于批标准化的理论可以查看 Sergey Ioffe 和 Christian Szegedy 的论文《Batch Normalization: Accelerating Deep Network Training by Reducing Internal Covariate Shift》[3]。

---

[1] 规范化，这里也可以称为标准化，是将数据按比例缩放，使之落入一个小的特定区间。这里是指将数据减去平均值，再除以标准差。
[2] 梯度爆炸与梯度消失相反，如果是梯度非常大，链式求导后乘积就变得很大，使权重变得非常大，产生指数级爆炸。
[3] https://arxiv.org/abs/1502.03167

4.7 神经元函数及优化方法

本节主要介绍 TensorFlow 中构建神经网络所需的神经元函数，包括各种激活函数、卷积函数、池化函数、损失函数、优化器等。读者阅读时，务必把本节介绍的常用 API 记熟，这有利于在"实战篇"轻轻松松地构建神经网络进行训练。

4.7.1 激活函数

激活函数（activation function）运行时激活神经网络中某一部分神经元，将激活信息向后传入下一层的神经网络。神经网络之所以能解决非线性问题（如语音、图像识别），本质上就是激活函数加入了非线性因素，弥补了线性模型的表达力，把"激活的神经元的特征"通过函数保留并映射到下一层。

因为神经网络的数学基础是处处可微的，所以选取的激活函数要能保证数据输入与输出也是可微的。那么激活函数在 TensorFlow 中是如何表达的呢？

激活函数不会更改输入数据的维度，也就是输入和输出的维度是相同的。TensorFlow 中有如下激活函数，它们定义在 tensorflow-1.1.0/tensorflow/python/ops/nn.py 文件中，这里包括平滑非线性的激活函数，如 sigmoid、tanh、elu、softplus 和 softsign，也包括连续但不是处处可微的函数 relu、relu6、crelu 和 relu_x，以及随机正则化函数 dropout：

```
tf.nn.relu()
tf.nn.sigmoid()
tf.nn.tanh()
tf.nn.elu()
tf.nn.bias_add()
tf.nn.crelu()
tf.nn.relu6()
tf.nn.softplus()
tf.nn.softsign()
tf.nn.dropout()   # 防止过拟合，用来舍弃某些神经元
```

上述激活函数的输入均为要计算的 x（一个张量），输出均为与 x 数据类型相同的张量。常见的激活函数有 sigmoid、tanh、relu 和 softplus 这 4 种。下面我们就来逐一讲解。

（1）sigmoid 函数。这是传统神经网络中最常用的激活函数之一（另一个是 tanh），对应的公式和图像如图 4-3 所示。

使用方法如下：

```
a = tf.constant([[1.0, 2.0], [1.0, 2.0], [1.0, 2.0]])
sess = tf.Session()
print sess.run(tf.sigmoid(a))
```

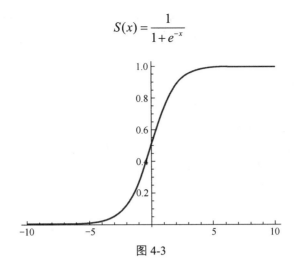

图 4-3

sigmoid 函数的优点在于,它的输出映射在(0,1)内,单调连续,非常适合用作输出层,并且求导比较容易。但是,它也有缺点,因为软饱和性[1],一旦输入落入饱和区,$f'(x)$就会变得接近于 0,很容易产生梯度消失[2]。

(2) tanh 函数。对应的公式和图像如图 4-4 所示。

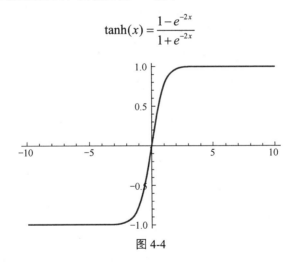

图 4-4

tanh 函数也具有软饱和性。因为它的输出以 0 为中心,收敛速度比 sigmoid 要快。但是仍无法解决梯度消失的问题。

---

[1] 软饱和是指激活函数 $h(x)$在取值趋于无穷大时,它的一阶导数趋于 0。硬饱和是指当$|x| > c$时,其中 c 为常数,$f'(x)=0$。relu 就是一类左侧硬饱和激活函数。

[2] 梯度消失是指在更新模型参数时采用链式求导法则反向求导,越往前梯度越小。最终的结果是到达一定深度后梯度对模型的更新就没有任何贡献了。

（3）relu 函数是目前最受欢迎的激活函数。softplus 可以看作是 ReLU 的平滑版本。relu 定义为 $f(x)=\max(x,0)$。softplus 定义为 $f(x)=\log(1+\exp(x))$。

由图 4-5 可见，relu 在 $x<0$ 时硬饱和。由于 $x>0$ 时导数为 1，所以，relu 能够在 $x>0$ 时保持梯度不衰减，从而缓解梯度消失问题，还能够更快地收敛，并提供了神经网络的稀疏表达能力。但是，随着训练的进行，部分输入会落到硬饱和区，导致对应的权重无法更新，称为"神经元死亡"。

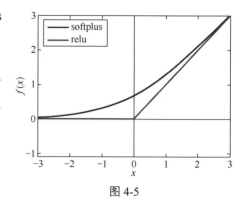

图 4-5

使用示例如下：

```
a = tf.constant([-1.0, 2.0])
with tf.Session() as sess:
    b = tf.nn.relu(a)
    print sess.run(b)
```

除了 relu 本身外，TensorFlow 还定义了 relu6，也就是定义在 min(max(features, 0), 6)的 tf.nn.relu6(features, name=None)，以及 crelu，也就是 tf.nn.crelu(features, name=None)。

（4）dropout 函数。一个神经元将以概率 keep_prob 决定是否被抑制。如果被抑制，该神经元的输出就为 0；如果不被抑制，那么该神经元的输出值将被放大到原来的 1/keep_prob 倍。[①]

在默认情况下，每个神经元是否被抑制是相互独立的。但是否被抑制也可以通过 noise_shape 来调节。当 noise_shape[i] == shape(x)[i]时，x 中的元素是相互独立的。如果 shape(x) = [k, l, m, n]，x 中的维度的顺序分别为批、行、列和通道，如果 noise_shape = [k, 1, 1, n]，那么每个批和通道都是相互独立的，但是每行和每列的数据都是关联的，也就是说，要不都为 0，要不都还是原来的值。

使用示例如下：

```
a = tf.constant([[-1.0, 2.0, 3.0, 4.0]])
with tf.Session() as sess:
  b = tf.nn.dropout(a, 0.5, noise_shape = [1,4])
    print sess.run(b)
  b = tf.nn.dropout(a, 0.5, noise_shape = [1,1])
    print sess.run(b)
```

---

① dropout 在论文中最早被提出时是这么做的：在训练的时候用概率 p 丢弃，然后在预测的时候，所有参数按比例缩小，也就是乘以 p。在各种深度学习框架（如 Keras、TensorFlow）的实现中，都是用反向 ropout 来代替 dropout。也就是这里所说的，在训练的时候一边 dropout，然后再按比例放大，也就是乘以 $1/p$，然后在预测的时候，不做任何处理。

> **激活函数的选择**
>
> 当输入数据特征相差明显时，用 tanh 的效果会很好，且在循环过程中会不断扩大特征效果并显示出来。当特征相差不明显时，sigmoid 效果比较好。同时，用 sigmoid 和 tanh 作为激活函数时，需要对输入进行规范化，否则激活后的值全部都进入平坦区，隐层的输出会全部趋同，丧失原有的特征表达。而 relu 会好很多，有时可以不需要输入规范化来避免上述情况。
>
> 因此，现在大部分的卷积神经网络都采用 relu 作为激活函数。我估计大概有 85%～90%的神经网络会采用 ReLU，10%～15%的神经网络会采用 tanh，尤其用在自然语言处理上。

4.7.2 卷积函数

卷积函数是构建神经网络的重要支架，是在一批图像上扫描的二维过滤器。9.4.1 节会详细讲解卷积的过程。卷积函数定义在 tensorflow-1.1.0/tensorflow/python/ops 下的 nn_impl.py 和 nn_ops.py 文件中。

```
tf.nn.convolution(input, filter, padding, strides=None,
                  dilation_rate=None, name=None, data_format=None)
tf.nn.conv2d(input, filter, strides, padding, use_cudnn_on_gpu=None,
             data_format= None, name=None)
tf.nn.depthwise_conv2d (input, filter, strides, padding, rate=None, name=None,
                        data_format=None)
tf.nn.separable_conv2d (input, depthwise_filter, pointwise_filter, strides, padding,
                        rate=None, name=None, data_format=None)
tf.nn.atrous_conv2d(value, filters, rate, padding, name=None)
tf.nn.conv2d_transpose(value, filter, output_shape, strides, padding='SAME',
                       data_format='NHWC', name=None)
tf.nn.conv1d(value, filters, stride, padding, use_cudnn_on_gpu=None,
             data_format= None, name=None)
tf.nn.conv3d(input, filter, strides, padding, name=None)
tf.nn.conv3d_transpose(value, filter, output_shape, strides, padding='SAME', name=None)
```

下面就分别加以说明。

（1）tf.nn.convolution(input, filter, padding, strides=None, dilation_rate=None, name=None, data_format =None)这个函数计算 N 维卷积的和。

（2）tf.nn.conv2d(input, filter, strides, padding, use_cudnn_on_gpu=None, data_format=None, name=None)这个函数的作用是对一个四维的输入数据 input 和四维的卷积核 filter 进行操作，然后对输入数据进行一个二维的卷积操作，最后得到卷积之后的结果。

```
def conv2d(input, filter, strides, padding, use_cudnn_on_gpu=None,
           data_format=None, name=None)
# 输入：
#   input：一个 Tensor。数据类型必须是 float32 或者 float64
```

```
#    filter：一个 Tensor。数据类型必须是 input 相同
#    strides：一个长度是 4 的一维整数类型数组，每一维度对应的是 input 中每一维的对应移动步数，
#    比如，strides[1]对应 input[1]的移动步数
#    padding：一个字符串，取值为 SAME 或者 VALID
#    padding='SAME'：仅适用于全尺寸操作，即输入数据维度和输出数据维度相同
#    padding='VALID'：适用于部分窗口，即输入数据维度和输出数据维度不同
#    use_cudnn_on_gpu：一个可选布尔值，默认情况下是 True
#    name：（可选）为这个操作取一个名字
# 输出：一个 Tensor，数据类型是 input 相同
```

使用示例如下：

```
input_data = tf.Variable( np.random.rand(10,9,9,3), dtype = np.float32 )
filter_data = tf.Variable( np.random.rand(2, 2, 3, 2), dtype = np.float32)
y = tf.nn.conv2d(input_data, filter_data, strides = [1, 1, 1, 1], padding = 'SAME')
```

打印出 tf.shape(y)的结果是[10 9 9 2]。

（3）tf.nn.depthwise_conv2d (input, filter, strides, padding, rate=None, name=None,data_format=None) 这个函数输入张量的数据维度是[batch, in_height, in_width, in_channels]，卷积核的维度是[filter_height, filter_width, in_channels, channel_multiplier]，在通道 in_channels 上面的卷积深度是 1，depthwise_conv2d 函数将不同的卷积核独立地应用在 in_channels 的每个通道上（从通道 1 到通道 channel_multiplier），然后把所以的结果进行汇总。最后输出通道的总数是 in_channels * channel_multiplier。

使用示例如下：

```
input_data = tf.Variable( np.random.rand(10, 9, 9, 3), dtype = np.float32 )
filter_data = tf.Variable( np.random.rand(2, 2, 3, 5), dtype = np.float32)
y = tf.nn.depthwise_conv2d(input_data, filter_data, strides = [1, 1, 1, 1], padding = 'SAME')
```

这里打印出 tf.shape(y)的结果是[10 9 9 15]。

（4）tf.nn.separable_conv2d (input, depthwise_filter, pointwise_filter, strides, padding, rate=None, name=None, data_format=None)是利用几个分离的卷积核去做卷积。在这个 API 中，将应用一个二维的卷积核，在每个通道上，以深度 channel_multiplier 进行卷积。

```
def separable_conv2d (input, depthwise_filter, pointwise_filter, strides, padding,
                     rate=None, name=None, data_format=None)
# 特殊参数：
#    depthwise_filter：一个张量。数据维度是四维[filter_height, filter_width, in_channels,
#    channel_multiplier]。其中，in_channels 的卷积深度是 1
#    pointwise_filter：一个张量。数据维度是四维[1, 1, channel_multiplier * in_channels,
#    out_channels]。其中，pointwise_filter 是在 depthwise_filter 卷积之后的混合卷积
```

使用示例如下：

```
input_data = tf.Variable( np.random.rand(10, 9, 9, 3), dtype = np.float32 )
```

```
depthwise_filter = tf.Variable( np.random.rand(2, 2, 3, 5), dtype = np.float32)
pointwise_filter = tf.Variable( np.random.rand(1, 1, 15, 20), dtype = np.float32)
# out_channels >= channel_multiplier * in_channels
y = tf.nn.separable_conv2d(input_data, depthwise_filter, pointwise_filter,
                        strides = [1, 1, 1, 1], padding = 'SAME')
```

这里打印出 tf.shape(y)的结果是[10 9 9 20]。

（5）tf.nn.atrous_conv2d(value, filters, rate, padding, name=None)计算 Atrous 卷积，又称孔卷积或者扩张卷积。

使用示例如下：

```
input_data = tf.Variable( np.random.rand(1,5,5,1), dtype = np.float32 )
filters = tf.Variable( np.random.rand(3,3,1,1), dtype = np.float32)
y = tf.nn.atrous_conv2d(input_data, filters, 2, padding='SAME')
```

这里打印出 tf.shape(y)的结果是[1 5 5 1]。

（6）tf.nn.conv2d_transpose(value, filter, output_shape, strides, padding='SAME', data_format='NHWC', name=None)[1]在解卷积网络（deconvolutional network）中有时称为"反卷积"，但实际上是 conv2d 的转置，而不是实际的反卷积。

```
def conv2d_transpose(value, filter, output_shape, strides, padding='SAME',
                     data_format='NHWC', name=None)
# 特殊参数：
#    output_shape：一维的张量，表示反卷积运算后输出的形状
# 输出：和 value 一样维度的 Tensor
```

使用示例如下：

```
x = tf.random_normal(shape=[1,3,3,1])
kernel = tf.random_normal(shape=[2,2,3,1])
y = tf.nn.conv2d_transpose(x,kernel,output_shape=[1,5,5,3],
                           strides=[1,2,2,1],padding="SAME")
```

这里打印出 tf.shape(y)的结果是[1 5 5 3]。

（7）tf.nn.conv1d(value, filters, stride, padding, use_cudnn_on_gpu=None, data_format=None, name=None)和二维卷积类似。这个函数是用来计算给定三维的输入和过滤器的情况下的一维卷积。不同的是，它的输入是三维，如[batch, in_width, in_channels]。卷积核的维度也是三维，少了一维 filter_height，如 [filter_width, in_channels, out_channels]。stride 是一个正整数，代表卷积核向右移动每一步的长度。

（8）tf.nn.conv3d(input, filter, strides, padding, name=None)和二维卷积类似。这个函数用来计算给定五维的输入和过滤器的情况下的三维卷积。和二维卷积相对比：

---

[1] 源代码位于 tensorflow-1.1.0/tensorflow/python/ops/nn_ops.py。

- input 的 shape 中多了一维 in_depth，形状为 Shape[batch, in_depth, in_height, in_width, in_channels]；
- filter 的 shape 中多了一维 filter_depth，由 filter_depth, filter_height, filter_width 构成了卷积核的大小；
- strides 中多了一维，变为[strides_batch, strides_depth, strides_height, strides_width, strides_channel]，必须保证 strides[0] = strides[4] = 1。

（9）tf.nn.conv3d_transpose(value, filter, output_shape, strides, padding='SAME', name=None) 和二维反卷积类似，不再赘述。

4.7.3 池化函数

在神经网络中，池化函数一般跟在卷积函数的下一层，它们也被定义在 tensorflow-1.1.0/tensorflow/python/ops 下的 nn.py 和 gen_nn_ops.py 文件中。

```
tf.nn.avg_pool(value, ksize, strides, padding, data_format='NHWC', name=None)
tf.nn.max_pool(value, ksize, strides, padding, data_format='NHWC', name=None)
tf.nn.max_pool_with_argmax(input, ksize, strides, padding, Targmax=None, name=None)
tf.nn.avg_pool3d(input, ksize, strides, padding, name=None)
tf.nn.max_pool3d(input, ksize, strides, padding, name=None)
tf.nn.fractional_avg_pool(value, pooling_ratio, pseudo_random=None, overlapping=None,
                         deterministic=None, seed=None, seed2=None, name=None)
tf.nn.fractional_max_pool(value, pooling_ratio, pseudo_random=None, overlapping=None,
                         deterministic=None, seed=None, seed2=None, name=None)
tf.nn.pool(input, window_shape, pooling_type, padding, dilation_rate=None, strides=None,
          name=None, data_format=None)
```

池化操作是利用一个矩阵窗口在张量上进行扫描，将每个矩阵窗口中的值通过取最大值或平均值来减少元素个数。每个池化操作的矩阵窗口大小是由 ksize 指定的，并且根据步长 strides 决定移动步长。下面就分别来说明。

（1）tf.nn.avg_pool(value, ksize, strides, padding, data_format='NHWC', name=None)。这个函数计算池化区域中元素的平均值。

```
def avg_pool(value, ksize, strides, padding, data_format='NHWC', name=None)
# 输入：
#    value：一个四维的张量。数据维度是[batch, height, width, channels]
#    ksize：一个长度不小于 4 的整型数组。每一位上的值对应于输入数据张量中每一维的窗口对应值
#    strides：一个长度不小于 4 的整型数组。该参数指定滑动窗口在输入数据张量每一维上的步长
#    padding：一个字符串，取值为 SAME 或者 VALID
#    data_format：'NHWC'代表输入张量维度的顺序，N 为个数，H 为高度，W 为宽度，C 为通道数（RGB 三
#                通道或者灰度单通道）
#    name（可选）：为这个操作取一个名字
# 输出：一个张量，数据类型和 value 相同
```

使用示例如下：

```
input_data = tf.Variable( np.random.rand(10,6,6,3), dtype = np.float32 )
filter_data = tf.Variable( np.random.rand(2, 2, 3, 10), dtype = np.float32)

y = tf.nn.conv2d(input_data, filter_data, strides = [1, 1, 1, 1], padding = 'SAME')
output = tf.nn.avg_pool(value = y, ksize = [1, 2, 2, 1], strides = [1, 1, 1, 1],
                        padding ='SAME')
```

上述代码打印出 tf.shape(output)的结果是[10 6 6 10]。计算输出维度的方法是：shape(output) = (shape(value) - ksize + 1) / strides。

（2）tf.nn.max_pool(value, ksize, strides, padding, data_format='NHWC', name=None)。这个函数是计算池化区域中元素的最大值。

使用示例如下：

```
input_data = tf.Variable( np.random.rand(10,6,6,3), dtype = np.float32 )
filter_data = tf.Variable( np.random.rand(2, 2, 3, 10), dtype = np.float32)
y = tf.nn.conv2d(input_data, filter_data, strides = [1, 1, 1, 1], padding = 'SAME')
output = tf.nn.max_pool(value = y, ksize = [1, 2, 2, 1], strides = [1, 1, 1, 1],
                        padding ='SAME')
```

上述代码打印出 tf.shape(output)的结果是[10 6 6 10]。

（3）tf.nn.max_pool_with_argmax(input, ksize, strides, padding, Targmax = None, name=None)。这个函数的作用是计算池化区域中元素的最大值和该最大值所在的位置。

在计算位置 argmax 的时候，我们将 input 铺平了进行计算，所以，如果 input = [b, y, x, c]，那么索引位置是((b * height + y) * width + x) * channels + c。

使用示例如下，该函数只能在 GPU 下运行，在 CPU 下没有对应的函数实现：

```
input_data = tf.Variable( np.random.rand(10,6,6,3), dtype = tf.float32 )
filter_data = tf.Variable( np.random.rand(2, 2, 3, 10), dtype = np.float32)

y = tf.nn.conv2d(input_data, filter_data, strides = [1, 1, 1, 1], padding = 'SAME')
output, argmax = tf.nn.max_pool_with_argmax(input = y, ksize = [1, 2, 2, 1],
                                            strides = [1, 1, 1, 1], padding = 'SAME')
```

返回结果是一个张量组成的元组（output, argmax），output 表示池化区域的最大值；argmax 的数据类型是 Targmax，维度是四维。

（4）tf.nn.avg_pool3d()和 tf.nn.max_pool3d()分别是在三维下的平均池化和最大池化。

（5）tf.nn.fractional_avg_pool()和 tf.nn.fractional_max_pool()分别是在三维下的平均池化和最大池化。

（6）tf.nn.pool(input, window_shape, pooling_type, padding, dilation_rate=None, strides=None, name=None, data_format=None)。这个函数执行一个 N 维的池化操作。

4.7.4　分类函数

TensorFlow 中常见的分类函数主要有 sigmoid_cross_entropy_with_logits、softmax、log_softmax、

softmax_cross_entropy_with_logits 等，它们也主要定义在 tensorflow-1.1.0/tensorflow/python/ops 的 nn.py 和 nn_ops.py 文件中。

```
tf.nn.sigmoid_cross_entropy_with_logits(logits, targets, name=None)
tf.nn.softmax(logits, dim=-1, name=None)
tf.nn.log_softmax(logits, dim=-1, name=None)
tf.nn.softmax_cross_entropy_with_logits(logits, labels, dim=-1, name=None)
tf.nn.sparse_softmax_cross_entropy_with_logits(logits, labels, name=None)
```

下面我们就逐一讲解。

（1）tf.nn.sigmoid_cross_entropy_with_logits(logits, targets, name=None)：

```
def sigmoid_cross_entropy_with_logits(logits, targets, name=None):
# 输入: logits:[batch_size, num_classes],targets:[batch_size, size].logits 用最后一
# 层的输入即可
# 最后一层不需要进行 sigmoid 运算，此函数内部进行了 sigmoid 操作
# 输出: loss [batch_size, num_classes]
```

这个函数的输入要格外注意，如果采用此函数作为损失函数，在神经网络的最后一层不需要进行 sigmoid 运算。

（2）tf.nn.softmax(logits, dim=-1, name=None)计算 Softmax 激活，也就是 softmax = exp(logits) / reduce_sum(exp(logits), dim)。

（3）tf.nn.log_softmax(logits, dim=-1, name=None)计算 log softmax 激活，也就是 logsoftmax = logits - log(reduce_sum(exp(logits), dim))。

（4）tf.nn.softmax_cross_entropy_with_logits(_sentinel=None, labels=None, logits=None, dim=-1, name =None)：

```
def softmax_cross_entropy_with_logits(logits, targets, dim=-1, name=None):
# 输入: logits and labels 均为[batch_size, num_classes]
# 输出:  loss:[batch_size]，里面保存的是 batch 中每个样本的交叉熵
```

（5）tf.nn.sparse_softmax_cross_entropy_with_logits(logits, labels, name=None)：

```
def sparse_softmax_cross_entropy_with_logits(logits, labels, name=None):
# logits 是神经网络最后一层的结果
# 输入:logits:[batch_size, num_classes]  labels:[batch_size],必须在[0, num_classes]
# 输出: loss [batch_size]，里面保存是 batch 中每个样本的交叉熵
```

4.7.5　优化方法

如何加速神经网络的训练呢？目前加速训练的优化方法基本都是基于梯度下降的，只是细节上有些差异。梯度下降是求函数极值的一种方法，学习到最后就是求损失函数的极值问题。

TensorFlow 提供了很多优化器（optimizer），我们重点介绍下面这 8 个：

```
class tf.train.GradientDescentOptimizer
class tf.train.AdadeltaOptimizer
class tf.train.AdagradOptimizer
class tf.train.AdagradDAOptimizer
class tf.train.MomentumOptimizer
class tf.train.AdamOptimizer
class tf.train.FtrlOptimizer
class tf.train.RMSPropOptimizer
```

这 8 个优化器对应 8 种优化方法，分别是梯度下降法（BGD 和 SGD）、Adadelta 法、Adagrad 法（Adagrad 和 AdagradDAO）、Momentum 法（Momentum 和 Nesterov Momentum）、Adam、Ftrl 法和 RMSProp 法，其中 BGD、SGD、Momentum 和 Nesterov Momentum 是手动指定学习率的，其余算法能够自动调节学习率。

下面就介绍其中几种优化方法。

1. BGD 法

BGD 的全称是 batch gradient descent，即批梯度下降。这种方法是利用现有参数对训练集中的每一个输入生成一个估计输出 y_i，然后跟实际输出 y_i 比较，统计所有误差，求平均以后得到平均误差，以此作为更新参数的依据。它的迭代过程为：

（1）提取训练集中的所有内容 $\{x_1, ..., x_n\}$，以及相关的输出 y_i；

（2）计算梯度和误差并更新参数。

这种方法的优点是，使用所有训练数据计算，能够保证收敛，并且不需要逐渐减少学习率；缺点是，每一步都需要使用所有的训练数据，随着训练的进行，速度会越来越慢。

那么，如果将训练数据拆分成一个个批次（batch），每次抽取一批数据来更新参数，是不是会加速训练呢？这就是最常用的 SGD。

2. SGD 法

SGD 的全称是 stochastic gradient descent，即随机梯度下降。因为这种方法的主要思想是将数据集拆分成一个个批次（batch），随机抽取一个批次来计算并更新参数，所以也称为 MBGD（minibatch gradient descent）。

SGD 在每一次迭代计算 mini-batch 的梯度，然后对参数进行更新。与 BGD 相比，SGD 在训练数据集很大时，仍能以较快的速度收敛。但是，它仍然会有下面两个缺点。

（1）由于抽取不可避免地梯度会有误差，需要手动调整学习率（learning rate），但是选择合适的学习率又比较困难，尤其在训练时，我们常常想对常出现的特征更新速度快一些，而对不常出现的特征更新速度慢一些，而 SGD 在更新参数时对所有参数采用一样的学习率，因此无法满足要求。

（2）SGD 容易收敛到局部最优，并且在某些情况下可能被困在鞍点。

为了解决学习率固定的问题，又引入了 Momentum 法。

3. Momentum 法

Momentum 是模拟物理学中动量的概念，更新时在一定程度上保留之前的更新方向，利用当前的批次再微调本次的更新参数，因此引入了一个新的变量 v（速度），作为前几次梯度的累加。因此，Momentum 能够更新学习率，在下降初期，前后梯度方向一致时，能够加速学习；在下降的中后期，在局部最小值的附近来回震荡时，能够抑制震荡，加快收敛。

4. Nesterov Momentum 法

Nesterov Momentum 法由 Ilya Sutskever 在 Nesterov 工作的启发下提出的，是对传统 Momentum 法的一项改进，其基本思路如图 4-6 所示。

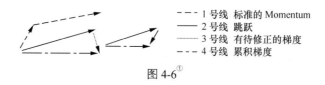

图 4-6①

标准 Momentum 法首先计算一个梯度（短的 1 号线），然后在加速更新梯度的方向进行一个大的跳跃（长的 1 号线）；Nesterov 项首先在原来加速的梯度方向进行一个大的跳跃（2 号线），然后在该位置计算梯度值（3 号线），然后用这个梯度值修正最终的更新方向（4 号线）。

上面介绍的优化方法都需要我们自己设定学习率，接下来介绍几种自适应学习率的优化方法。

5. Adagrad 法

Adagrad 法能够自适应地为各个参数分配不同的学习率，能够控制每个维度的梯度方向。这种方法的优点是能够实现学习率的自动更改：如果本次更新时梯度大，学习率就衰减得快一些；如果这次更新时梯度小，学习率衰减得就慢一些。

6. Adadelta 法

Adagrad 法仍然存在一些问题：其学习率单调递减，在训练的后期学习率非常小，并且需

---

① 本图出自 Geoffrey Hinton 的 Coursera 公开课 "Neural Networks for Machine Learning" 第 6 章：https://www.coursera.org/learn/neural-networks。

要手动设置一个全局的初始学习率。Adadelta 法用一阶的方法，近似模拟二阶牛顿法，解决了这些问题。

7．RMSprop 法

RMSProp 法与 Momentum 法类似，通过引入一个衰减系数，使每一回合都衰减一定比例。在实践中，对循环神经网络（RNN）效果很好。

8．Adam 法

Adam 的名称来源于自适应矩估计[①]（adaptive moment estimation）。Adam 法根据损失函数针对每个参数的梯度的一阶矩估计和二阶矩估计动态调整每个参数的学习率。

9．各个方法的比较

Karpathy 在 MNIST 数据集上用上述几个优化器做了一些性能比较，发现如下规律[②]：在不怎么调整参数的情况下，Adagrad 法比 SGD 法和 Momentum 法更稳定，性能更优；精调参数的情况下，精调的 SGD 法和 Momentum 法在收敛速度和准确性上要优于 Adagrad 法。

各个优化器的损失值比较结果如图 4-7 所示。

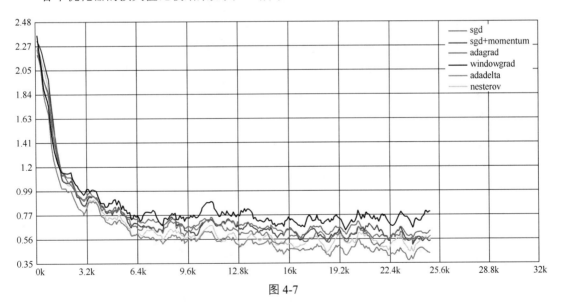

图 4-7

[①] 矩估计就是利用样本矩来估计总体中相应的参数。如果一个随机变量 X 服从某种分布，X 的一阶矩是 $E(X)$，也就是样本平均值，X 的二阶矩是 $E(X^2)$，也就是样本平方的平均值。

[②] 这一结论和图 4-7 至图 4-9 参考 http://sebastianruder.com/optimizing-gradient-descent/。

各个优化器的测试准确率比较如图 4-8 所示。

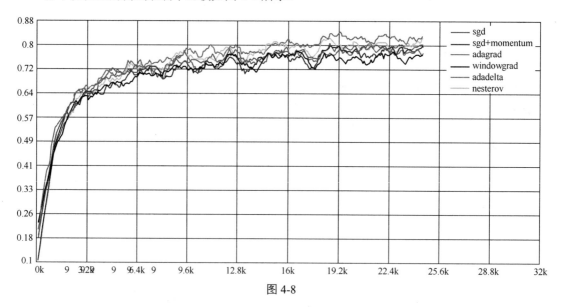

图 4-8

各个优化器的训练准确率比较如图 4-9 所示。

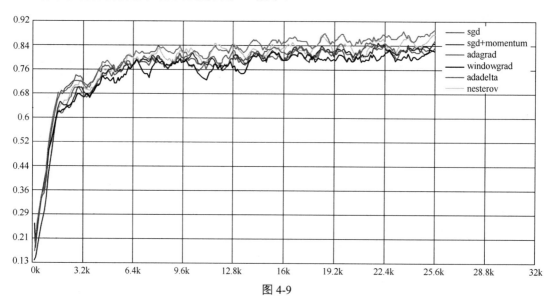

图 4-9

想要更深入研究各种优化方法，可以参考《An overview of gradient descent optimization algorithms》[①]。

---

① http://sebastianruder.com/optimizing-gradient-descent/

4.8 模型的存储与加载

训练好一个神经网络模型后,我们就希望能够将其应用在预测数据上。那么,如何把模型存储起来呢?同时,对于一个已经存储起来的模型,在将其应用在预测数据上时又如何加载呢?

TensorFlow 的 API 提供了以下两种方式来存储和加载模型。

(1)生成检查点文件(checkpoint file),扩展名一般为.ckpt,通过在 tf.train.Saver 对象上调用 Saver.save() 生成。它包含权重和其他在程序中定义的变量,不包含图结构。如果需要在另一个程序中使用,需要重新创建图形结构,并告诉 TensorFlow 如何处理这些权重。

(2)生成图协议文件(graph proto file),这是一个二进制文件,扩展名一般为.pb,用 tf.train.write_graph() 保存,只包含图形结构,不包含权重,然后使用 tf.import_graph_def() 来加载图形。

下面我们就分"模型存储"和"图存储"来介绍这两种方式。在 TensorFlow 的高级 API,如 Keras 中,也提供了更高级的语句来保存和加载模型,在 7.2.3 节中会介绍。

4.8.1 模型的存储与加载

模型存储主要是建立一个 tf.train.Saver() 来保存变量,并且指定保存的位置,一般模型的扩展名为.ckpt。

下面我们定义一个新的神经网络,含两个全连接层和一个输出层,来训练 MNIST 数据集,并把训练好的模型存储起来。我们用 MNIST 数据集来说明。[①]

1. 加载数据及定义模型

加载数据及定义模型的代码如下:

```
# 加载数据
mnist = input_data.read_data_sets("MNIST_data/", one_hot=True)
trX, trY, teX, teY = mnist.train.images, mnist.train.labels, mnist.test.images,
                    mnist.test.labels

X = tf.placeholder("float", [None, 784])
Y = tf.placeholder("float", [None, 10])
# 初始化权重参数
w_h = init_weights([784, 625])
```

[①] 本节代码参考 https://github.com/nlintz/TensorFlow-Tutorials/blob/master/10_save_restore_net.py。为了讲解方便,这里对代码顺序略微做了调整。

```
w_h2 = init_weights([625, 625])
w_o = init_weights([625, 10])

# 定义权重函数
def init_weights(shape):
    return tf.Variable(tf.random_normal(shape, stddev=0.01))

# 定义模型
def model(X, w_h, w_h2, w_o, p_keep_input, p_keep_hidden):
    # 第一个全连接层
    X = tf.nn.dropout(X, p_keep_input)
    h = tf.nn.relu(tf.matmul(X, w_h))

    h = tf.nn.dropout(h, p_keep_hidden)
    # 第二个全连接层
    h2 = tf.nn.relu(tf.matmul(h, w_h2))
    h2 = tf.nn.dropout(h2, p_keep_hidden)

    return tf.matmul(h2, w_o) #输出预测值
```

生成网络模型，得到预测值，代码如下：

```
p_keep_input = tf.placeholder("float")
p_keep_hidden = tf.placeholder("float")
py_x = model(X, w_h, w_h2, w_o, p_keep_input, p_keep_hidden)
```

定义损失函数，代码如下：

```
cost = tf.reduce_mean(tf.nn.softmax_cross_entropy_with_logits(py_x, Y))
train_op = tf.train.RMSPropOptimizer(0.001, 0.9).minimize(cost)
predict_op = tf.argmax(py_x, 1)
```

接下来我们就要训练刚才定义好的模型，并把每一轮训练得到的参数都存储下来。

2. 训练模型及存储模型

首先，我们定义一个存储路径，这里就用当前路径下的 ckpt_dir 目录，代码如下：

```
ckpt_dir = "./ckpt_dir"
if not os.path.exists(ckpt_dir):
    os.makedirs(ckpt_dir)
```

定义一个计数器，为训练轮数计数，代码如下：

```
# 计数器变量，设置它的 trainable=False，不需要被训练
global_step = tf.Variable(0, name='global_step', trainable=False)
```

当定义完所有变量后，调用 tf.train.Saver() 来保存和提取变量，其后面定义的变量将不会被存储，代码如下：

```
# 在声明完所有变量后，调用 tf.train.Saver
saver = tf.train.Saver()
# 位于 tf.train.Saver 之后的变量将不会被存储
non_storable_variable = tf.Variable(777)
```

训练模型并存储，如下：

```
with tf.Session() as sess:
  tf.initialize_all_variables().run()

  start = global_step.eval() # 得到 global_step 的初始值
  print("Start from:", start)

  for i in range(start, 100):
    # 以 128 作为 batch_size
    for start, end in zip(range(0, len(trX), 128), range(128, len(trX)+1, 128)):
      sess.run(train_op, feed_dict={X: trX[start:end], Y: trY[start:end],
              p_keep_input: 0.8, p_keep_hidden: 0.5})

    global_step.assign(i).eval() # 更新计数器
    saver.save(sess, ckpt_dir + "/model.ckpt", global_step=global_step) # 存储模型
```

于是，在训练的过程中，ckpt_dir 下会出现 16 个文件，其中有 5 个 model.ckpt-{n}.data-00000-of-00001 文件，是训练过程中保存的模型，5 个 model.ckpt-{n}.meta 文件，是训练过程中保存的元数据（TensorFlow 默认只保存最近 5 个模型和元数据，删除前面没用的模型和元数据），5 个 model.ckpt-{n}.index 文件，{n}代表迭代次数，以及 1 个检查点文本文件，里面保存着当前模型和最近的 5 个模型，内容如下：

```
model_checkpoint_path: "model.ckpt-60"
all_model_checkpoint_paths: "model.ckpt-56"
all_model_checkpoint_paths: "model.ckpt-57"
all_model_checkpoint_paths: "model.ckpt-58"
all_model_checkpoint_paths: "model.ckpt-59"
all_model_checkpoint_paths: "model.ckpt-60"
```

那么，假如在训练某个模型时突然因为某种原因，脚本停止运行了，或者机器重启了，是不是就要从头开始训练呢？我们知道，训练一个神经网络的时间都比较长，少则几个小时，多则几天，甚至几周。如果能将之前训练的参数保存下来，就可以在出现意外状况时接着上一次的地方开始训练。此外，每个固定的轮数在检查点保存一个模型（.ckpt 文件），也有利于随时将模型拿出来进行预测，用前几次的预测效果就可以估计出神经网络究竟设计得怎么样。

3. 加载模型

如果有已经训练好的模型变量文件，可以用 saver.restore 来进行模型加载：

```
with tf.Session() as sess:
  tf.initialize_all_variables().run()

  ckpt = tf.train.get_checkpoint_state(ckpt_dir)
  if ckpt and ckpt.model_checkpoint_path:
    print(ckpt.model_checkpoint_path)
    saver.restore(sess, ckpt.model_checkpoint_path)  # 加载所有的参数
    # 从这里开始就可以直接使用模型进行预测，或者接着继续训练了
```

4.8.2　图的存储与加载

当仅保存图模型时，才将图写入二进制协议文件中，例如：

```
v = tf.Variable(0, name='my_variable')
sess = tf.Session()
tf.train.write_graph(sess.graph_def, '/tmp/tfmodel', 'train.pbtxt')
```

当读取时，又从协议文件中读取出来：

```
with tf.Session() as _sess:
  with gfile.FastGFile("/tmp/tfmodel/train.pbtxt",'rb') as f:
    graph_def = tf.GraphDef()
    graph_def.ParseFromString(f.read())
    _sess.graph.as_default()
    tf.import_graph_def(graph_def, name='tfgraph')
```

4.9　队列和线程

和 TensorFlow 中的其他组件一样，队列（queue）本身也是图中的一个节点，是一种有状态的节点，其他节点，如入队节点（enqueue）和出队节点（dequeue），可以修改它的内容。例如，入队节点可以把新元素插到队列末尾，出队节点可以把队列前面的元素删除。本节主要介绍队列、队列管理器、线程和协调器的有关知识。

4.9.1　队列

TensorFlow 中主要有两种队列，即 FIFOQueue 和 RandomShuffleQueue，它们的源代码实现在 tensorflow-1.1.0/tensorflow/python/ops/data_flow_ops.py 中。

1. FIFOQueue

FIFOQueue 创建一个先入先出队列。例如，我们在训练一些语音、文字样本时，使用循环

神经网络的网络结构，希望读入的训练样本是有序的，就要用 FIFOQueue。关于循环神经网络的讲解参见 9.5 节。

我们先创建一个含有队列的图：

```
import tensorflow as tf

# 创建一个先入先出队列,初始化队列插入 0.1、0.2、0.3 三个数字
q = tf.FIFOQueue(3, "float")
init = q.enqueue_many(([0.1, 0.2, 0.3],))
# 定义出队、+1、入队操作
x = q.dequeue()
y = x + 1
q_inc = q.enqueue([y])
```

然后开启一个会话，执行 2 次 q_inc 操作，随后查看队列的内容：

```
with tf.Session() as sess:
  sess.run(init)
  quelen = sess.run(q.size())
  for i in range(2):
    sess.run(q_inc) # 执行 2 次操作，队列中的值变为 0.3,1.1,1.2

  quelen = sess.run(q.size())
  for i in range(quelen):
    print (sess.run(q.dequeue())) # 输出队列的值
```

最终结果如下：

```
0.3
1.1
1.2
```

2. RandomShuffleQueue

RandomShuffleQueue 创建一个随机队列，在出队列时，是以随机的顺序产生元素的。例如，我们在训练一些图像样本时，使用 CNN 的网络结构，希望可以无序地读入训练样本，就要用 RandomShuffleQueue，每次随机产生一个训练样本。关于 CNN 的实战讲解参见第 10 章。

RandomShuffleQueue 在 TensorFlow 使用异步计算时非常重要。因为 TensorFlow 的会话是支持多线程的，我们可以在主线程里执行训练操作，使用 RandomShuffleQueue 作为训练输入，开多个线程来准备训练样本，将样本压入队列后，主线程会从队列中每次取出 mini-batch 的样本进行训练。详细的例子将在 4.10 节中详细讲解。

下面我们创建一个随机队列，队列最大长度为 10，出队后最小长度为 2：

```
q = tf.RandomShuffleQueue(capacity=10, min_after_dequeue=2, dtypes="float")
```

然后开启一个会话，执行 10 次入队操作，8 次出队操作：

```
sess = tf.Session()
for i in range(0, 10): #10 次入队
    sess.run(q.enqueue(i))

for i in range(0, 8): # 8 次出队
    print(sess.run(q.dequeue()))
```

发现结果确实是乱序的：

5.0
0.0
6.0
9.0
2.0
3.0
1.0
4.0

我们尝试修改入队次数为 12 次，再运行，发现程序阻断不动，或者我们尝试修改出队次数为 10 次，即不保留队列最小长度，发现队列输出 8 次结果后，在终端仍然阻断了。现象如图 4-10 所示，在箭头处卡在不动。这种情况称为阻断。

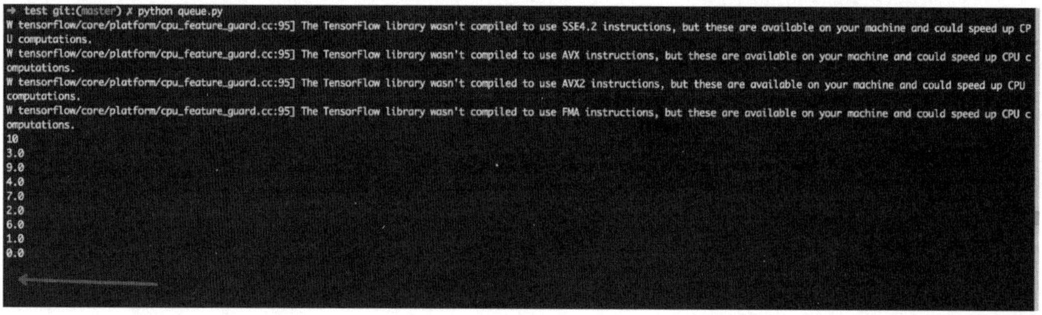

图 4-10

阻断一般发生在：

- 队列长度等于最小值，执行出队操作；
- 队列长度等于最大值，执行入队操作。

只有队列满足要求后，才能继续执行。可以通过设置会话在运行时的等待时间来解除阻断：

```
run_options = tf.RunOptions(timeout_in_ms = 10000)    # 等待 10 秒
try:
    sess.run(q.dequeue(), options=run_options)
except tf.errors.DeadlineExceededError:
    print('out of range')
```

上面的例子都是在会话的主线程中进行入队操作。当数据量很大时，入队操作从硬盘中读取数据，放入内存中，主线程需要等待入队操作完成，才能进行训练操作。会话中可以运行多个线程，我们使用线程管理器 QueueRunner 创建一系列的新线程进行入队操作，让主线程继续使用数据，即训练网络和读取数据是异步的，主线程在训练网络，另一个线程在将数据从硬盘读入内存。

4.9.2 队列管理器

我们创建一个含有队列的图：

```
q = tf.FIFOQueue(1000, "float")
counter = tf.Variable(0.0)    # 计数器
increment_op = tf.assign_add(counter, tf.constant(1.0))    # 操作：给计数器加 1
enqueue_op = q.enqueue([counter]) # 操作：计数器值加入队列
```

创建一个队列管理器 QueueRunner，用这两个操作向队列 q 中添加元素。目前我们只使用一个线程：

```
qr = tf.train.QueueRunner(q, enqueue_ops=[increment_op, enqueue_op] * 1)
```

启动一个会话，从队列管理器 qr 中创建线程：

```
#主线程
with tf.Session() as sess:
  sess.run(tf.global_variables_initializer())
  enqueue_threads = qr.create_threads(sess, start=True) # 启动入队线程
  #主线程
  for i in range(10):
    print (sess.run(q.dequeue()))
```

输出结果如下：

```
4.0
9.0
12.0
15.0
18.0
22.0
25.0
27.0
32.0
35.0
```

不是我们期待的自然数列，并且线程被阻断。这是因为加 1 操作和入队操作不同步，可能加 1 操作执行了很多次之后，才会进行一次入队操作。另外，因为主线程的训练（出队操作）和读取数据的线程的训练（入队操作）是异步的，主线程会一直等待数据送入。

QueueRunner 有一个问题就是：入队线程自顾自地执行，在需要的出队操作完成之后，程序没法结束。这样就要使用 tf.train.Coordinator 来实现线程间的同步，终止其他线程。

4.9.3 线程和协调器

使用协调器（coordinator）来管理线程：

```
# 主线程
sess = tf.Session()
sess.run(tf.global_variables_initializer())

# Coordinator：协调器，协调线程间的关系可以视为一种信号量，用来做同步
coord = tf.train.Coordinator()

# 启动入队线程，协调器是线程的参数
enqueue_threads = qr.create_threads(sess, coord = coord,start=True)

# 主线程
for i in range(0, 10):
  print(sess.run(q.dequeue()))

coord.request_stop()# 通知其他线程关闭
coord.join(enqueue_threads) # join 操作等待其他线程结束，其他所有线程关闭之后，这一函数才能返回
```

发现上述代码能正常运行，返回结果，并结束。但我们发现，在关闭队列线程后，再执行出队操作，就会抛出 tf.errors.OutOfRange 错误。把 coord.request_stop()和主线程的出队操作 q.dequeue()调换位置，如下：

```
coord.request_stop()

# 主线程
for i in range(0, 10):
  print(sess.run(q.dequeue()))

coord.join(enqueue_threads)
```

这种情况就需要使用 tf.errors.OutOfRangeError 来捕捉错误，终止循环：

```
coord.request_stop()

# 主线程
for i in range(0, 10):
  try:
    print(sess.run(q.dequeue()))
  except tf.errors.OutOfRangeError:
    break

coord.join(enqueue_threads)
```

所有队列管理器被默认加在图的 tf.GraphKeys.QUEUE_RUNNERS 集合中。

4.10 加载数据

TensorFlow 作为符号编程框架，需要先构建数据流图，再读取数据，随后进行模型训练。TensorFlow 官方网站给出了以下读取数据 3 种方法[①]。

- 预加载数据（preloaded data）：在 TensorFlow 图中定义常量或变量来保存所有数据。
- 填充数据（feeding）：Python 产生数据，再把数据填充后端。
- 从文件读取数据（reading from file）：从文件中直接读取，让队列管理器从文件中读取数据。

4.10.1 预加载数据

预加载数据的示例如下：

```
x1 = tf.constant([2, 3, 4])
x2 = tf.constant([4, 0, 1])
y = tf.add(x1, x2)
```

这种方式的缺点在于，将数据直接嵌在数据流图中，当训练数据较大时，很消耗内存。

4.10.2 填充数据

使用 sess.run() 中的 feed_dict 参数，将 Python 产生的数据填充给后端。

```
import tensorflow as tf
# 设计图
a1 = tf.placeholder(tf.int16)
a2 = tf.placeholder(tf.int16)
b = tf.add(x1, x2)
# 用 Python 产生数据
li1 = [2, 3, 4]
li2 = [4, 0, 1]
# 打开一个会话，将数据填充给后端
with tf.Session() as sess:
    print sess.run(b, feed_dict={a1: li1, a2: li2})
```

填充的方式也有数据量大、消耗内存等缺点，并且数据类型转换等中间环节增加了不小开销。这时最好用第三种方法，在图中定义好文件读取的方法，让 TensorFlow 自己从文件中读取

[①] https://www.tensorflow.org/versions/r0.10/how_tos/reading_data/#preloaded_data

数据，并解码成可使用的样本集。

4.10.3 从文件读取数据

从文件读取数据分为如下两个步骤：

（1）把样本数据写入 TFRecords 二进制文件；

（2）再从队列中读取。

我们以 MNIST 数据集为例来说明，如何把 MNIST 的数据转换成 TFRecords 文件。

TFRecords 是一种二进制文件，能更好地利用内存，更方便地复制和移动，并且不需要单独的标记文件。接下来我们就看一下如何转换，具体代码参见 tensorflow-1.1.0/tensorflow/examples/how_tos/reading_data/convert_to_records.py。

1. 生成 TFRecords 文件

我们定义主函数，给训练、验证、测试数据集做转换：

```
def main(unused_argv):
  # 获取数据
  data_sets = mnist.read_data_sets(FLAGS.directory,
                                    dtype=tf.uint8, # 注意，这里的编码是 uint8
                                    reshape=False,
                                    validation_size=FLAGS.validation_size)

  # 将数据转换为 tf.train.Example 类型，并写入 TFRecords 文件
  convert_to(data_sets.train, 'train')
  convert_to(data_sets.validation, 'validation')
  convert_to(data_sets.test, 'test')
```

转换函数 convert_to 的主要功能是，将数据填入到 tf.train.Example 的协议缓冲区（protocol buffer）中，将协议缓冲区序列化为一个字符串，通过 tf.python_io.TFRecordWriter 写入 TFRecords 文件。

```
def convert_to(data_set, name):
  images = data_set.images
  labels = data_set.labels
  num_examples = data_set.num_examples # 55000 个训练数据，5000 个验证数据，10000 个测试数据

  if images.shape[0] != num_examples:
    raise ValueError('Images size %d does not match label size %d.' %
                     (images.shape[0], num_examples))
  rows = images.shape[1] # 28
  cols = images.shape[2] # 28
  depth = images.shape[3] # 1, 是黑白图像，所以是单通道
```

```
    filename = os.path.join(FLAGS.directory, name + '.tfrecords')
    print('Writing', filename)
    writer = tf.python_io.TFRecordWriter(filename)

    for index in range(num_examples):
      image_raw = images[index].tostring()

      # 写入协议缓冲区中,height、width、depth、label 编码成 int64 类型,image_raw 编码成二进制
      example = tf.train.Example(features=tf.train.Features(feature={
                              'height': _int64_feature(rows),
                              'width': _int64_feature(cols),
                              'depth': _int64_feature(depth),
                              'label': _int64_feature(int(labels[index])),
                              'image_raw': _bytes_feature(image_raw)}))

      writer.write(example.SerializeToString())  # 序列化为字符串
    writer.close()
```

编码函数如下:

```
def _int64_feature(value):
  return tf.train.Feature(int64_list=tf.train.Int64List(value=[value]))

def _bytes_feature(value):
  return tf.train.Feature(bytes_list=tf.train.BytesList(value=[value]))
```

运行结束后,在/tmp/data 下生成 3 个文件,即 train.tfrecords、validation.tfrecords 和 test.tfrecords。

2. 从队列中读取

一旦生成了 TFRecords 文件,接下来就可以使用队列读取数据了。主要分为 3 步:

(1) 创建张量,从二进制文件读取一个样本;

(2) 创建张量,从二进制文件随机读取一个 mini-batch;

(3) 把每一批张量传入网络作为输入节点。

代码参见 tensorflow-1.1.0/tensorflow/examples/how_tos/reading_data/fully_connected_reader.py。

首先我们定义从文件中读取并解析一个样本:

```
def read_and_decode(filename_queue):  # 输入文件名队列
  reader = tf.TFRecordReader()
  _, serialized_example = reader.read(filename_queue)
  features = tf.parse_single_example(  # 解析 example
      serialized_example,
      # 必须写明 features 里面的 key 的名称
      features={
        'image_raw': tf.FixedLenFeature([], tf.string),  # 图片是 string 类型
```

```python
        'label': tf.FixedLenFeature([], tf.int64),  # 标记是 int64 类型
    })
# 对于 BytesList, 要重新进行解码, 把 string 类型的 0 维 Tensor 变成 uint8 类型的一维 Tensor
image = tf.decode_raw(features['image_raw'], tf.uint8)
image.set_shape([mnist.IMAGE_PIXELS])
# Tensor("input/DecodeRaw:0", shape=(784,), dtype=uint8)

# image 张量的形状为: Tensor("input/sub:0", shape=(784,), dtype=float32)
image = tf.cast(image, tf.float32) * (1. / 255) - 0.5

# 把标记从 uint8 类型转换为 int32 类型
# label 张量的形状为 Tensor("input/Cast_1:0", shape=(), dtype=int32)
label = tf.cast(features['label'], tf.int32)

return image, label
```

接下来使用 tf.train.shuffle_batch 将前面生成的样本随机化,获得一个最小批次的张量:

```python
def inputs(train, batch_size, num_epochs):

    # 输入参数:
    #   train: 选择输入训练数据/验证数据
    #   batch_size: 训练的每一批有多少个样本
    #   num_epochs: 过几遍数据, 设置为 0/None 表示永远训练下去
    """
    返回结果: A tuple (images, labels)
        * images: 类型 float, 形状[batch_size, mnist.IMAGE_PIXELS], 范围[-0.5, 0.5].
        * labels: 类型 int32, 形状[batch_size], 范围 [0, mnist.NUM_CLASSES]
        注意 tf.train.QueueRunner 必须用 tf.train.start_queue_runners()来启动线程
    """
    if not num_epochs: num_epochs = None
    # 获取文件路径, 即/tmp/data/train.tfrecords, /tmp/data/validation.records
    filename = os.path.join(FLAGS.train_dir,
                            TRAIN_FILE if train else VALIDATION_FILE)

    with tf.name_scope('input'):
        # tf.train.string_input_producer 返回一个 QueueRunner, 里面有一个 FIFOQueue
        filename_queue = tf.train.string_input_producer(
            [filename], num_epochs=num_epochs)  # 如果样本量很大, 可以分成若干文件, 把文件名列表传入

        image, label = read_and_decode(filename_queue)

        # 随机化 example, 并把它们规整成 batch_size 大小
        # tf.train.shuffle_batch 生成了 RandomShuffleQueue, 并开启两个线程
        images, sparse_labels = tf.train.shuffle_batch(
            [image, label], batch_size=batch_size, num_threads=2,
            capacity=1000 + 3 * batch_size,
            min_after_dequeue=1000)  # 留下一部分队列, 来保证每次有足够的数据做随机打乱

        return images, sparse_labels
```

最后，我们把生成的 batch 张量作为网络的输入，进行训练：

```
def run_training():
  with tf.Graph().as_default():
    # 输入 images 和 labels
    images, labels = inputs(train=True, batch_size=FLAGS.batch_size,
                      num_epochs=FLAGS.num_epochs)

    # 构建一个从推理模型来预测数据的图
    logits = mnist.inference(images,
                       FLAGS.hidden1,
                       FLAGS.hidden2)

    loss = mnist.loss(logits, labels)  # 定义损失函数

    # Add to the Graph operations that train the model.
    train_op = mnist.training(loss, FLAGS.learning_rate)

    # 初始化参数，特别注意：string_input_producer 内部创建了一个 epoch 计数变量，
    # 归入 tf.GraphKeys.LOCAL_VARIABLES 集合中，必须单独用 initialize_local_variables() 初始化
    init_op = tf.group(tf.global_variables_initializer(),
                  tf.local_variables_initializer())

    sess = tf.Session()

    sess.run(init_op)

    # Start input enqueue threads.
    coord = tf.train.Coordinator()
    threads = tf.train.start_queue_runners(sess=sess, coord=coord)

    try:
      step = 0
      while not coord.should_stop():  # 进入永久循环
        start_time = time.time()
        _, loss_value = sess.run([train_op, loss])
        duration = time.time() - start_time

        # 每 100 次训练输出一次结果
        if step % 100 == 0:
          print('Step %d: loss = %.2f (%.3f sec)' % (step, loss_value, duration))
        step += 1
    except tf.errors.OutOfRangeError:
      print('Done training for %d epochs, %d steps.' % (FLAGS.num_epochs, step))
    finally:
      coord.request_stop()  # 通知其他线程关闭

    coord.join(threads)
    sess.close()
```

输出结果如下：

```
Step 0: loss = 2.29 (0.193 sec)
Step 100: loss = 2.05 (0.030 sec)
Step 200: loss = 1.63 (0.022 sec)
Step 300: loss = 1.38 (0.025 sec)
Step 400: loss = 0.94 (0.027 sec)
Step 500: loss = 0.86 (0.027 sec)
Step 600: loss = 0.68 (0.024 sec)
Step 700: loss = 0.67 (0.028 sec)
Step 800: loss = 0.62 (0.026 sec)
Step 900: loss = 0.56 (0.028 sec)
Step 1000: loss = 0.49 (0.018 sec)
Done training for 2 epochs, 1100 steps.
```

数据集大小为 5 5000，2 轮训练，共 110 000 个数据，batch_size 大小为 100，故训练次数为 1 100 次，每 100 次训练输出一次结果，共输出 11 次结果。

如上所述，我们总结出 TensorFlow 使用 TFRecords 文件训练样本的步骤：

（1）在生成文件名队列中，设定 epoch 数量；

（2）训练时，设定为无穷循环；

（3）在读取数据时，如果捕捉到错误，终止。

4.11 实现一个自定义操作

尽管 TensorFlow 自己提供了足够多的操作，初学者甚至中高级的读者都可以直接用手册中的 API 来实现自己的业务需求。想创建一个不包含在现有 TensorFlow 库中的操作，可以先试试用现有的 Python 操作的组合能不能实现，如果现有操作的组合不能实现，或者能够实现但是效率不高，再或者因为发现在 XLA 框架中难以自己融合（对 XLA 的讲解参见第 16 章），想手工融合几个操作，如何实现呢？

本节内容较难，需要熟练掌握 C++ 语言，并且对张量的流动和前向传播和反向传播有很深的理解。建议初学者跳过这部分内容，看完全书之后再看本节。

4.11.1 步骤

要自定义一个操作，最简单的是需要以下 3 步。

（1）在 C++ 文件（*_ops.cc 文件）中注册新的操作。这里定义了操作功能的接口规范，如操作的名称、输入和输出以及属性等。

（2）在 C++ 文件（*_kernels.cc 文件）中实现这个操作。也就是，对上一步中操作注册规范的具体实现，可以实现在如 CPU、GPU 等多个内核上。

（3）测试操作。编译出该操作的库文件（*_ops.so 文件），然后在 Python 中使用这个操作。

因此，要创建一个新的操作，需要掌握一些C++语言的知识。

4.11.2 最佳实践

下面以词嵌入的例子来说明，源代码参见 https://github.com/tensorflow/models/blob/master/tutorials/embedding/word2vec_optimized.py。在 3.3.2 节中，我们以嵌入投影仪的可视化讲过这个 Word2vec 的可视化例子。

第一步，我们创建 word2vec_ops.cc 来注册两个操作，即 SkipgramWord2vec 和 NegTrainWord2vec，代码如下：

```cpp
#include "tensorflow/core/framework/op.h"

namespace tensorflow {

REGISTER_OP("SkipgramWord2vec")
    .Output("vocab_word: string")
    .Output("vocab_freq: int32")
    .Output("words_per_epoch: int64")
    .Output("current_epoch: int32")
    .Output("total_words_processed: int64")
    .Output("examples: int32")
    .Output("labels: int32")
    .SetIsStateful()
    .Attr("filename: string")
    .Attr("batch_size: int")
    .Attr("window_size: int = 5")
    .Attr("min_count: int = 5")
    .Attr("subsample: float = 1e-3")
    .Doc(R"doc(
Parses a text file and creates a batch of examples.

vocab_word: A vector of words in the corpus.
vocab_freq: Frequencies of words. Sorted in the non-ascending order.
words_per_epoch: Number of words per epoch in the data file.
current_epoch: The current epoch number.
total_words_processed: The total number of words processed so far.
examples: A vector of word ids.
labels: A vector of word ids.
filename: The corpus's text file name.
batch_size: The size of produced batch.
window_size: The number of words to predict to the left and right of the target.
min_count: The minimum number of word occurrences for it to be included in the
    vocabulary.
subsample: Threshold for word occurrence. Words that appear with higher
    frequency will be randomly down-sampled. Set to 0 to disable.
)doc");
```

```
REGISTER_OP("NegTrainWord2vec")
    .Input("w_in: Ref(float)")
    .Input("w_out: Ref(float)")
    .Input("examples: int32")
    .Input("labels: int32")
    .Input("lr: float")
    .SetIsStateful()
    .Attr("vocab_count: list(int)")
    .Attr("num_negative_samples: int")
    .Doc(R"doc(
        Training via negative sampling.

        w_in: input word embedding.
        w_out: output word embedding.
        examples: A vector of word ids.
        labels: A vector of word ids.
        vocab_count: Count of words in the vocabulary.
        num_negative_samples: Number of negative samples per example.
        )doc");

}
```

第二步，我们将这两个操作在 CPU 设备上进行实现，生成 word2vec_kernels.cc 文件，代码如下：

```
#include "tensorflow/core/framework/op.h"
#include "tensorflow/core/framework/op_kernel.h"
#include "tensorflow/core/lib/core/stringpiece.h"
#include "tensorflow/core/lib/gtl/map_util.h"
#include "tensorflow/core/lib/random/distribution_sampler.h"
#include "tensorflow/core/lib/random/philox_random.h"
#include "tensorflow/core/lib/random/simple_philox.h"
#include "tensorflow/core/lib/strings/str_util.h"
#include "tensorflow/core/platform/thread_annotations.h"
#include "tensorflow/core/util/guarded_philox_random.h"

namespace tensorflow {

// 预先计算的示例数
const int kPrecalc = 3000;
// 处理前读入句子的字数
const int kSentenceSize = 1000;

namespace {

bool ScanWord(StringPiece* input, string* word) {
  str_util::RemoveLeadingWhitespace(input);
  StringPiece tmp;
  if (str_util::ConsumeNonWhitespace(input, &tmp)) {
    word->assign(tmp.data(), tmp.size());
```

```cpp
      return true;
    } else {
      return false;
    }
  }

}

class SkipgramWord2vecOp : public OpKernel {
 public:
   explicit SkipgramWord2vecOp(OpKernelConstruction* ctx)
       : OpKernel(ctx), rng_(&philox_) {
     string filename;
     OP_REQUIRES_OK(ctx, ctx->GetAttr("filename", &filename));
     OP_REQUIRES_OK(ctx, ctx->GetAttr("batch_size", &batch_size_));
     OP_REQUIRES_OK(ctx, ctx->GetAttr("window_size", &window_size_));
     OP_REQUIRES_OK(ctx, ctx->GetAttr("min_count", &min_count_));
     OP_REQUIRES_OK(ctx, ctx->GetAttr("subsample", &subsample_));
     OP_REQUIRES_OK(ctx, Init(ctx->env(), filename));

     mutex_lock l(mu_);
     example_pos_ = corpus_size_;
     label_pos_ = corpus_size_;
     label_limit_ = corpus_size_;
     sentence_index_ = kSentenceSize;
     for (int i = 0; i < kPrecalc; ++i) {
       NextExample(&precalc_examples_[i].input, &precalc_examples_[i].label);
     }
   }

   void Compute(OpKernelContext* ctx) override {
     Tensor words_per_epoch(DT_INT64, TensorShape({}));
     Tensor current_epoch(DT_INT32, TensorShape({}));
     Tensor total_words_processed(DT_INT64, TensorShape({}));
     Tensor examples(DT_INT32, TensorShape({batch_size_}));
     auto Texamples = examples.flat<int32>();
     Tensor labels(DT_INT32, TensorShape({batch_size_}));
     auto Tlabels = labels.flat<int32>();
     {
       mutex_lock l(mu_);
       for (int i = 0; i < batch_size_; ++i) {
         Texamples(i) = precalc_examples_[precalc_index_].input;
         Tlabels(i) = precalc_examples_[precalc_index_].label;
         precalc_index_++;
         if (precalc_index_ >= kPrecalc) {
           precalc_index_ = 0;
           for (int j = 0; j < kPrecalc; ++j) {
             NextExample(&precalc_examples_[j].input,
                         &precalc_examples_[j].label);
           }
         }
```

```cpp
        }
        words_per_epoch.scalar<int64>()() = corpus_size_;
        current_epoch.scalar<int32>()() = current_epoch_;
        total_words_processed.scalar<int64>()() = total_words_processed_;
    }
    ctx->set_output(0, word_);
    ctx->set_output(1, freq_);
    ctx->set_output(2, words_per_epoch);
    ctx->set_output(3, current_epoch);
    ctx->set_output(4, total_words_processed);
    ctx->set_output(5, examples);
    ctx->set_output(6, labels);
}

private:
 struct Example {
    int32 input;
    int32 label;
 };

 int32 batch_size_ = 0;
 int32 window_size_ = 5;
 float subsample_ = 1e-3;
 int min_count_ = 5;
 int32 vocab_size_ = 0;
 Tensor word_;
 Tensor freq_;
 int64 corpus_size_ = 0;
 std::vector<int32> corpus_;
 std::vector<Example> precalc_examples_;
 int precalc_index_ = 0;
 std::vector<int32> sentence_;
 int sentence_index_ = 0;

 mutex mu_;
 random::PhiloxRandom philox_ GUARDED_BY(mu_);
 random::SimplePhilox rng_ GUARDED_BY(mu_);
 int32 current_epoch_ GUARDED_BY(mu_) = -1;
 int64 total_words_processed_ GUARDED_BY(mu_) = 0;
 int32 example_pos_ GUARDED_BY(mu_);
 int32 label_pos_ GUARDED_BY(mu_);
 int32 label_limit_ GUARDED_BY(mu_);

 //{example_pos_, label_pos_}是下一个示例的光标。example_pos_在corpus_结尾处换行
 // 对每个例子，我们为标记随机生成[label_pos_, label_limit]
 void NextExample(int32* example, int32* label) EXCLUSIVE_LOCKS_REQUIRED(mu_) {
    while (true) {
      if (label_pos_ >= label_limit_) {
        ++total_words_processed_;
        ++sentence_index_;
        if (sentence_index_ >= kSentenceSize) {
```

```cpp
        sentence_index_ = 0;
        for (int i = 0; i < kSentenceSize; ++i, ++example_pos_) {
          if (example_pos_ >= corpus_size_) {
            ++current_epoch_;
            example_pos_ = 0;
          }
          if (subsample_ > 0) {
            int32 word_freq = freq_.flat<int32>()(corpus_[example_pos_]);
            // See Eq. 5 in http://arxiv.org/abs/1310.4546
            float keep_prob =
                (std::sqrt(word_freq / (subsample_ * corpus_size_)) + 1) *
                (subsample_ * corpus_size_) / word_freq;
            if (rng_.RandFloat() > keep_prob) {
              i--;
              continue;
            }
          }
          sentence_[i] = corpus_[example_pos_];
        }
      }
      const int32 skip = 1 + rng_.Uniform(window_size_);
      label_pos_ = std::max<int32>(0, sentence_index_ - skip);
      label_limit_ =
          std::min<int32>(kSentenceSize, sentence_index_ + skip + 1);
    }
    if (sentence_index_ != label_pos_) {
      break;
    }
    ++label_pos_;
  }
  *example = sentence_[sentence_index_];
  *label = sentence_[label_pos_++];
}

Status Init(Env* env, const string& filename) {
  string data;
  TF_RETURN_IF_ERROR(ReadFileToString(env, filename, &data));
  StringPiece input = data;
  string w;
  corpus_size_ = 0;
  std::unordered_map<string, int32> word_freq;
  while (ScanWord(&input, &w)) {
    ++(word_freq[w]);
    ++corpus_size_;
  }
  if (corpus_size_ < window_size_ * 10) {
    return errors::InvalidArgument("The text file ", filename,
                                   " contains too little data: ",
                                   corpus_size_, " words");
  }
  typedef std::pair<string, int32> WordFreq;
```

```cpp
    std::vector<WordFreq> ordered;
    for (const auto& p : word_freq) {
      if (p.second >= min_count_) ordered.push_back(p);
    }
    LOG(INFO) << "Data file: " << filename << " contains " << data.size()
              << " bytes, " << corpus_size_ << " words, " << word_freq.size()
              << " unique words, " << ordered.size()
              << " unique frequent words.";
    word_freq.clear();
    std::sort(ordered.begin(), ordered.end(),
              [](const WordFreq& x, const WordFreq& y) {
                return x.second > y.second;
              });
    vocab_size_ = static_cast<int32>(1 + ordered.size());
    Tensor word(DT_STRING, TensorShape({vocab_size_}));
    Tensor freq(DT_INT32, TensorShape({vocab_size_}));
    word.flat<string>()(0) = "UNK";
    static const int32 kUnkId = 0;
    std::unordered_map<string, int32> word_id;
    int64 total_counted = 0;
    for (std::size_t i = 0; i < ordered.size(); ++i) {
      const auto& w = ordered[i].first;
      auto id = i + 1;
      word.flat<string>()(id) = w;
      auto word_count = ordered[i].second;
      freq.flat<int32>()(id) = word_count;
      total_counted += word_count;
      word_id[w] = id;
    }
    freq.flat<int32>()(kUnkId) = corpus_size_ - total_counted;
    word_ = word;
    freq_ = freq;
    corpus_.reserve(corpus_size_);
    input = data;
    while (ScanWord(&input, &w)) {
      corpus_.push_back(gtl::FindWithDefault(word_id, w, kUnkId));
    }
    precalc_examples_.resize(kPrecalc);
    sentence_.resize(kSentenceSize);
    return Status::OK();
  }
};

REGISTER_KERNEL_BUILDER(Name("SkipgramWord2vec").Device(DEVICE_CPU),
                        SkipgramWord2vecOp);

class NegTrainWord2vecOp : public OpKernel {
 public:
  explicit NegTrainWord2vecOp(OpKernelConstruction* ctx) : OpKernel(ctx) {
    base_.Init(0, 0);
```

```cpp
    OP_REQUIRES_OK(ctx, ctx->GetAttr("num_negative_samples", &num_samples_));

    std::vector<int32> vocab_count;
    OP_REQUIRES_OK(ctx, ctx->GetAttr("vocab_count", &vocab_count));

    std::vector<float> vocab_weights;
    vocab_weights.reserve(vocab_count.size());
    for (const auto& f : vocab_count) {
      float r = std::pow(static_cast<float>(f), 0.75f);
      vocab_weights.push_back(r);
    }
    sampler_ = new random::DistributionSampler(vocab_weights);
}

~NegTrainWord2vecOp() { delete sampler_; }

void Compute(OpKernelContext* ctx) override {
    Tensor w_in = ctx->mutable_input(0, false);
    OP_REQUIRES(ctx, TensorShapeUtils::IsMatrix(w_in.shape()),
                errors::InvalidArgument("Must be a matrix"));
    Tensor w_out = ctx->mutable_input(1, false);
    OP_REQUIRES(ctx, w_in.shape() == w_out.shape(),
                errors::InvalidArgument("w_in.shape == w_out.shape"));
    const Tensor& examples = ctx->input(2);
    OP_REQUIRES(ctx, TensorShapeUtils::IsVector(examples.shape()),
                errors::InvalidArgument("Must be a vector"));
    const Tensor& labels = ctx->input(3);
    OP_REQUIRES(ctx, examples.shape() == labels.shape(),
                errors::InvalidArgument("examples.shape == labels.shape"));
    const Tensor& learning_rate = ctx->input(4);
    OP_REQUIRES(ctx, TensorShapeUtils::IsScalar(learning_rate.shape()),
                errors::InvalidArgument("Must be a scalar"));

    auto Tw_in = w_in.matrix<float>();
    auto Tw_out = w_out.matrix<float>();
    auto Texamples = examples.flat<int32>();
    auto Tlabels = labels.flat<int32>();
    auto lr = learning_rate.scalar<float>()();
    const int64 vocab_size = w_in.dim_size(0);
    const int64 dims = w_in.dim_size(1);
    const int64 batch_size = examples.dim_size(0);
    OP_REQUIRES(ctx, vocab_size == sampler_->num(),
                errors::InvalidArgument("vocab_size mismatches: ", vocab_size,
                                        " vs. ", sampler_->num()));

    // v_in 的梯度累加器
    Tensor buf(DT_FLOAT, TensorShape({dims}));
    auto Tbuf = buf.flat<float>();


    Tensor g_buf(DT_FLOAT, TensorShape({}));
```

```cpp
      auto g = g_buf.scalar<float>();

      // 在下面的循环中,每个负样本需要两个随机 32 位值
      // 我们为每个样本保留 8 个值,防止基础实现发生变化
      auto rnd = base_.ReserveSamples32(batch_size * num_samples_ * 8);
      random::SimplePhilox srnd(&rnd);

      for (int64 i = 0; i < batch_size; ++i) {
        const int32 example = Texamples(i);
        DCHECK(0 <= example && example < vocab_size) << example;
        const int32 label = Tlabels(i);
        DCHECK(0 <= label && label < vocab_size) << label;
        auto v_in = Tw_in.chip<0>(example);

        // 正样本:预测标记
        //   前向传播: x = v_in' * v_out
        //             l = log(sigmoid(x))
        //   反向传播: dl/dx = g = sigmoid(-x)
        //             dl/d(v_in) = g * v_out'
        //             dl/d(v_out) = v_in' * g
        {
          auto v_out = Tw_out.chip<0>(label);
          auto dot = (v_in * v_out).sum();
          g = (dot.exp() + 1.f).inverse();
          Tbuf = v_out * (g() * lr);
          v_out += v_in * (g() * lr);
        }

        // 负样本:
        //   前向传播: x = v_in' * v_sample
        //             l = log(sigmoid(-x))
        //   反向传播: dl/dx = g = -sigmoid(x)
        //             dl/d(v_in) = g * v_out'
        //             dl/d(v_out) = v_in' * g
        for (int j = 0; j < num_samples_; ++j) {
          const int sample = sampler_->Sample(&srnd);
          if (sample == label) continue;  // Skip.
          auto v_sample = Tw_out.chip<0>(sample);
          auto dot = (v_in * v_sample).sum();
          g = -((-dot).exp() + 1.f).inverse();
          Tbuf += v_sample * (g() * lr);
          v_sample += v_in * (g() * lr);
        }

        v_in += Tbuf;
      }
    }

 private:
  int32 num_samples_ = 0;
```

```
  random::DistributionSampler* sampler_ = nullptr;
  GuardedPhiloxRandom base_;
};

REGISTER_KERNEL_BUILDER(Name("NegTrainWord2vec").Device(DEVICE_CPU), NegTrainWord2vecOp);

}
```

第三步，编译出该操作的类文件，并做测试。

我们需要在特定的头文件目录下编译，使用 Python 提供的 get_include 获取头文件目录，然后使用 C++ 编译器（如 g++）将操作编译成动态库，如下：

```
TF_INC=$(python -c 'import tensorflow as tf; print(tf.sysconfig.get_include())')
g++ -std=c++11 -shared word2vec_ops.cc word2vec_kernels.cc -o word2vec_ops.so -fPIC -I
$TF_INC -O2 -D_GLIBCXX_USE_CXX11_ABI=0
```

TensorFlow 的 Python API 提供了 tf.load_op_library 函数来加载动态库，并向 TensorFlow 框架注册操作。load_op_library 返回一个包含操作和内核的 Python 模块。于是，我们测试如下：

```
import tensorflow as tf
word2vec = tf.load_op_library('word2vec_ops.so')
with tf.Session(''):
    word2vec.skipgram_word2vec(filename='text8', batch_size=500, window_size=5,
                               min_count=5, subsample=0.001)
```

成功输出了：

```
SkipgramWord2vec(vocab_word=<tf.Tensor 'SkipgramWord2vec:0' shape=<unknown> dtype=
string>, vocab_freq=<tf.Tensor 'SkipgramWord2vec:1' shape=<unknown> dtype=int32>,
words_per_epoch=<tf.Tensor 'SkipgramWord2vec:2' shape=<unknown> dtype=int64>, current_
epoch=<tf.Tensor 'SkipgramWord2vec:3' shape=<unknown> dtype=int32>, total_words_
processed=<tf.Tensor 'SkipgramWord2vec:4' shape=<unknown> dtype=int64>, examples=
<tf.Tensor 'SkipgramWord2vec:5' shape=<unknown> dtype=int32>, labels=<tf.Tensor
'SkipgramWord2vec:6' shape=<unknown> dtype=int32>)
```

说明我们注册的自定义操作成功了。

4.12　小结

本章主要讲解了 TensorFlow 的基础知识，包括系统架构、设计理念、基本概念，以及常用的 API、神经元函数和神经网络，还介绍了存储与加载模型的方法以及线程和队列的知识（这些内容很有利于在第 14 章对分布式的理解），最后介绍了自定义操作的方法。本章是全书中最重要的。

第 5 章

TensorFlow 源代码解析

在了解了 TensorFlow 的基本原理、编程模型和常用 API 后，我们一起梳理一下 TensorFlow 的源代码，以便更深入地理解 TensorFlow 的设计，为今后学习各种模型示例做准备。

源代码解析往往是学习一门新技术时，能够整体理解其框架的重要途径，相信本章会是很多程序员最喜爱的一章。

5.1 TensorFlow 的目录结构

我们仍然以 TensorFlow 1.1.0 版本为例，看看 TensorFlow 的代码结构。

进入 tensorflow-1.1.0 目录，代码结构如下：

```
├── ACKNOWLEDGMENTS # TensorFlow 版权声明
├── ADOPTERS.md # 使用 TensorFlow 的人员或组织列表
├── AUTHORS # TensorFlow 作者的官方列表
├── BUILD
├── CONTRIBUTING.md # TensorFlow 贡献指导
├── ISSUE_TEMPLATE.md # 提 ISSUE 的模板
├── LICENSE # 版权许可
├── README.md
├── RELEASE.md # 每次发版的 change log
├── WORKSPACE # 配置移动端开发环境
├── bower.BUILD
├── configure
├── models.BUILD
├── tensorflow # 主目录，后面分析的重点
├── third_party # 第三方库，包括 eigen3（特征运算的库，包括 SVD、LU 分解等）、gpus（支持 cuda）、hadoop、jpeg、llvm、py、sycl
├── tools # 构建 cuda 支持
└── util
```

其中，最重要的源代码保存在 tensorflow 目录中。tensorflow 目录的结构如下：

```
├── BUILD
├── __init__.py
├── c
├── cc  # 采用 C++进行训练的样例
├── compiler
├── contrib  # 将常用功能封装在一起的高级 API
├── core  # C++实现的主要目录
├── examples  # 各种示例，本书后续讲的例子主要就在这个目录中
├── g3doc  # 针对 C++、Python 版本的代码文档
├── go
├── java
├── opensource_only  # 声明目录
├── python  # Python 实现的主要目录
├── stream_executor  # 流处理
├── tensorboard  # App、Web 支持，以及脚本支持
├── tensorflow.bzl
├── tf_exported_symbols.lds
├── tf_version_script.lds
├── tools  # 一些工具杂项
├── user_ops
└── workspace.bzl
```

下面我们就简单介绍几个重点目录。

5.1.1 contirb

contrib 目录中保存的是将常用的功能封装成的高级 API。但是这个目录并不是官方支持的，很有可能在高级 API 完善后被官方迁移到核心的 TensorFlow 目录中或去掉，现在有一部分包（package）在 https://github.com/tensorflow/models 有了更完整的体现。这里重点介绍几个常用包。

- framework：很多函数（如 get_variables、get_global_step）都在这里定义，还有一些废弃或者不推荐（deprecated）的函数。
- layers：这个包主要有 initializers.py、layers.py、optimizers.py、regularizers.py、summaries.py 等文件。initializers.py 中主要是做变量初始化的函数。layers.py 中有关于层操作和权重偏置变量的函数。optimizers.py 中包含损失函数和 global_step 张量的优化器操作。regularizers.py 中包含带有权重的正则化函数。summaries.py 中包含将摘要操作（见 4.4.2 节可视化 API）添加到 tf.GraphKeys.SUMMARIES 集合中的函数。
- learn：这个包是使用 TensorFlow 进行深度学习的高级 API，包括完成训练模型和评估模型、读取批处理数据和队列功能的 API 封装。
- rnn：这个包提供了额外的 RNN Cell，也就是对 RNN 隐藏层的各种改进，如 LSTMBlockCell、GRUBlockCell、FusedRNNCell、GridLSTMCell、AttentionCellWrapper 等。
- seq2seq：这个包提供了建立神经网络 seq2seq 层和损失函数的操作。
- slim：TensorFlow-Slim（TF-Slim）是一个用于定义、训练和评估 TensorFlow 中的复杂模型的轻量级库。在使用中可以将 TF-Slim 与 TensorFlow 的原生函数和 tf.contrib 中的

其他包进行自由组合。TF-Slim 现在已经被逐渐迁移到 TensorFlow 开源的 Models[①]中，这里包含了几种广泛使用的卷积神经网络图像分类模型的代码，可以从头训练模型或者预训练模型开始微调。TF-Slim 非常有用，在 12.1 节中会用到。

5.1.2　core

这个目录中保存的都是 C 语言的文件，是 TensorFlow 的原始实现。

```
├── BUILD
├── common_runtime  # 公共运行库
├── debug
├── distributed_runtime  # 分布式执行模块，含有 grpc session、grpc worker、grpc master 等
├── example
├── framework  # 基础功能模块
├── graph
├── kernels  # 一些核心操作在 CPU、CUDA 内核上的实现
├── lib  # 公共基础库
├── ops
├── platform  # 操作系统实现相关文件
├── protobuf  # .proto 文件，用于传输时的结构序列化
├── public  # API 的头文件目录
├── user_ops
└── util
```

Protocol Buffers 是谷歌公司创建的一个数据序列化[②]（serialization）工具，可以用于结构化数据序列化，很适合作为数据存储或者 RPC 数据交换的格式。定义完协议缓冲区后，将生成.pb.h 和.pb.cc 文件，其中定义了相应的 get、set 以及序列化和反序列化函数。TensorFlow 的几个核心 proto 文件 graph_def.proto、node_def.proto、op_def.proto 都保存在 framework 目录中。构图时先构建 graph_def，存储下来，然后在实际计算时再转成如图、节点、操作等的内存对象。

下面以 tensorflow-1.1.0/tensorflow/core/framework/node_def.proto 为例来说明定义 proto 文件的过程。node_def.proto 定义中指定了设备（device）操作（op）以及操作的属性（attr）。代码如下：

```
syntax = "proto3";

package tensorflow;
option cc_enable_arenas = true;
option java_outer_classname = "NodeProto";
option java_multiple_files = true;
option java_package = "org.tensorflow.framework";
```

[①] https://github.com/tensorflow/models/tree/master/slim
[②] 序列化是指将对象的状态信息转换为可以存储或传输的形式的过程。

```
import "tensorflow/core/framework/attr_value.proto";

message NodeDef {
  string name = 1; # 操作的名称
  string op = 2;   # 操作的名称
  repeated string input = 3; # 每个 input 指明了当前节点来自哪个节点的第几个张量,
                             # 格式是 node:index
  string device = 4; # 指定 device 方法
  map<string, AttrValue> attr = 5; # 其中 AttrValue 又是另外一个协议缓冲区
};
```

framework 目录中还有 node_def_builder.h、node_def_builder.cc、node_def_util.h、node_def_util_test.cc 等文件，这都是为了在 C++ 里能操作上面代码中定义的 node_def.proto 的 protobuf 结构。

5.1.3　examples

examples 目录中给出了深度学习的一些例子，包括 MNIST、Word2vec、Deepdream、Iris、HDF5 的一些例子，对入门非常有帮助。此外，这个目录中还有 TensorFlow 在 Android 系统上的移动端实现，以及一些扩展为.ipynb 的文档教程，可以用 jupyter 打开（使用方式参见 2.4.3 节）。

5.1.4　g3doc

TensorFlow 的文档是用 Markdown 在维护的，并存放在 g3doc 中。g3doc 目录可以认为是 TensorFlow 的离线手册，非常好用。

g3doc/api_docs 目录中的任何内容都是从代码中的注释生成的，不应该直接编辑。脚本 tools/docs/gen_docs.sh 是用来生成 API 文档的。如果无参数调用，它只重新生成 Python API 文档（即操作的文档，包括用 Python 和 C ++定义的）。如果传递了-a，运行脚本时还会重新生成 C++ API 的文档。这个脚本必须从 tools/docs 目录调用，如果使用参数-a，需要安装 doxygen[①]。

5.1.5　python

第 4 章中介绍的很多函数的实现都是在 python 这个目录中。例如，4.7 节中的激活函数、卷积函数、池化函数、损失函数、优化方法等。

5.1.6　tensorboard

tensorboard 目录中是实现 TensorFlow 图表可视化工具的代码，代码是基于 Tornado[②]来实现

---

① 内容参考官方网站 https://www.tensorflow.org/community/documentation。

② http://www.tornadoweb.org/en/stable/

网页端可视化的。

5.2 TensorFlow 源代码的学习方法

如何高效地学习 TensorFlow 源代码呢？很多人在接触 TensorFlow 后会首先问这个问题。下面我就介绍一下 TensorFlow 源代码的学习步骤。

（1）了解自己要研究的基本领域，如图像分类、物体检测、语音识别等，了解对应这个领域所用的技术，如卷积神经网络（convolutional neural network，CNN）和循环神经网络（recurrent neural network，RNN），知道实现的基本原理。

（2）尝试运行 GitHub 上对应的基本模型[①]，其目录结构如下：

```
├── AUTHORS
├── CONTRIBUTING.md
├── LICENSE
├── README.md
├── WORKSPACE
├── autoencoder
├── compression
├── differential_privacy
├── im2txt
├── inception
├── lm_1b
├── namignizer
├── neural_gpu
├── neural_programmer
├── next_frame_prediction
├── resnet
├── slim
├── street
├── swivel
├── syntaxnet
├── textsum
├── transformer
├── tutorials
└── video_prediction
```

如果研究领域是计算机视觉，可以看代码中的如下几个目录：compresssion（图像压缩）、im2txt（图像描述）、inception（对 ImageNet 数据集用 Inception V3 架构去训练和评估）、resnet（残差网络）、slim（图像分类）和 street（路标识别或验证码识别）。

如果研究领域是自然语言处理，可以看 lm_1b（语言模型）、namignizer（起名字）、swivel

---

① https://github.com/tensorflow/models

（使用 Swivel 算法转换词向量）、syntaxnet（分词和语法分析）、textsum（文本摘要）以及 tutorials 目录里的 word2vec（词转换为向量）。

这些都是教科书式的代码，看懂学懂对今后自己实现模型大有裨益。尝试运行上述模型，并对模型进行调试和调参。当你完整阅读完 MNIST 或者 CIFAR10 整个项目的逻辑后，就会掌握 TensorFlow 项目架构。

这里，我着重说一下 slim 目录。

slim 目录中的 TF-Slim 是图像分类的一个库，它包含用于定义、训练和评估复杂模型的轻量级高级 API。可以用于训练和评估的几个广泛使用的 CNN 图像分类模型，如 lenet、alexnet、vgg、inception_v1、inception_v2、inception_v3、inception_v4、resnet_v1、resnet_v2 等，这些模型都位于 slim/nets 中，具体如下：

```
├── alexnet.py
├── alexnet_test.py
├── cifarnet.py
├── inception.py
├── inception_resnet_v2.py
├── inception_resnet_v2_test.py
├── inception_utils.py
├── inception_v1.py
├── inception_v1_test.py
├── inception_v2.py
├── inception_v2_test.py
├── inception_v3.py
├── inception_v3_test.py
├── inception_v4.py
├── inception_v4_test.py
├── lenet.py
├── nets_factory.py
├── nets_factory_test.py
├── overfeat.py
├── overfeat_test.py
├── resnet_utils.py
├── resnet_v1.py
├── resnet_v1_test.py
├── resnet_v2.py
├── resnet_v2_test.py
├── vgg.py
└── vgg_test.py
```

TF-Slim 包含的脚本可以让人从头训练模型或从预先训练的网络开始训练模型并微调，这些脚本位于 slim/scripts，具体如下：

```
├── finetune_inception_v1_on_flowers.sh
├── finetune_inception_v3_on_flowers.sh
├── train_cifarnet_on_cifar10.sh
└── train_lenet_on_mnist.sh
```

TF-Slim 还包含用于下载标准图像数据集，将其转换为 TensorFlow 支持的 TFRecords 格式，这些脚本位于 slim/datasets，具体如下：

```
├── cifar10.py
├── dataset_factory.py
├── dataset_utils.py
├── download_and_convert_cifar10.py
├── download_and_convert_flowers.py
├── download_and_convert_mnist.py
├── flowers.py
├── imagenet.py
└── mnist.py
```

随后可以轻松地在任何上述数据集上训练任何模型。

（3）结合要做的项目，找到相关的论文，自己用 TensorFlow 实现这篇论文的内容，这会让你有一个质的飞跃。

上面介绍的学习方法在本书"实战篇"中会再结合例子进行讲解。

5.3 小结

本章简略地解析了 TensorFlow 源代码，介绍了它的主要的目录结构，以及一些模块的位置和功能，还介绍了 TensorFlow 的源代码学习方法，建议读者可以自己多去研究。

第 6 章

神经网络的发展及其 TensorFlow 实现

卷积神经网络（convolutional neural network，CNN）的演进从 LeNet 到 AlexNet，再到 VggNet、GoogLeNet，最后到 ResNet，演进的方式有一定规律，并且也在 ImageNet LSVRC 竞赛上用 120 万张图片、1000 类标记上取得了很好的成绩。循环神经网络（recurrent neural networks，RNN）的演进从 Vanilla RNN 到隐藏层结构精巧的 GRU 和 LSTM，再到双向和多层的 Deep Bidirectional RNN。本章主要介绍这些神经网络模型的结构和演化脉络，并且尝试用 TensorFlow 去构建这些网络，为读者将来自己设计网络或者根据读到的论文构建网络模型打下基础。

6.1 卷积神经网络

卷积神经网络（CNN），属于人工神经网络的一种，它的权值共享（weight sharing）的网络结构显著降低了模型的复杂度，减少了权值的数量，是目前语音分析和图像识别领域研究热点。

在传统的识别算法中，我们需要对输入的数据进行特征提取和数据重建，而卷积神经网络可以直接将图片作为网络的输入，自动提取特征，并且对图片的变形（如平移、比例缩放、倾斜）等具有高度不变形。

那什么是卷积（convolution）呢？卷积是泛函分析中的一种积分变换的数学方法，通过两个函数 f 和 g 生成第三个函数的一种数学算子，表征函数 f 与 g 经过翻转和平移的重叠部分的面积。[①] 设 $f(x)$ 和 $g(x)$ 是 R_1 上的两个可积函数，做积分后的新函数就称为函数 f 与 g 的卷积：

$$f * g = \int_{\tau \in A} f(\tau) g(t - \tau) \mathrm{d}\tau$$

我们知道，神经网络（neural networks，NN）的基本组成包括输入层、隐藏层、输出层。卷积神经网络的特点在于隐藏层分为卷积层和池化层（pooling layer，又叫下采样层）。卷积层通过一块块卷积核（conventional kernel）在原始图像上平移来提取特征，每一个特征就是一个特征映射；而池化层通过汇聚特征后稀疏参数来减少要学习的参数，降低网络的复杂度，池化层最常见的包括最大值池化（max pooling）和平均值池化（average pooling），如图6-1所示。

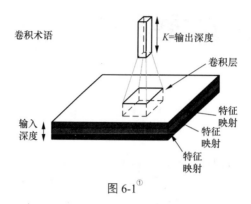

图 6-1[①]

卷积核在提取特征映射时的动作称为padding，其有两种方式，即 SAME 和 VALID。由于移动步长（Stride）不一定能整除整张图的像素宽度，我们把不越过边缘取样称为 Valid Padding，取样的面积小于输入图像的像素宽度；越过边缘取样称为 Same Padding，取样的面积和输入图像的像素宽度一致。在图 6-2 中，左边为 Valid Padding，右边为 Same Padding。

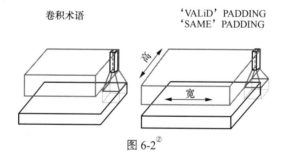

图 6-2[②]

关于卷积神经网络的推导和实现可参考相关论文[③]。

6.2 卷积神经网络发展

神经网络的发展过程如图 6-3 所示。本图参考了中国科学院计算技术研究所刘昕博士整理的卷积神经网络结构演化的历史。

---

① 本图参考 https://classroom.udacity.com/courses/ud730/lessons/6370362152/concepts/63798118170923。
② 本图参考 https://classroom.udacity.com/courses/ud730/lessons/6370362152/concepts/63798118170923。
③ http://cogprints.org/5869/1/cnn_tutorial.pdf

第 6 章 神经网络的发展及其 TensorFlow 实现

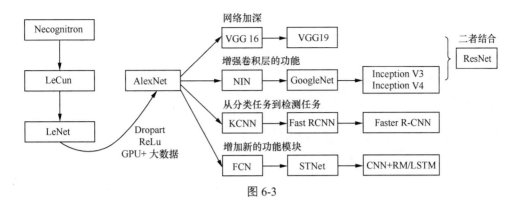

图 6-3

卷积神经网络发展的起点是神经认知机（neocognitron）模型，当时已经出现了卷积结构。第一个卷积神经网络模型 LeCun 诞生于 1989 年，其发明人是 LeCun。学习卷积神经网络的读本是 Lecun 的论文[①]，在这篇论文里面较为详尽地解释了什么是卷积神经网络，并且阐述了为什么要卷积，为什么要降采样，径向基函数（radial basis function，RBF）怎么用，等等。

1998 年 LeCun 提出了 LeNet，但随后卷积神经网络的锋芒逐渐被 SVM 等手工设计的特征的分类器盖过。随着 ReLU 和 Dropout 的提出，以及 GPU 和大数据带来的历史机遇，卷积神经网络在 2012 年迎来了历史性突破——AlexNet。

如图 6-3 所示，AlexNet 之后卷积神经网络的演化过程主要有 4 个方向的演化：一个是网络加深，二是增强卷积层的功能，三是从分类任务到检测任务，四是增加新的功能模块。

下面就简单讲述各个阶段的几个网络的结构及特点。

6.2.1 网络加深

1. LeNet

LeNet 的论文详见 http://vision.stanford.edu/cs598_spring07/papers/Lecun98.pdf。LeNet 包含的组件如下。

- 输入层：32×32。
- 卷积层：3 个。
- 降采样层：2 个。
- 全连接层：1 个。
- 输出层（高斯连接）：10 个类别（数字 0~9 的概率）。

---

① http://yann.lecun.com/exdb/publis/pdf/lecun-98.pdf

LeNet 的网络结构如图 6-4 所示。

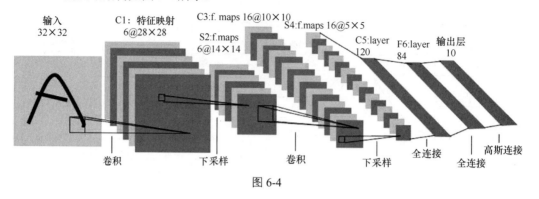

图 6-4

下面就介绍一下各个层的用途及意义。

（1）输入层。输入图像尺寸为 32×32。这要比 MNIST 数据集中的字母（28×28）还大，即对图像做了预处理 reshape 操作。这样做的目的是希望潜在的明显特征，如笔画断续、角点，能够出现在最高层特征监测卷积核的中心。

（2）卷积层（C1, C3, C5）。卷积运算的主要目的是使原信号特征增强，并且降低噪音。在一个可视化的在线演示示例[①]中，我们可以看出不同的卷积核输出特征映射的不同，如图 6-5 所示。

（3）下采样层（S2, S4）。下采样层主要是想降低网络训练参数及模型的过拟合程度。通常有以下两种方式。

- 最大池化（max pooling）：在选中区域中找最大的值作为采样后的值。
- 平均值池化（mean pooling）：把选中的区域中的平均值作为采样后的值。

（4）全连接层（F6）。F6 是全连接层，计算输入向量和权重向量的点积，再加上一个偏置。随后将其传递给 sigmoid 函数，产生单元 i 的一个状态。

（5）输出层。输出层由欧式径向基函数（Euclidean radial basis function）单元组成，每个类别（数字的 0~9）对应一个径向基函数单元，每个单元有 84 个输入。也就是说，每个输出 RBF 单元计算输入向量和该类别标记向量之间的欧式距离。距离越远，RBF 输出越大。

经过测试，采用 LeNet，6 万张原始图片的数据集，错误率能够降低到 0.95%；54 万张人工处理的失真数据集合并上 6 万张原始图片的数据集，错误率能够降低到 0.8%。[②]

接着，历史转折发生在 2012 年，Geoffrey Hinton 和他的学生 Alex Krizhevsky 在 ImageNet 竞赛中一举夺得图像分类的冠军，刷新了图像分类的记录，通过比赛回应了对卷积方法的质疑。比赛中他们所用网络称为 AlexNet。

---

① https://graphics.stanford.edu/courses/cs178/applets/convolution.html

② 数据出自 Yann LeCun、Leon Bottou、Yoshua Bengio 和 Patrick Haffner 的论文《GradientBased Learning Applied to Document Recognition》：http://vision.stanford.edu/cs598_spring07/papers/Lecun98.pdf。

第 6 章　神经网络的发展及其 TensorFlow 实现

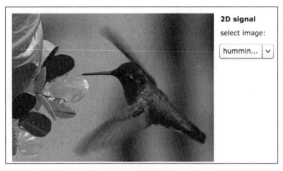

(a) 原始图像

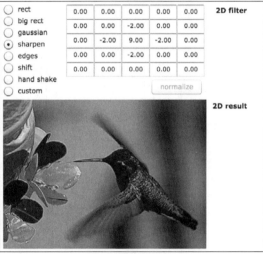

(b) 锐化卷积

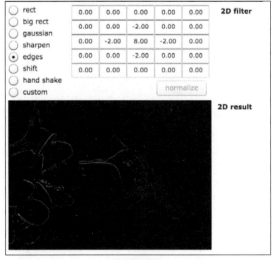

(c) 边缘卷积

图 6-5

2. AlexNet

AlexNet 在 2012 年的 ImageNet 图像分类竞赛中,Top-5 错误率为 15.3%;2011 年的冠军是采用基于传统浅层模型方法,Top-5 错误率为 25.8%。AlexNet 也远远超过 2012 年竞赛的第二名,错误率为 26.2%。AlexNet 的论文详见 Alex Krizhevsky、Ilya Sutskever 和 Geoffrey E. Hinton 的《ImageNet Classification with Deep Convolutional Neural Networks》[①]。

AlexNet 的结构如图 6-6 所示。图中明确显示了两个 GPU 之间的职责划分:一个 GPU 运行图中顶部的层次部分,另一个 GPU 运行图中底部的层次部分。GPU 之间仅在某些层互相通信。

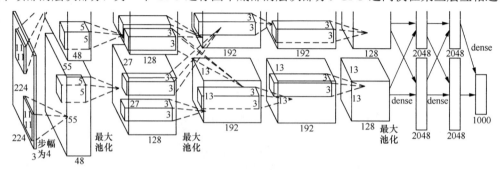

图 6-6

AlexNet 由 5 个卷积层、5 个池化层、3 个全连接层,大约 5000 万个可调参数组成。最后一个全连接层的输出被送到一个 1000 维的 softmax 层,产生一个覆盖 1000 类标记的分布。

AlexNet 之所以能够成功,让深度学习卷积的方法重回到人们视野,原因在于使用了如下方法。

- 防止过拟合:Dropout、数据增强(data augmentation)。
- 非线性激活函数:ReLU。
- 大数据训练:120 万(百万级)ImageNet 图像数据。
- GPU 实现、LRN(local responce normalization)规范化层的使用。

要学习如此多的参数,并且防止过拟合,可以采用两种方法:数据增强和 Dropout。

(1)数据增强:增加训练数据是避免过拟合的好方法,并且能提升算法的准确率。当训练数据有限的时候,可以通过一些变换从已有的训练数据集中生成一些新数据,来扩大训练数据量。通常采用的变形方式以下几种,具体效果如图 6-7 所示。

- 水平翻转图像(又称反射变化,flip)。
- 从原始图像(大小为 256×256)随机地平移变换(crop)出一些图像(如大小为 224×224)。
- 给图像增加一些随机的光照(又称光照、彩色变换、颜色抖动)。

(2)Dropout。AlexNet 做的是以 0.5 的概率将每个隐层神经元的输出设置为 0。以这种方式

---

① https://papers.nips.cc/paper/4824-imagenet-classification-with-deep-convolutional-neural-networks.pdf

被抑制的神经元既不参与前向传播，也不参与反向传播。因此，每次输入一个样本，就相当于该神经网络尝试了一个新结构，但是所有这些结构之间共享权重。因为神经元不能依赖于其他神经元而存在，所以这种技术降低了神经元复杂的互适应关系。因此，网络需要被迫学习更为健壮的特征，这些特征在结合其他神经元的一些不同随机子集时很有用。如果没有 Dropout，我们的网络会表现出大量的过拟合。Dropout 使收敛所需的迭代次数大致增加了一倍。

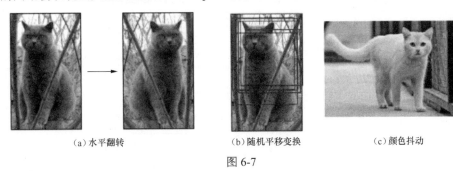

(a) 水平翻转　　　　　(b) 随机平移变换　　　　　(c) 颜色抖动

图 6-7

Alex 用非线性激活函数 relu 代替了 sigmoid，发现得到的 SGD 的收敛速度会比 sigmoid/tanh 快很多。

单个 GTX 580 GPU 只有 3 GB 内存，因此在其上训练的数据规模有限。从 AlexNet 结构图可以看出，它将网络分布在两个 GPU 上，并且能够直接从另一个 GPU 的内存中读出和写入，不需要通过主机内存，极大地增加了训练的规模。

6.2.2　增强卷积层的功能

1. VGGNet

VGGNet 可以看成是加深版本的 AlexNet，参见 Karen Simonyan 和 Andrew Zisserman 的论文《Very Deep Convolutional Networks for Large-Scale Visual Recognition》①。

VGGNet 和下文中要提到的 GoogLeNet 是 2014 年 ImageNet 竞赛的第二名和第一名，Top-5 错误率分别为 7.32%和 6.66%②。VGGNet 也是 5 个卷积组、2 层全连接图像特征、1 层全连接分类特征，可以看作和 AlexNet 一样总共 8 个部分。根据前 5 个卷积组，VGGNet 论文中给出了 A～E 这 5 种配置，如图 6-8 所示。卷积层数从 8（A 配置）到 16（E 配置）递增。VGGNet 不同于 AlexNet 的地方是：VGGNet 使用的层更多，通常有 16～19 层，而 AlexNet 只有 8 层。VGGNet 的结构如图 6-8 所示。

从 VGGNet 的论文中可以看出，随着卷积层从 8 到 16 的一步步加深，通过加深卷积层数已经到达了准确率提升的瓶颈。从论文中给出的结果（如图 6-9 所示）可以看到，再加深模型，

---

① http://www.robots.ox.ac.uk/~vgg/research/very_deep/

② 数据来源于竞赛结果官网：http://image-net.org/challenges/LSVRC/2014/results。

错误率已经很难再降低了。

ConvNet 配置					
A	A-LRN	B	C	D	E
11 weight layers	11 weight layers	13 weight layers	16 weight layers	16 weight layers	19 weight layers
输入(224×224 RGB 图像)					
conv3-64	conv3-64 LRN	conv3-64 **conv3-64**	conv3-64 conv3-64	conv3-64 conv3-64	conv3-64 conv3-64
maxpool					
conv3-128	conv3-128	conv3-128 conv3-128	conv3-128 conv3-128	conv3-128 conv3-128	conv3-128 conv3-128
maxpool					
conv3-256 conv3-256	conv3-256 conv3-256	conv3-256 conv3-256	conv3-256 conv3-256 **conv1-256**	conv3-256 conv3-256 **conv3-256**	conv3-256 conv3-256 **conv3-256**
maxpool					
conv3-512 conv3-512	conv3-512 conv3-512	conv3-512 conv3-512	conv3-512 conv3-512 **conv3-512**	conv3-512 conv3-512 **conv3-512**	conv3-512 conv3-512 conv3-512 **conv3-512**
maxpool					
conv3-512 conv3-512	conv3-512 conv3-512	conv3-512 conv3-512	conv3-512 conv3-512 **conv3-512**	conv3-512 conv3-512 **conv3-512**	conv3-512 conv3-512 conv3-512 **conv3-512**
maxpool					
FC-4096					
FC-4096					
FC-1000					
soft-max					

图 6-8

模型	ILSVRC-2012 上 Top-5 分类任务错误率（%）	
	验证集	测试集
16 层 VGG	7.5%	7.4%
19 层 VGG	7.5%	7.3%
VGG 和 SVM 结合	7.1%	7.0%

图 6-9

2. GoogLeNet

提到 GoogleNet，我们首先要说起 NIN（Network in Network）的思想[①]（详见 Min Lin 和 Qiang Chen 和 Shuicheng Yan 的论文《Network In Network》），它对传统的卷积方法做了两点改进：将原来的线性卷积层（linear convolution layer）变为多层感知卷积层（multilayer perceptron）；将全连接层的改进为全局平均池化。这使得卷积神经网络向另一个演化分支——增强卷积模块的功能的方向演化，2014 年诞生了 GoogLeNet（即 Inception V1）。谷歌公司提出的 GoogLeNet 是 2014 年 ILSVRC 挑战赛的冠军，它将 Top-5 的错误率降低到了 6.67%。GoogLeNet 的更多内容详见 Christian Szegedy 和 Wei Liu 等人的论文《Going Deeper with Convolutions》[②]。

---

① https://arxiv.org/abs/1312.4400。

② https://arxiv.org/abs/1409.4842。

GoogLeNet 的网络的中段结构如图 6-10 所示。

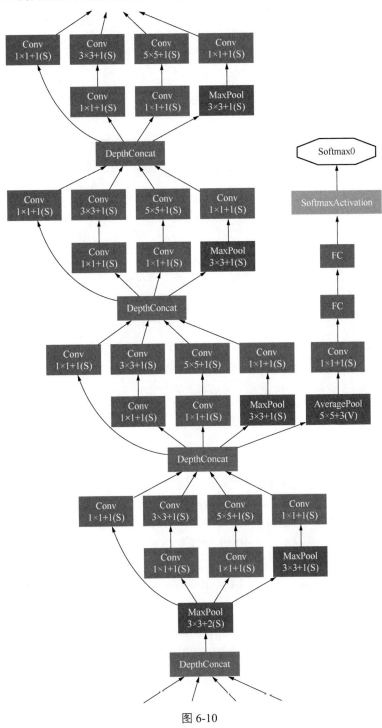

图 6-10

论文中介绍了如何发现 Inception 模型的最优结构，如图 6-11 所示。原始的设计见图 6-11 的左侧，使用 1×1、3×3、5×5 的卷积核对应图像的区域，然后连接起来到全连接层。降维后的设计如图 6-11 的右侧，使用 1×1 的卷积核进行降维，在全连接层将 1×1、3×3、5×5 的卷积结果连接起来。这样做使网络的宽度和深度均可扩大。使用了 Inception 模型的结构可以有 2～3 倍的加速。

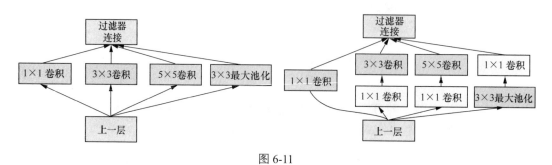

图 6-11

GoogLeNet 的主要思想是围绕"深度"和"宽度"去实现的。

（1）深度。层数更深，论文中采用了 22 层。为了避免梯度消失问题，GoogLeNet 巧妙地在不同深度处增加了两个损失函数来避免反向传播时梯度消失的现象。

（2）宽度。增加了多种大小的卷积核，如 1×1、3×3、5×5，但并没有将这些全都用在特征映射上，都结合起来的特征映射厚度将会很大。但是采用了图 6-11 右侧所示的降维的 Inception 模型，在 3×3、5×5 卷积前，和最大池化后都分别加上了 1×1 的卷积核，起到了降低特征映射厚度的作用。

3. ResNet

把网络加深和增强卷积模块功能两个演化方向相结合，诞生了 ResNet（Residual Network，残差网络）。ReNet 是 2015 年 ILSVRC 竞赛中不依赖外部数据的物体检测和物体识别两个项目的冠军，是由 MSRA 何凯明团队提出的，训练深达 152 层的网络。同时，MSRA 也是 2015 年 ImageNet 竞赛的大赢家，在分类、检测、定位以及 COCO 数据集上的检测（detection）和分隔（segmentation），都获得了冠军。图 6-12 展示的是一个 34 层的 ResNet 的结构。残差网络的更多内容详见 Kaiming He、Xiangyu Zhang、Shaoqing Ren 和 Jian Sun 的论文《Deep Residual Learning for Image Recognition》[①]。

按照一般的经验，只要没有发生梯度消失或者梯度爆炸，并且不过拟合，网络应该是越深越好。但是，论文作者在 CIFAR10 上训练网络时却发现，层数从 20 层增加到 56 层，错误率上升了，准确率下降了，如图 6-13 所示。

---

① https://arxiv.org/abs/1512.03385

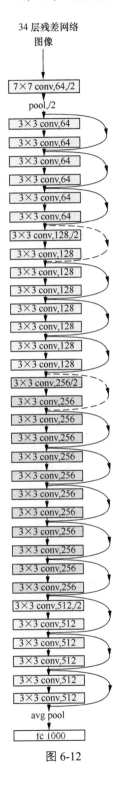

图 6-12

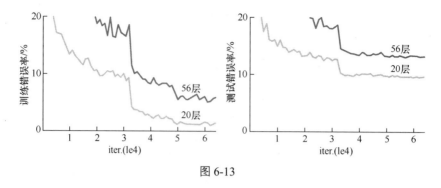

图 6-13

这种情况被称为网络退化（network degradation）。为此 ResNet 中引入了一个 shortcut 结构（指图 6-12 中卷积层之间的带箭头的曲线部分），将输入跳层传递与卷积的结果相加。

关于 ResNet 中残差（residual）的含义，其实是如果能用几层网络去逼近一个复杂的非线性映射 $H(x)$ 来预测图片的分类，那么同样可以用这几层网络去逼近它的残差函数（residual function）$F(x)= H(x)-x$，并且我们认为优化残差映射要比直接优化 $H(x)$ 简单。

6.2.3 从分类任务到检测任务

从分类任务到检测任务这个演化方向经历了从 R-CNN 到 Fast R-CNN，再到 Faster R-CNN 的演化。

R-CNN 可以看作是 Region Proposal Networks[①]（RPN）和 CNN 结合的力作。在 ImageNet、VOC、MSCOCO 数据集上都曾经取得过很好的效果。但它的主要缺点是重复计算，因为最后建议的区域（region）有几千个，多数都是互相重叠的，重叠的部分会被多次重复提取特性。

Fast R-CNN 是 R-CNN 的加速版本，将最后建议的区域映射到 CNN 的最后一个卷积层的特征映射上，这样一张图片只需要提取一次特征，大大提高了速度。但 Fast R-CNN 的速度瓶颈在 RPN 上。此外，Fast R-CNN 支持多类物体的同时检测，其行人与车辆检测技术就是汽车高级辅助驾驶系统的关键技术之一。

Fater-R-CNN 将 RPN 也交给 CNN 来做，于是速度更快，可以达到实时。详见 Shaoqing Ren、Kaiming He、Ross Girshick 和 Jian Sun 的论文《Faster R-CNN: Towards Real-Time Object Detection with Region Proposal Networks》[②]。

关于检测任务如图片目标检测、视频目标检测（VID）的更多资料请读者自行查阅。

[①] RPNs 是指从任意尺寸的图片中得到一系列的带有识别出物体概率分数的建议区域。具体流程是使用一个小的网络在最后卷积得到的特征映射上进行滑动扫描，这个滑动的网络每次与特征映射上的窗口进行全连接，然后映射到一个低维向量，如 256D 或 512D，最后将这个低维向量送入到两个全连接层，即 box 回归层（box-regression layer）和 box 分类层（box- classification layer）。

[②] https://arxiv.org/abs/1506.01497

6.2.4 增加新的功能模块

增加新的功能模块这个演化方向主要涉及 FCN（反卷积）、STNet、CNN 与 RNN/LSTM 的混合架构。这部分涉及的知识较深，更多资料请读者自行查阅。

6.3 MNIST 的 AlexNet 实现

接下来我们就试试用 TensorFlow 来构建一个网络模型（这里以 AlexNet 为例）。构建好模型后，使用 MNIST 数据来看看训练结果如何。

现在我就一步步介绍如何将一个好的开源模型（如 AlexNet）在 TensorFlow 上实现。MNIST 在 TensorFlow 的例子中是用 CNN 去训练的，而我们把原来普通的 CNN 更改成 AlexNet。这里我主要是参考代码 https://github.com/aymericdamien/TensorFlow-Examples/blob/master/examples/3_NeuralNetworks/convolutional_network.py 和 https://github.com/tensorflow/models/blob/master/tutorials/image/alexnet/alexnet_benchmark.py，然后根据 AlexNet 的网络结构图来实现。

同时，一次完整的训练模型和评估模型的过程一般分为 3 个步骤：加载数据，定义网络模型，训练模型和评估模型。接下来就分成这 3 个部分讲解我们的代码。

6.3.1 加载数据

在加载数据的过程中，我们还要定义模型的超参数、模型所用的网络的参数以及数据的输入。如下：

```
import tensorflow as tf

# 输入数据
from tensorflow.examples.tutorials.mnist import input_data
mnist = input_data.read_data_sets("/tmp/data/", one_hot=True)

# 定义网络的超参数
learning_rate = 0.001
training_iters = 200000
batch_size = 128
display_step = 10

# 定义网络的参数
n_input = 784 # 输入的维度(img shape: 28×28)
n_classes = 10 # 标记的维度 (0-9 digits)
dropout = 0.75 # Dropout 的概率，输出的可能性

# 输入占位符
```

```
x = tf.placeholder(tf.float32, [None, n_input])
y = tf.placeholder(tf.float32, [None, n_classes])
keep_prob = tf.placeholder(tf.float32) #dropout
```

6.3.2 构建网络模型

接下来我们定义 AlexNet 需要用到的卷积、池化和规范化操作。为了简单，我们将这些功能封装起来。代码如下：

```
# 定义卷积操作
def conv2d(name, x, W, b, strides=1):
    x = tf.nn.conv2d(x, W, strides=[1, strides, strides, 1], padding='SAME')
    x = tf.nn.bias_add(x, b)
    return tf.nn.relu(x, name=name)  # 使用 relu 激活函数

# 定义池化层操作
def maxpool2d(name, x, k=2):
    return tf.nn.max_pool(x, ksize=[1, k, k, 1], strides=[1, k, k, 1],
                          padding='SAME', name=name)

# 规范化操作
def norm(name, l_input, lsize=4):
    return tf.nn.lrn(l_input, lsize, bias=1.0, alpha=0.001 / 9.0,
                     beta=0.75, name=name)
```

定义所有的网络参数（网络参数的具体值详见 AlexNet 的结构图，参见图 6-6），如下：

```
# 定义所有的网络参数
weights = {
    'wc1': tf.Variable(tf.random_normal([11, 11, 1, 96])),
    'wc2': tf.Variable(tf.random_normal([5, 5, 96, 256])),
    'wc3': tf.Variable(tf.random_normal([3, 3, 256, 384])),
    'wc4': tf.Variable(tf.random_normal([3, 3, 384, 384])),
    'wc5': tf.Variable(tf.random_normal([3, 3, 384, 256])),
    'wd1': tf.Variable(tf.random_normal([4*4*256, 4096])),
    'wd2': tf.Variable(tf.random_normal([4096, 4096])),
    'out': tf.Variable(tf.random_normal([4096, 10]))
}
biases = {
    'bc1': tf.Variable(tf.random_normal([96])),
    'bc2': tf.Variable(tf.random_normal([256])),
    'bc3': tf.Variable(tf.random_normal([384])),
    'bc4': tf.Variable(tf.random_normal([384])),
    'bc5': tf.Variable(tf.random_normal([256])),
    'bd1': tf.Variable(tf.random_normal([4096])),
    'bd2': tf.Variable(tf.random_normal([4096])),
    'out': tf.Variable(tf.random_normal([n_classes]))
}
```

定义 AlexNet 的网络模型：

```python
# 定义整个网络
def alex_net(x, weights, biases, dropout):
    # Reshape input picture
    x = tf.reshape(x, shape=[-1, 28, 28, 1])

    # 第一层卷积
    # 卷积
    conv1 = conv2d('conv1', x, weights['wc1'], biases['bc1'])
    # 下采样
    pool1 = maxpool2d('pool1', conv1, k=2)
    # 规范化
    norm1 = norm('norm1', pool1, lsize=4)

    # 第二层卷积
    # 卷积
    conv2 = conv2d('conv2', norm1, weights['wc2'], biases['bc2'])
    # 最大池化（向下采样）
    pool2 = maxpool2d('pool2', conv2, k=2)
    # 规范化
    norm2 = norm('norm2', pool2, lsize=4)

    # 第三层卷积
    # 卷积
    conv3 = conv2d('conv3', norm2, weights['wc3'], biases['bc3'])
    # 下采样
    pool3 = maxpool2d('pool3', conv3, k=2)
    # 规范化
    norm3 = norm('norm3', pool3, lsize=4)

    # 第四层卷积
    conv4 = conv2d('conv4', norm3, weights['wc4'], biases['bc4'])
    # 第五层卷积
    conv5 = conv2d('conv5', conv4, weights['wc5'], biases['bc5'])
    # 下采样
    pool5 = maxpool2d('pool5', conv5, k=2)
    # 规范化
    norm5 = norm('norm5', pool5, lsize=4)

    # 全连接层1
    fc1 = tf.reshape(norm5, [-1, weights['wd1'].get_shape().as_list()[0]])
    fc1 = tf.add(tf.matmul(fc1, weights['wd1']), biases['bd1'])
    fc1 = tf.nn.relu(fc1)
    # dropout
    fc1 = tf.nn.dropout(fc1, dropout)

    #全连接层2
    fc2 = tf.reshape(fc1, [-1, weights['wd2'].get_shape().as_list()[0]])
    fc2 = tf.add(tf.matmul(fc2, weights['wd2']), biases['bd2'])
```

```python
fc2 = tf.nn.relu(fc2)
# dropout
fc2 = tf.nn.dropout(fc2, dropout)

# 输出层
out = tf.add(tf.matmul(fc2, weights['out']), biases['out'])
return out
```

构建模型，定义损失函数和优化器，并构建评估函数：

```python
# 构建模型
pred = alex_net(x, weights, biases, keep_prob)

# 定义损失函数和优化器
cost = tf.reduce_mean(tf.nn.softmax_cross_entropy_with_logits(pred, y))
optimizer = tf.train.AdamOptimizer(learning_rate=learning_rate).minimize(cost)

# 评估函数
correct_pred = tf.equal(tf.argmax(pred, 1), tf.argmax(y, 1))
accuracy = tf.reduce_mean(tf.cast(correct_pred, tf.float32))
```

6.3.3　训练模型和评估模型

训练模型和评估模型的代码如下：

```python
# 初始化变量
init = tf.global_variables_initializer()


with tf.Session() as sess:
    sess.run(init)
    step = 1
    # 开始训练，直到达到training_iters, 即 200000
    while step * batch_size < training_iters:
        batch_x, batch_y = mnist.train.next_batch(batch_size)
        sess.run(optimizer, feed_dict={x: batch_x, y: batch_y,
                                       keep_prob: dropout})
        if step % display_step == 0:
            # 计算损失值和准确度，输出
            loss, acc = sess.run([cost, accuracy], feed_dict={x: batch_x,
                                                              y: batch_y,
                                                              keep_prob: 1.})
            print("Iter " + str(step*batch_size) + ", Minibatch Loss= " + \
                  "{:.6f}".format(loss) + ", Training Accuracy= " + \
                  "{:.5f}".format(acc))
        step += 1
    print("Optimization Finished!")
```

```
# 计算测试集的准确度
print("Testing Accuracy:", \
    sess.run(accuracy, feed_dict={x: mnist.test.images[:256],
                                  y: mnist.test.labels[:256],
                                  keep_prob: 1.}))
```

输出结果如下：

```
Iter 1280, Minibatch Loss= 397151.531250, Training Accuracy= 0.43750
Iter 2560, Minibatch Loss= 358224.781250, Training Accuracy= 0.48438
Iter 3840, Minibatch Loss= 208550.218750, Training Accuracy= 0.70312
```

我们也可以像实现 AlexNet 的模型这样，用 TensorFlow 实现其他网络（如 VGGNet、GoogLeNet、ResNet），具体实现的步骤我们总结如下：

（1）仔细研读该网络的论文，理解每一层的输入/输出值以及网络结构；

（2）按照加载数据，定义网络模型，训练模型和评估模型这样的步骤实现网络。

读者可以从简单的 VGGNet 开始动手试试。https://github.com/tensorflow/models/tree/master/slim/nets 有所有这几个经典网络的实现方式。

6.4 循环神经网络[①]

循环神经网络主要是自然语言处理（natural language processing，NLP）应用的一种网络模型。它不同于传统的前馈神经网络（feed-forward neural network，FNN），循环神经网络在网络中引入了定性循环，使信号从一个神经元传递到另一个神经元并不会马上消失，而是继续存活。这就是循环神经网络名称的来历。

在传统的神经网络中，输入层到输出层的每层直接是全连接的，但是层内部的神经元彼此之间没有连接。这种网络结构应用到文本处理时却有难度。例如，我们要预测某个单词的下一个单词是什么，就需要用到前面的单词。循环神经网络的解决方式是，隐藏层的输入不仅包括上一层的输出，还包括上一时刻该隐藏层的输出。理论上，循环神经网络能够包含前面的任意多个时刻的状态，但实践中，为了降低训练的复杂性，一般只处理前面几个状态的输出。

循环神经网络的特点在于它是按时间顺序展开的，下一步会受本步处理的影响，网络模型如图 6-14 所示。在计算时间为 2 的那步时，输入层和前一步（时间为 1）的数据都会对时间为 2 的那步的输出值有影响。

[①] 本节代码参考 https://github.com/aymericdamien/TensorFlow-Examples/blob/master/examples/3_NeuralNetworks/recurrent_network.py，并做了相应修改。

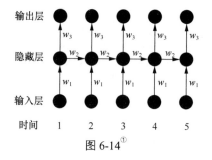

图 6-14①

循环神经网络的训练也是使用误差反向传播（backpropagation，BP）算法，并且参数 w1、w2 和 w3 是共享的。但是，其在反向传播中，不仅依赖当前层的网络，还依赖前面若干层的网络，这种算法称为随时间反向传播（backpropagation through time，BPTT）算法。BPTT 算法是 BP 算法的扩展，可以将加载在网络上的时序信号按层展开，这样就使得前馈神经网络的静态网络转化为动态网络。

6.5 循环神经网络发展

循环神经网络的发展如图 6-15 所示。

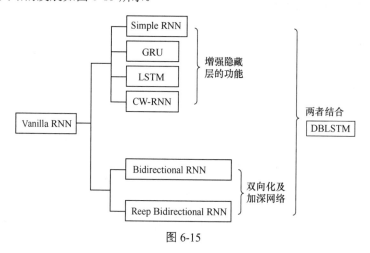

图 6-15

最初 Vanilla RNN 的改进和 CNN 的改进类似，也是朝着两个方向演化：一是隐藏层的功能逐渐增强，二是网络的双向化及加深。本节内容参考《Recurrent Neural Networks, Part 1–Introduction to RNNs》②。

---

① 本图出自 Alex Graves 的论文《Supervised Sequence Labelling with Recurrent Neural Networks》：http://www.cs.toronto.edu/~graves/preprint.pdf。

② http://www.wildml.com/2015/09/recurrent-neural-networks-tutorial-part-1-introduction-to-rnns/

6.5.1 增强隐藏层的功能

1. 简单 RNN

简单 RNN（Simple RNN，SRNN）是一个 3 层网络，在隐藏层（也叫上下文层）增加了上下文单元。图 6-16 中的 CONTEXT(t)是隐藏层，CONTEXT(t-1)是上下文单元。上下文单元节点与隐藏层中的节点的连接及权值都是固定的。

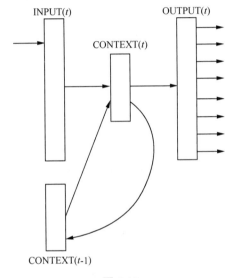

图 6-16

如图 6-16 所示，假设当前是 t 时刻，则分 3 步来预测 $P(w_m)$：

- 单词 w_{m-1} 映射到词向量，记作 INPUT(t)；
- 连接上一次训练的隐藏层 CONTEXT(t-1)，通过 sigmoid 激活函数生成当前 t 时刻的 CONTEXT(t)；
- 利用 softmax 函数，预测 $P(w_m)$。

2. LSTM

一般的 RNN 只能与前面若干序列有关，若超过十步，就很容易产生梯度消失或者梯度爆炸问题。产生梯度消失是因为导数的链式法则导致了连乘，造成梯度指数级消失。通过引入单元（cell）结构，得到了 RNN 的改进模型长短期记忆（Long-Short Term Memory，LSTM）模型，这个模型可以解决梯度消失的问题，如图 6-17 所示。

可以看出，把图 6-14 中 RNN 隐藏层中的黑圆圈换成图 6-17 里 LSTM 中的 Block，就得到 LSTM 模型了。这个 Block 里面主要有 1 个单元（cell），3 个门（gate）。

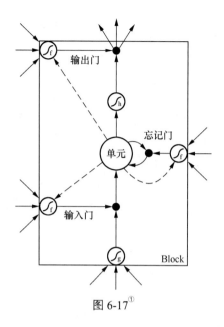

图 6-17[1]

- 单元（cell）：主要有一个状态参数，用来记录状态。
- 输入门（input gate）和输出门（output gate）：对参数的输入、输出进行处理。
- 忘记门（forget gate）：用来设置选择性遗忘的权重，原始 RNN 在这里权重是 1。

3. GRU

GRU[2]（Gated Recurrent Unit Recurrent Neural Network）中在隐藏层上不同距离处的单词对当前的隐藏层的状态的影响不同，距离越远的影响越小。在每个前面的状态对当前的隐藏层的状态的影响上进行了距离加权，距离越远权值越小。同时，在发生误差时，仅仅对产生误差的对应单词的权重进行更新。

如图 6-18 所示，GRU 的思想和 LSTM 的十分相似。GRU 有两个门，即重置门 r 和更新门 z。重置门决定如何组合新输入和之前的记忆，更新门决定留下多少之前的记忆。如果把重置门都设为 1，更新门都设为 0，就得到普通的 RNN 模型。

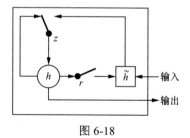

图 6-18

---

① 本图出自 Alex Graves 的论文《Supervised Sequence Labelling with Recurrent Neural Networks》：http://www.cs.toronto.edu/~graves/preprint.pdf

② 详见 Junyoung Chung、Caglar Gulcehre、KyungHyun Cho、Yoshua Bengio 等人的论文《Empirical Evaluation of Gated Recurrent Neural Networks on Sequence Modeling》：https://arxiv.org/abs/1412.3555。

4. CW-RNN[①]

CW-RNN（Clockwork RNN）是一种使用时钟频率驱动的 RNN。它将隐藏层分为几个组，通过不同的隐藏层组工作在不同的时钟频率下来解决长时间依赖问题。每一组按照自己规定的时钟频率对输入进行处理。将时钟时间离散化，不同的时间点不同的隐藏层组工作，所有的隐藏层组在每一步不会都同时工作，这样就加快网络的训练。此外，时钟周期大的组的神经元速度慢，周期小的速度快，连接方向是周期大的连接到周期小的，周期小的不会连接到周期大的。CW-RNN 的结构图如图 6-19 所示。

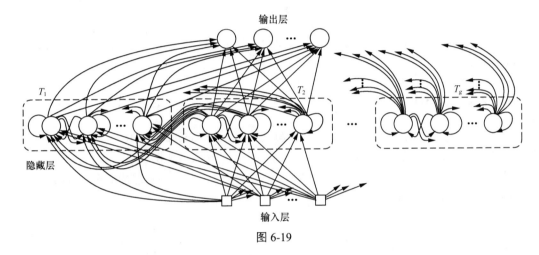

图 6-19

如图 6-19 所示，隐藏层中的神经元会被划分为若干个组，记为 g，每一组中的神经元个数相同，记为 k，并为每一个组分配一个时钟周期 $T_i \in \{T_1, T_2, \cdots, T_g\}$，每一个组内的所有神经元是全连接的，但是组 j 到组 i 是循环连接，并需要满足 T_j 大于 T_i。如图 6-19 所示，这些组按照时钟周期递增从左到右进行排序，即 $T_1 < T_2 < \cdots < T_g$，连接方向便是从右到左，从速度慢的组连接到速度快的组。

6.5.2 双向化及加深网络

1. 双向 RNN

双向 RNN[②]（Bidirectional RNN）假设当前（第 t 步）的输出不仅与前面的序列有关，而且与后面的序列有关。原始的双向 RNN 是一个相对较简单的 RNN，由两个 RNN 上下叠加在一起组成。输出由这两个 RNN 的隐藏层的状态决定，如图 6-20 所示。

---

① 本小节参考 Jan Koutník、Klaus Greff、Faustino Gomez、Jurgen Schmidhuber 的论文《A Clockwork RNN》：https://arxiv.org/pdf/1402.3511.pdf。

② Mike Schuster 和 Kuldip K. Paliwal 的论文《Bidirectional Recurrent Neural Networks》。

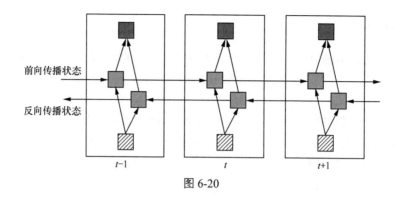

图 6-20

目前的双向 RNN 有所发展，例如，将双向的思想和 LSTM、GRU 结合，变成双向 LSTM、双向 GRU 等。

2．深度双向 RNN

"双向"与"深度"结合，就产生了深度双向 RNN（Deep Bidirectional RNN），深度双向 RNN 与双向 RNN 类似，但在隐藏层叠加了多层，使每一步的输入有多层网络，有更强大的表达与学习能力，但需要更多的训练数据。图 6-21 左侧表示了一个多个隐藏层的 RNN，右侧表示深度双向 LSTM（DBLSTM）。

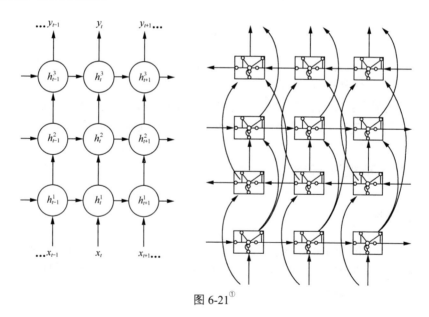

图 6-21[①]

---

① 图出自 Alex Graves, Navdeep Jaitly and Abdel-rahman Mohamed 的论文《HYBRID SPEECH RECOGNITION WITH DEEP BIDIRECTIONAL LSTM》：https://www.cs.toronto.edu/~graves/asru_2013.pdf

本节大致介绍了 RNN 的发展脉络。除此之外，RNN 在训练的过程的学习算法也逐渐丰富，如 BPTT（Back Propagation Through Time）、RTRL（Real-time Recurrent Learning）、EKF（Extended Kalman Filter）等，读者可以自行查阅相关资料进行学习。

6.6 TensorFlow Model Zoo

TensorFlow 的模型都位于 https://github.com/tensorflow/models。正如 5.2 节中介绍的，这个目录中有很多图像和语音处理的模型，可以直接拿来用。这些模型的检查点文件（参考 4.8.1 节 ckpt 模型文件的保存）有的被打成压缩包，可以直接下载，当作预训练模型使用，如表 6-1 所示。

表 6-1

模型	检查点
Inception V1	inception_v1_2016_08_28.tar.gz
Inception V2	inception_v2_2016_08_28.tar.gz
Inception V3	inception_v3_2016_08_28.tar.gz
Inception V4	inception_v4_2016_09_09.tar.gz
Inception-ResNet-v2	inception_resnet_v2.tar.gz
ResNet 50	resnet_v1_50.tar.gz
ResNet 101	resnet_v1_101.tar.gz
ResNet 152	resnet_v1_152.tar.gz
VGG16	vgg_16.tar.gz
VGG19	vgg_19.tar.gz

此外，我们知道，Caffe 因为开源时间比较久，有很多训练好的模型，读者可以利用它作为自己训练项目的预训练模型，大大地减少训练时间和迭代次数。Caffe 的模型位于 Caffe Model Zoo 中，我们可以用工具[①]将 Caffe 的模型转换为 TensorFlow 的模型。

6.7 其他研究进展

了解了 CNN 和 RNN 的发展，现在再来看看深度学习还有什么令人激动的研究进展。目前 TensorFlow 的拥趸巨多，这些新的进展一旦出现，在开源社区如 GitHub 上就会立刻有人将其实现，并且很多也会慢慢合并到 Keras 等第三方框架中，让开发人员运用新的算法更加得心应手。

---

① https://github.com/ethereon/caffe-tensorflow

6.7.1 强化学习

强化学习（reinforcement learning）是机器学习大家族中的一个分支，并且随着和深度神经网络相结合，体现出更强大的特性，并且在 AlphaGo 的改良策略网络（policy network）中，也用到了强化学习的方法。

强化学习介于有监督学习和无监督学习之间。在强化学习中，只有很少的标记（奖励），这些标记还有延迟。模型通过这些奖励，不断学习在环境中的行为。

强化学习主要用在游戏、下棋、博弈这类有得分并且有很多步操作的活动中，主要是用来做连续决策。强化学习大家族中有很多方法，如 Q-learning、Sarsa、Policy Gradient、Actor Critic 等，一般包括算法更新和思维决策两个部分。如果与神经网络相结合，可以采用深度 Q 网络（Deep Q Network，DQN）。目前也有很多使用 Keras 的开源实现，读者可以自行查找。

6.7.2 深度森林

我们知道，使用深度神经网络训练模型时，首先需要大量的训练数据，尤其是很多标记数据，并且依赖强大的计算设施和超参数的调节。周志华教授在其论文《Deep Forest：Towards An Alternative to Deep Neural Networks》[1]中提出了一种基于树的新方法——多粒度级联森林（multi-grained cascade forest，gcForest）。gcForest 在只有少量数据的情况下也可以训练，并且超参数比深度神经网络少得多，对超参数设定来说性能健壮性也很高，所以使用 gcForest 训练起来很容易。此外，对于不同规模或者不同数据，也能使用默认设定取得很好的结果。

这为我们使用深度神经网络之外的方法打开了一扇门。未来的深度学习中也许会出现更多神经网络方向外的思路。

6.7.3 深度学习与艺术

在绘画领域，有一个非常著名的"艺术风格的神经网络算法"（A Neural Algorithm of Artistic Style）[2]。这个算法主要是进行绘画风格的迁移。例如，把梵高、毕加索的绘画风格应用在选定的照片上。也就是说，它可以把一幅图片的风格和内容分开，从而把 A 图片的风格和 B 图片的内容组合起来，生成一幅风格化的内容图片。在美图秀秀、魔漫相机、脸萌等软件上，也有类似的玩法。这个算法也已经有了采用 TensorFlow 的开源实现[3]。读者可以自己尝试，探究参数并了解原理。

---

[1] https://arxiv.org/abs/1702.08835

[2] Leon A. Gatys, Alexander S. Ecker, Matthias Bethge 的论文：https://arxiv.org/pdf/1508.06576v2.pdf

[3] https://github.com/anishathalye/neural-style

在音乐领域，也可以利用深度学习来进行创作。例如，用大量的 MIDI 音频旋律作为训练数据，采用 RNN 来生成一段旋律，有了这段旋律，就可以作为后续创作的种子和灵感，如果输入大量的巴赫、贝多芬、肖邦的乐曲，还可以模仿他们的作曲风格做出旋律。用音乐作曲已经有了 TensorFlow 的开源实现[①]。

扩展到其他艺术领域，我们知道，一个创作者的天赋或者勤奋的大量积累是创作的灵感来源，甚至有时候需要从生活中的其他事物中寻找灵感。记得大张伟曾经说过他的创作过程就是去听几个 GB 的歌去找灵感，每月要去听几千首的歌。深度学习可以帮你创作一些旋律小样，希望可以作为灵感的种子。

6.8 小结

本章主要介绍了卷积神经网络和循环神经网络的发展过程，描述了发展的脉络和方向，对后来研究中设计模型结构很有启发意义。此外，本章还介绍了深度学习研究中的其他进展，如强化学习、深度森林、深度学习在音乐和绘画上的进展，都是目前很火的研发方向。本书还举例了 TensorFlow 对 AlexNet 的实现，以及 TensorFlow 目前完善的预训练模型社区 TensorFlow Model Zoo，读者熟练后，可以找到跟自己业务模型相近的预训练模型进行训练。除此之外，迁移学习、One Shot 学习、目标检测、视觉跟踪、机器人技术目标分割等也是研究的热点，读者可以选择自己钻研的行业潜心研究。

---

① https://github.com/tensorflow/magenta

第 7 章

TensorFlow 的高级框架

得益于 TensorFlow 社区的繁荣，诞生出许多高质量的元框架（metaframework），如 Keras、TFLearn、TensorLayer 等。使用元框架能够大大减少编写 TensorFlow 代码的工作量，方便开发者快速搭建网络模型，并且使代码简单、可读性强。

本章我们主要讲解官方默认支持的 Keras 和老牌的 TFLearn 提供的高级 API。

7.1 TFLearn

TFLearn 是一个建立在 TensorFlow 顶部的模块化的深度学习框架，它为 TensorFlow 提供更高级的 API，以便于快速实验，同时保持完全透明和兼容。

在 6.2 节中我们已经用原生的 TensorFlow 代码完成了 AlexNet。读者可能已经感受到其代码的冗长，下面我们就用 TFLearn 框架，看看如何将代码写得简洁。[1]

7.1.1 加载数据

这里用的是牛津大学的鲜花数据集[2]（Flower Dataset）。这个数据集提供了 17 个类别的鲜花数据，每个类别 80 张图片，并且图片有大量的姿态和光的变化。

注意，在代码的开始需要导入用到的与卷积、池化、规范化相关的类，方法如下：

```
import tflearn
from tflearn.layers.core import input_data, dropout, fully_connected
from tflearn.layers.conv import conv_2d, max_pool_2d
from tflearn.layers.normalization import local_response_normalization
from tflearn.layers.estimator import regression
```

---

[1] 本节代码参考 https://github.com/tflearn/tflearn/blob/master/examples/images/alexnet.py。

[2] http://www.robots.ox.ac.uk/~vgg/data/flowers/17/。

```python
import tflearn.datasets.oxflower17 as oxflower17
X, Y = oxflower17.load_data(one_hot=True, resize_pics=(227, 227))
```

7.1.2 构建网络模型

构建 AlexNet 网络模型时，直接使用 TFLearn 中的卷积、池化、规范化、全连接、dropout 函数来构建即可。方法如下：

```python
# 构建 AlexNet 网络
network = input_data(shape=[None, 227, 227, 3])
network = conv_2d(network, 96, 11, strides=4, activation='relu')
network = max_pool_2d(network, 3, strides=2)
network = local_response_normalization(network)
network = conv_2d(network, 256, 5, activation='relu')
network = max_pool_2d(network, 3, strides=2)
network = local_response_normalization(network)
network = conv_2d(network, 384, 3, activation='relu')
network = conv_2d(network, 384, 3, activation='relu')
network = conv_2d(network, 256, 3, activation='relu')
network = max_pool_2d(network, 3, strides=2)
network = local_response_normalization(network)
network = fully_connected(network, 4096, activation='tanh')
network = dropout(network, 0.5)
network = fully_connected(network, 4096, activation='tanh')
network = dropout(network, 0.5)
network = fully_connected(network, 17, activation='softmax')
network = regression(network, optimizer='momentum',
                     loss='categorical_crossentropy',
                     learning_rate=0.001) # 回归操作，同时规定网络所使用的学习率、损失函数和优化器
```

7.1.3 训练模型

构建完模型之后，就可以训练模型了。这里我们加了一步，就是假设有训练好或训练到一半的 AlexNet 模型的检查点文件，直接载入，方法如下：

```python
model = tflearn.DNN(network, checkpoint_path='model_alexnet',
                    max_checkpoints=1, tensorboard_verbose=2)
model.fit(X, Y, n_epoch=1000, validation_set=0.1, shuffle=True,
          show_metric=True, batch_size=64, snapshot_step=200,
          snapshot_epoch=False, run_id='alexnet_oxflowers17')
```

可见，代码简洁得让人惊讶。这就是第三方库的优点。

7.2 Keras

Keras 是一个高级的 Python 神经网络框架，其文档详见 https://keras.io/。Keras 已经被添加

到 TensorFlow 中，成为其默认的框架，为 TensorFlow 提供更高级的 API。

如果读者不想了解 TensorFlow 的细节，只需要模块化，那么 Keras 是一个不错的选择。如果将 TensorFlow 比喻为编程界的 Java 或 C++，那么 Keras 就是编程界的 Python。它作为 TensorFlow 的高层封装，可以与 TensorFlow 联合使用，用它快速搭建原型。

另外，Keras 兼容两种后端，即 Theano 和 TensorFlow，并且其接口形式和 Torch 有几分相像。掌握 Keras 可以大幅提升对开发效率和网络结构的理解。

7.2.1 Keras 的优点

Keras 是高度封装的，非常适合新手使用，代码更新速度比较快，示例代码也比较多，文档和讨论区也比较完善。最重要的是，Keras 是 TensorFlow 官方支持的。当机器上有可用的 GPU 时，代码会自动调用 GPU 进行并行计算。

Keras 官方网站上描述了它的几个优点，具体如下。

- 模块化：模型的各个部分，如神经层、成本函数、优化器、初始化、激活函数、规范化都是独立的模块，可以组合在一起来创建模型。
- 极简主义：每个模块都保持简短和简单。
- 易扩展性：很容易添加新模块，因此 Keras 适于做进一步的高级研究。
- 使用 Python 语言：模型用 Python 实现，非常易于调试和扩展。

7.2.2 Keras 的模型[①]

Keras 的核心数据结构是模型。模型是用来组织网络层的方式。模型有两种，一种叫 Sequential 模型，另一种叫 Model 模型。Sequential 模型是一系列网络层按顺序构成的栈，是单输入和单输出的，层与层之间只有相邻关系，是最简单的一种模型。Model 模型是用来建立更复杂的模型的。

这里先介绍简单的 Sequential 模型的使用（7.2.3 节将会以一个示例来介绍 Model 模型）。首先是加载数据，这里我们假设数据已经加载完毕，是 X_train, Y_train 和 X_test, Y_test。然后构建模型：

```
from keras.models import Sequential
from keras.layers import Dense, Activation
model = Sequential()
model.add(Dense(output_dim=64, input_dim=100))
model.add(Activation("relu"))
model.add(Dense(output_dim=10))
model.add(Activation("softmax"))
```

[①] 本节的示例参考 Keras 的官方文档：https://keras.io/。

然后，编译模型，同时指明损失函数和优化器：

```
model.compile(loss='categorical_crossentropy', optimizer='sgd', metrics=['accuracy'])
```

最后，训练模型和评估模型：

```
model.fit(X_train, Y_train, nb_epoch=5, batch_size=32)
loss_and_metrics = model.evaluate(X_test, Y_test, batch_size=32)
```

这就是一个最简单的模型的使用。如果要搭建复杂的网络，可以使用 Keras 的 Model 模型，它能定义多输出模型、含有共享层的模型、共享视觉模型、图片问答模型、视觉问答模型等。在 Keras 的源代码的 examples 文件夹里还有更多的例子，有兴趣的读者可以参考。

7.2.3　Keras 的使用

我们下载 Keras 代码[①]到本地目录，将下载后的目录命名为 keras。Keras 源代码中包含很多示例，例如：

- CIFAR10——图片分类（使用 CNN 和实时数据）；
- IMDB——电影评论观点分类（使用 LSTM）；
- Reuters——新闻主题分类（使用多层感知器）；
- MNIST——手写数字识别（使用多层感知器和 CNN）；
- OCR——识别字符级文本生成（使用 LSTM）。

这里我们主要用 MNIST 示例进行讲解。后续在第 13 章中，我们仍会以 Keras 框架来讲解原理及代码实现。

1. 安装

Keras 的安装非常简单，不依赖操作系统，建议大家直接通过 pip 命令安装：

```
pip install keras
```

安装完成后，需要选择依赖的后端，在~/.keras/keras.json 下修改最后一行 backend 对应的值即可。修改后的文件如下：

```
{
  "image_dim_ordering": "tf",
  "epsilon": 1e-07,
  "floatx": "float32",
  "backend": "tensorflow"
}
```

---

① https://github.com/fchollet/keras

2. 实现卷积神经网络[①]

用 Keras 实现一个网络模型，主要分为加载数据、模型构建、模型编译、模型训练、模型评估或者模型预测几步。下面我们就用最简单的 MNIST 示例来看如何用 Keras 实现一个卷积神经网络（CNN）。

首先，定义好超参数以及加载数据，如下：

```
batch_size = 128
nb_classes = 10  # 分类数
nb_epoch = 12  # 训练轮数

# 输入图片的维度
img_rows, img_cols = 28, 28
# 卷积滤镜的个数
nb_filters = 32
# 最大池化，池化核大小
pool_size = (2, 2)
# 卷积核大小
kernel_size = (3, 3)

(X_train, y_train), (X_test, y_test) = mnist.load_data()

if K.image_dim_ordering() == 'th':
    # 使用 Theano 的顺序：(conv_dim1, channels, conv_dim2, conv_dim3)
    X_train = X_train.reshape(X_train.shape[0], 1, img_rows, img_cols)
    X_test = X_test.reshape(X_test.shape[0], 1, img_rows, img_cols)
    input_shape = (1, img_rows, img_cols)
else:
    # 使用 TensorFlow 的顺序：(conv_dim1, conv_dim2, conv_dim3, channels)
    X_train = X_train.reshape(X_train.shape[0], img_rows, img_cols, 1)
    X_test = X_test.reshape(X_test.shape[0], img_rows, img_cols, 1)
    input_shape = (img_rows, img_cols, 1)

X_train = X_train.astype('float32')
X_test = X_test.astype('float32')
X_train /= 255
X_test /= 255

# 将类向量转换为二进制类矩阵
Y_train = np_utils.to_categorical(y_train, nb_classes)
Y_test = np_utils.to_categorical(y_test, nb_classes)
```

下面来构建模型，这里用 2 个卷积层、1 个池化层和 2 个全连接层来构建，如下：

```
model = Sequential()
```

[①] 本节代码参考 https://github.com/fchollet/keras/blob/master/examples/mnist_cnn.py。

```
model.add(Convolution2D(nb_filters, kernel_size[0], kernel_size[1],
                        border_mode='valid',
                        input_shape=input_shape))
model.add(Activation('relu'))
model.add(Convolution2D(nb_filters, kernel_size[0], kernel_size[1]))
model.add(Activation('relu'))
model.add(MaxPooling2D(pool_size=pool_size))
model.add(Dropout(0.25))

model.add(Flatten())
model.add(Dense(128))
model.add(Activation('relu'))
model.add(Dropout(0.5))
model.add(Dense(nb_classes))
model.add(Activation('softmax'))
```

随后，用 model.compile() 函数编译模型，采用多分类的损失函数，用 Adadelta 算法做优化方法，如下：

```
model.compile(loss='categorical_crossentropy',
              optimizer='adadelta',
              metrics=['accuracy'])
```

然后，开始用 model.fit() 函数训练模型，输入训练集和测试数据，以及 batch_size 和 nb_epoch 参数，如下：

```
model.fit(X_train, Y_train, batch_size=batch_size, nb_epoch=nb_epoch,
          verbose=1, validation_data=(X_test, Y_test))
```

最后，用 model.evaluate() 函数来评估模型，输出测试集的损失值和准确率，如下：

```
score = model.evaluate(X_test, Y_test, verbose=0)
print('Test score:', score[0])
print('Test accuracy:', score[1])
```

计算出的损失值和准确率如下：

```
Test score: 0.0327563833317
Test accuracy: 0.9893
```

这是一个非常简单的例子。尽管模型架构是不变的，但是读者要将其应用到自己的开发领域，一般是先读懂对应的神经网络论文，然后用这个架构去搭建和训练模型。

3. 模型的加载及保存

Keras 的 save_model 和 load_model 方法可以将 Keras 模型和权重保存在一个 HDF5 文件中，这里面包括模型的结构、权重、训练的配置（损失函数、优化器）等。如果训练因为某种原因中止，就用这个 HDF5 文件从上次训练的地方重新开始训练。

keras/tests 目录中的 test_model_saving.py 文件中给出了加载和保存模型的方式。test_model_saving.py 文件的内容如下：

```python
from keras.models import save_model, load_model

def test_sequential_model_saving():
    model = Sequential()
    model.add(Dense(2, input_dim=3))
    model.add(RepeatVector(3))
    model.add(TimeDistributed(Dense(3)))
    model.compile(loss=objectives.MSE,
                  optimizer=optimizers.RMSprop(lr=0.0001),
                  metrics=[metrics.categorical_accuracy],
                  sample_weight_mode='temporal')
    x = np.random.random((1, 3))
    y = np.random.random((1, 3, 3))
    model.train_on_batch(x, y)

    out = model.predict(x)
    _, fname = tempfile.mkstemp('.h5')  # 创建一个 HDFS 5 文件
    save_model(model, fname)

    new_model = load_model(fname)
    os.remove(fname)

    out2 = new_model.predict(x)
    assert_allclose(out, out2, atol=1e-05)

    # 检测新保存的模型和之前定义的模型是否一致
    x = np.random.random((1, 3))
    y = np.random.random((1, 3, 3))
    model.train_on_batch(x, y)
    new_model.train_on_batch(x, y)
    out = model.predict(x)
    out2 = new_model.predict(x)
    assert_allclose(out, out2, atol=1e-05)
```

如果只是希望保存模型的结构，而不包含其权重及训练的配置（损失函数、优化器），可以使用下面的代码将模型序列化成 json 或者 yaml 文件：

```python
json_string = model.to_json()
json_string = model.to_yaml()
```

保存完成后，还可以手动编辑，并且使用如下语句进行加载：

```python
from keras.models import model_from_json
model = model_from_json(json_string)
model = model_from_yaml(yaml_string)
```

如果仅需要保存模型的权重，而不包含模型的结构，可以使用 save_weights 和 load_weights 语句来保存和加载：

```
model.save_weights('my_model_weights.h5')
model.load_weights('my_model_weights.h5')
```

7.3 小结

本章主要介绍了 TensorFlow 的高质量的元框架——Keras 和 TFLearn。当读者熟练使用 TensorFlow 去构建神经网络后，会发现 TensorFlow 的确过于灵活，且代码十分冗长。使用元框架提供的高级 API 能够可以极大地提高开发效率，很容易做一些模型实验。在第 11 章和第 13 章中都会用 Keras 和 TFLearn 里的高级 API 来构建网络。

第二篇 实战篇

经过基础篇的学习，相信读者对 TensorFlow 的基本概念已经掌握得很好了，而实战是一个程序员的自我修养。

俄罗斯著名的戏剧和表演理论家康斯坦丁·斯坦尼斯拉夫斯基在他的著作《演员的自我修养》里主张体验，让演员和角色合二为一，这样才能把角色内心生活的一切不可捉摸的细微变化和全部深度，艺术地表达出来。只有这样的艺术才能完全抓住观众的心，使观众弄明白舞台上所发生的一切，丰富观众的内心的经验，在他们心中留下时间无法磨灭的痕迹。而人的情感一定是依照天性自然发生的，是不经意间达到的，却不是随时能通过外在变化（如哭泣、面部表情）来表达，这时就需要表演者对戏剧角色的动作行为深入研究，然后揣摩出内心的情感特征，让"动作"和"心理"相互影响，激发出天性，使动作的表现更加真实。

学者式的研究与学习表演有很大相似之处。学习表演的对象是剧本中的人物，将剧本和角色剖析成不同层次的单元；这里研究的对象是 TensorFlow，最终希望能够服务于我们所做的工作上。那么，从哪些方面学习才能真正掌握它呢？基础篇相当于将 TensorFlow 剖析成不同的单元，并讲解了"剧本"（卷积神经网络）发展的脉络。在本篇中，我们就要通过"动作"（各种例子）去揣摩不同单元是如何构成每一种网络的例子，并且细腻地知道每个单元对做不同任务的网络的影响。

实践出真知，现在我们这就进入实战演练。

第 8 章

第一个 TensorFlow 程序

理解 TensorFlow 的运行方式对后面几章的具体实战非常重要。本章就用一个简单的例子来讲解 TensorFlow 的运行方式。

8.1 TensorFlow 的运行方式

TensorFlow 的运行方式分如下 4 步：
（1）加载数据及定义超参数；
（2）构建网络；
（3）训练模型；
（4）评估模型和进行预测。

下面我们以一个神经网络为例，讲解 TensorFlow 的运行方式。在这个例子中，我们构造一个满足一元二次函数 $y = ax^2+b$ 的原始数据，然后构建一个最简单的神经网络，仅包含一个输入层、一个隐藏层和一个输出层。通过 TensorFlow 将隐藏层和输出层的 *weights* 和 *biases* 的值学习出来，看看随着训练次数的增加，损失值是不是不断在减小。

8.1.1 生成及加载数据

首先来生成输入数据。我们假设最后要学习的方程为 $y = x^2 - 0.5$，我们来构造满足这个方程的一堆 x 和 y，同时加入一些不满足方程的噪声点。

```
import tensorflow as tf
import numpy as np
# 构造满足一元二次方程的函数
x_data = np.linspace(-1,1,300)[:, np.newaxis] # 为了使点更密一些，我们构建了 300 个点，分布在-1 到 1 区间，直接采用 np 生成等差数列的方法，并将结果为 300 个点的一维数组，转换为 300×1 的二维数组
noise = np.random.normal(0, 0.05, x_data.shape) # 加入一些噪声点，使它与 x_data 的维度
```

一致，并且拟合为均值为 0、方差为 0.05 的正态分布

```
y_data = np.square(x_data) - 0.5 + noise # y = x^2 - 0.5 + 噪声
```

接下来定义 *x* 和 *y* 的占位符来作为将要输入神经网络的变量：

```
xs = tf.placeholder(tf.float32, [None, 1])
ys = tf.placeholder(tf.float32, [None, 1])
```

8.1.2 构建网络模型

这里我们需要构建一个隐藏层和一个输出层。作为神经网络中的层，输入参数应该有 4 个变量：输入数据、输入数据的维度、输出数据的维度和激活函数。每一层经过向量化（*y* = *weights*×*x* + *biases*）的处理，并且经过激活函数的非线性化处理后，最终得到输出数据。

下面来定义隐藏层和输出层，示例代码如下：

```
def add_layer(inputs, in_size, out_size, activation_function=None):
  # 构建权重：in_size×out_size 大小的矩阵
  weights = tf.Variable(tf.random_normal([in_size, out_size]))
  # 构建偏置：1×out_size 的矩阵
  biases = tf.Variable(tf.zeros([1, out_size]) + 0.1)
  # 矩阵相乘
  Wx_plus_b = tf.matmul(inputs, weights) + biases
  if activation_function is None:
    outputs = Wx_plus_b
  else:
    outputs = activation_function(Wx_plus_b)
return outputs # 得到输出数据
# 构建隐藏层，假设隐藏层有 20 个神经元
h1 = add_layer(xs, 1, 20, activation_function=tf.nn.relu)
# 构建输出层，假设输出层和输入层一样，有 1 个神经元
prediction = add_layer(h1, 20, 1, activation_function=None)
```

接下来需要构建损失函数：计算输出层的预测值和真实值间的误差，对二者差的平方求和再取平均，得到损失函数。运用梯度下降法，以 0.1 的学习速率最小化损失：

```
# 计算预测值和真实值间的误差
loss = tf.reduce_mean(tf.reduce_sum(tf.square(ys - prediction),
                      reduction_indices=[1]))
train_step = tf.train.GradientDescentOptimizer(0.1).minimize(loss)
```

8.1.3 训练模型

我们让 TensorFlow 训练 1000 次，每 50 次输出训练的损失值：

```
init = tf.global_variables_initializer() # 初始化所有变量
sess = tf.Session()
```

```
sess.run(init)

for i in range(1000): # 训练 1000 次
    sess.run(train_step, feed_dict={xs: x_data, ys: y_data})
    if i % 50 == 0: # 每 50 次打印出一次损失值
        print(sess.run(loss, feed_dict={xs: x_data, ys: y_data}))
```

输出结果如下，在打印出的 20 次结果中，可以看出损失值是趋于变小的：

```
4.62726
0.00609592
0.00468114
0.00430631
0.004184
0.0041371
0.00411622
0.0040998
0.00408824
0.00407396
0.00405857
0.00404454
0.00403032
0.00401612
0.00399823
0.00397677
0.00396069
0.0039459
0.00392994
0.00391947
```

以上就是最简单的利用 TensorFlow 的神经网络训练一个模型的过程，目标就是要训练出权重值来使模型拟合 $y = x^2 - 0.5$ 的系数 1 和 -0.5，通过损失值越来越小，可以看出训练参数越来越逼近目标结果。按照标准的步骤，接下来应该评估模型，就是把学习出来的系数 weights、biase 进行前向传播后和真值 $y = x^2 - 0.5$ 的结果系数进行比较，根据相近程度计算准确率。这里省略了评估过程。

在第 9 章将进行对 MNIST 数据集在各种神经网络上的训练。

8.2 超参数的设定

所谓超参数（hyper-parameters），就是指机器学习模型里的框架参数。与权重参数不同的是，它是需要手动设定、不断试错的。

学习率（learning rate）是一个最常设定的超参数。学习率设置得越大，训练时间越短，速度越快；而学习率设置得越小，训练得准确度越高。那么，如何确定一个比较好的学习率呢？只能通过实验的方法。例如，先设置 0.01，观察损失值的变化，然后尝试 0.001、0.0001，最终确定一个比较合适的学习率。

我们也可以设置可变的学习率。那么，怎样才算是准确率不再提高，应该停止训练了呢？例如，在训练过程中记录最佳的准确率，在连续 n 轮（epoch）没达到最佳的准确率时，便可以认为准确率不再提高，就可以停止训练，称为"early stopping"，这个策略叫作"no-improvement-in-n"规则（例如，我们设置连续 10 轮准确率不再变动，就认为不再提高）。此时，让学习率减半；下一次满足时，再让学习率减半。这样，在逐渐解决最优解时，我们的学习率越来越小，准确度就越来越高。

mini-batch 大小是另一个最常设定的超参数。每批大小决定了权重的更新规则。例如，大小为 32 时，就是把 32 个样本的梯度全部计算完，然后求平均值，去更新权重。批次越大训练的速度越快，可以利用矩阵、线性代数库来加速，但是权重更新频率略低。批次越小训练的速度就慢。那么，如何选择批次大小呢？也需要结合机器的硬件性能以及数据集的大小来设定。

正则项系数（regularization parameter，λ）是另一个常用的超参数。但是，设定没有太多可遵循的规则，一般凭经验。一般来说，如果在较复杂的网络发现出现了明显的过拟合（在训练数据准确率很高但测试数据准确率反而下降），可以考虑增加此项。初学者可以一开始设置为 0，然后确定好一个比较好的学习率后，再给 λ 一个值，随后根据准确率再进行精细调整。

8.3 小结

本章主要介绍了如何用 TensorFlow 构建一个神经网络。构建神经网络主要分为 4 个步骤：构造数据、构建网络、训练模型、评估及预测模型。此外，还介绍了一些超参数设定的经验和技巧。

第 9 章

TensorFlow 在 MNIST 中的应用

MNIST[①]（Mixed National Institute of Standards and Technology）是一个入门级的计算机视觉数据集，数据集中都是美国中学生手写的数字。它的训练集包含 6 万张图片，测试集包含 1 万张图片，并且数字已经进行过预处理和格式化，做了大小调整并居中，图片尺寸也固定为 28×28。这个数据集很小，但训练速度很快，而且收敛效果也很好，非常适合作为实战的例子去学习。

接下来我们就以 MNIST 数据集为例，尝尽 TensorFlow 在深度学习中的各种应用。

9.1 MNIST 数据集简介

MNIST 数据集是 NIST 数据集的子集，包含以下 4 个文件。

- train-labels-idx1-ubyte.gz：训练集标记文件（28 881 字节）。
- train-images-idx3-ubyte.gz：训练集图片文件（9 912 422 字节）。
- t10k-labels-idx1-ubyte.gz：测试集标记文件（4 542 字节）。
- t10k-images-idx3-ubyte.gz：测试集图片文件（1 648 877 字节）。

MNIST 数据集包括训练集的图片和标记数据，以及测试集的图片和标记数据，在测试集包含的 10 000 个样例中，前 5 000 个样例取自原始的 NIST 训练集，后 5 000 个取自原始的 NIST 测试集，因此前 5 000 个预测起来更容易些。

下面具体讲解它们的格式[②]。

9.1.1 训练集的标记文件

训练集标记文件 train-labels-idx1-ubyt 的格式如下：

[①] http://yann.lecun.com/exdb/mnist/。

[②] 格式内容参考官方网站 http://yann.lecun.com/exdb/mnist/。

```
[offset] [type]          [value]              [description]
0000     32 bit integer  0x00000801(2049)     magic number (MSB first)
0004     32 bit integer  60000                number of items
0008     unsigned byte   ??                   label
0009     unsigned byte   ??                   label
........
xxxx     unsigned byte   ??                   label
```

其中，MSB（most significant bit，最高有效位），在二进制数中，MSB 是最高加权位，与十进制数字中最左边的一位类似[①]。通常，MSB 位于二进制数的最左侧。MSB first 指的是最高有效位在前。

这里 magic number 是指写入 ELF 格式（Executable and Linkable Format）的 ELF 头文件中的常量，检查这个数和自己设定的是否一致能够判断出文件是否损坏。

9.1.2 训练集的图片文件

训练集的图片文件 train-images-idx3-ubyte 的格式如下：

```
[offset] [type]          [value]              [description]
0000     32 bit integer  0x00000803(2051)     magic number
0004     32 bit integer  60000                number of images
0008     32 bit integer  28                   number of rows
0012     32 bit integer  28                   number of columns
0016     unsigned byte   ??                   pixel
0017     unsigned byte   ??                   pixel
........
xxxx     unsigned byte   ??                   pixel
```

pixel（像素）的取值范围是 0-255，0-255 代表背景色（白色），255 代表前景色（黑色）。

9.1.3 测试集的标记文件

测试集的标记文件 t10k-labels-idx1-ubyte 的格式如下：

```
[offset] [type]          [value]              [description]
0000     32 bit integer  0x00000801(2049)     magic number (MSB first)
0004     32 bit integer  10000                number of items
0008     unsigned byte   ??                   label
0009     unsigned byte   ??                   label
........
xxxx     unsigned byte   ??                   label
```

---

① 参见百度百科"MSB"：http://baike.baidu.com/link?url=r3DrWE4OHhsdq-u0u8D_pJ9_24Kmzl5jwrhdBB0C1azd7nxCz IfM9BkPVbPF_os2gIaJu0pLctzwG7RpxEKUKK。

9.1.4 测试集的图片文件

测试集的图片文件 t10k-labels-idx1-ubyte 的格式如下：

```
[offset] [type]            [value]          [description]
0000     32 bit integer    0x00000803(2051) magic number
0004     32 bit integer    10000            number of images
0008     32 bit integer    28               number of rows
0012     32 bit integer    28               number of columns
0016     unsigned byte     ??               pixel
0017     unsigned byte     ??               pixel
........
xxxx     unsigned byte     ??               pixel
```

已经有各种方法被应用在 MNIST 这个训练集上，接下来我们就一起来探讨这些方法。讨论这些方法有助于大家了解神经网络的基本设计思想和 TensorFlow 的工作流程。这些方法的代码位于 tensorflow-1.1.0/tensorflow/examples/tutorials/mnist/ 下。

- mnist_softmax.py：MNIST 采用 Softmax 回归训练。
- fully_connected_feed.py：MNIST 采用 Feed 数据方式训练。
- mnist_with_summaries.py：MNIST 使用卷积神经网络（CNN），并且训练过程可视化。
- mnist_softmax_xla.py.py：MNIST 使用 XLA 框架（参见第 15 章）。

我们先从一个简单的 Softmax 回归模型开始。

9.2 MNIST 的分类问题

Softmax 回归可以解决两种以上的分类，该模型是 Logistic 回归模型在分类问题上的推广。对于要识别 0～9 这 10 类数字，首选 Softmax 回归。MNIST 的 Softmax 回归源代码位于 tensorflow-1.1.0/tensorflow/examples/tutorials/mnist/mnist_softmax.py。

9.2.1 加载数据

我们需要导入 input_data.py 文件，使用 tensorflow.contrib.learn 中的 read_data_sets 来加载数据，代码如下：

```
from tensorflow.examples.tutorials.mnist import input_data
import tensorflow as tf
# 加载数据
mnist = input_data.read_data_sets(FLAGS.data_dir, one_hot=True)
```

其中，FLAGS.data_dir 是 MNIST 所在的路径，用户可以自己指定；one_hot 标记则是指一个长度为 n 的数组,只有一个元素是 1.0,其他元素是 0.0(例如,在 n 为 4 的情况下,标记 2 对应的 one_hot 标记就是 0.0 0.0 1.0 0.0)。

使用 one_hot 的直接原因是,我们使用 0~9 个类别的多分类的输出层是 softmax 层,它的输出是一个概率分布,从而要求输入的标记也以概率分布的形式出现,进而可以计算交叉熵。

9.2.2 构建回归模型

构建回归模型,我们需要输入原始真实值(group truth),计算采用 softmax 函数拟合后的预测值,并且定义损失函数和优化器:

```
# 定义回归模型
x = tf.placeholder(tf.float32, [None, 784])
W = tf.Variable(tf.zeros([784, 10]))
b = tf.Variable(tf.zeros([10]))
y = tf.matmul(x, W) + b # 预测值
```

在这里,我们要求 TensorFlow 用梯度下降算法以 0.5 的学习率最小化交叉熵。在这里也可以采用其他优化器,只需要调整 tf.train.GradientDescentOptimizer 即可。

```
# 定义损失函数和优化器
y_ = tf.placeholder(tf.float32, [None, 10]) # 输入的真实值的占位符

# 我们用 tf.nn.softmax_cross_entropy_with_logits 来计算预测值 y 与真实值 y_的差值,并取均值
cross_entropy = tf.reduce_mean(tf.nn.softmax_cross_entropy_with_logits(logits=y,
lables=y_))
# 采用 SGD 作为优化器
train_step = tf.train.GradientDescentOptimizer(0.5).minimize(cross_entropy)
```

9.2.3 训练模型

已经设置好了模型,在训练之前,需要先初始化我们创建的变量,以及在会话中启动模型。

```
#这里使用 InteractiveSession()来创建交互式上下文的 TensorFlow 会话
#与常规会话不同的是,交互式会话会成为默认会话
#方法(如 tf.Tensor.eval 和 tf.Operation.run)都可以使用该会话来运行操作(OP)
sess = tf.InteractiveSession()
tf.global_variables_initializer().run()
```

我们让模型循环训练 1000 次,在每次循环中我们都随机抓取训练数据中 100 个数据点,来替换之前的占位符。

```
# Train
for _ in range(1000):
  batch_xs, batch_ys = mnist.train.next_batch(100)
  sess.run(train_step, feed_dict={x: batch_xs, y_: batch_ys})
```

这种训练方式称为随机训练（stochastic training），使用 SGD 方法进行梯度下降，也就是每次从训练数据集中随机抓取一小部分数据进行梯度下降训练。正如我们在 4.7.5 节中讲到的，与每次对所有训练数据进行计算的 BGD 相比，SGD 既能够学习到数据集的总体特征，又能够加速训练过程。

模型训练好了之后，如何来评估模型的性能呢？

9.2.4 评估模型

tf.argmax(y,1)返回的是模型对任一输入 x 预测到的标记值，tf.argmax(y_,1)代表正确的标记值。我们用 tf.equal 来检测预测值和真实值是否匹配，并且将预测后得到的布尔值转化成浮点数，并取平均值。代码如下：

```
# 评估训练好的模型
correct_prediction = tf.equal(tf.argmax(y, 1), tf.argmax(y_, 1)) # 计算预测值和真实值
accuracy = tf.reduce_mean(tf.cast(correct_prediction, tf.float32)) # 布尔型转化为
浮点数，并取平均值，得到准确率
# 计算模型在测试集上的准确率
print(sess.run(accuracy, feed_dict={x: mnist.test.images,
                                     y_: mnist.test.labels}))
```

评估模型输出的结果为：

```
0.9179
```

也就是说，最终的准确率是 91.7%。接下来我们用卷积神经网络（CNN）模型，配合 TensorBoard 可视化工具，直观地看看在训练过程中都发生了什么，以及能不能得到更高的准确率。

9.3 训练过程的可视化

TensorFlow 为我们提供了现成的神经网络的可视化例子。下面我们就以 MNIST 为例，看看训练过程中究竟发生了什么。源代码详见 tensorflow-1.1.0/tensorflow/examples/tutorials/mnist/mnist_with_summaries.py。

我们知道，采用 TensorBoard 可视化的原理在于，在训练的过程中，记录下结构化的数据，然后运行一个本地服务器，监听 6006 端口。当在浏览器中请求页面时，分析记录的数据，绘制成统计图表及计算图展示出来。

我们先直接运行脚本，看会有哪些结果：

```
python mnist_with_summaries.py
```

得到的命令行输出如下：

```
Successfully downloaded train-images-idx3-ubyte.gz 9912422 bytes.
Extracting /tmp/tensorflow/mnist/input_data/train-images-idx3-ubyte.gz
Successfully downloaded train-labels-idx1-ubyte.gz 28881 bytes.
Extracting /tmp/tensorflow/mnist/input_data/train-labels-idx1-ubyte.gz
Successfully downloaded t10k-images-idx3-ubyte.gz 1648877 bytes.
Extracting /tmp/tensorflow/mnist/input_data/t10k-images-idx3-ubyte.gz
Successfully downloaded t10k-labels-idx1-ubyte.gz 4542 bytes.
Extracting /tmp/tensorflow/mnist/input_data/t10k-labels-idx1-ubyte.gz
Accuracy at step 0: 0.1168
Accuracy at step 10: 0.6744
Accuracy at step 20: 0.803
Accuracy at step 30: 0.8496
Accuracy at step 40: 0.8822
Accuracy at step 50: 0.8857
Accuracy at step 60: 0.8897
Accuracy at step 70: 0.8883
Accuracy at step 80: 0.8884
Accuracy at step 90: 0.8974
Adding run metadata for 99
Accuracy at step 100: 0.9062
# 此处有省略
Adding run metadata for 899
Accuracy at step 900: 0.9643
Accuracy at step 910: 0.9665
Accuracy at step 920: 0.9662
Accuracy at step 930: 0.9678
Accuracy at step 940: 0.966
Accuracy at step 950: 0.9685
Accuracy at step 960: 0.9687
Accuracy at step 970: 0.9686
Accuracy at step 980: 0.9651
Accuracy at step 990: 0.9665
Adding run metadata for 999
```

这个例子会把它训练过程中的数据存储在/tmp/tensorflow/mnist 目录中,这个路径可以通过命令行参数--log_dir 指定。在/tmp/tensorflow/mnist 中运行 tree 命令,结果如下:

```
├── input_data  # 存放训练数据
│   ├── t10k-images-idx3-ubyte.gz
│   ├── t10k-labels-idx1-ubyte.gz
│   ├── train-images-idx3-ubyte.gz
│   └── train-labels-idx1-ubyte.gz
└── logs  # 训练结果日志
    └── mnist_with_summaries
        ├── test  # 测试集结果日志
        │   └── events.out.tfevents.1484255500.baidudeMacBook-Pro.local
        └── train  # 训练集结果日志
            └── events.out.tfevents.1484255499.baidudeMacBook-Pro.local
```

运行 tensorboard 命令,打开浏览器,查看训练的可视化结果。此时,需要加上参数 logdir,

标明日志文件的存储路径，方法如下：

```
tensorboard --logdir=/tmp/tensorflow/mnist/logs/mnist_with_summaries
```

而这个路径是在创建摘要的文件写入符（FileWriter）时指定的，如下：

```
# sess.graph 是图的定义；本句的含义是使图可视化
file_writer = tf.summary.FileWriter('/path/to/logs', sess.graph)
```

输出结果如下：

```
Starting TensorBoard 39 on port 6006
(You can navigate to http://192.168.0.101:6006)
```

在浏览器中打开 http://192.168.0.101:6006 就进入了可视化的操作界面，如图 9-1 所示。

图 9-1

接下来就可以进入各个面板查看数据流图和直方图了，这部分内容请参考 3.2 节中关于 TersorBoard 可视化面板的介绍。

我们曾在 4.4.2 节讲解过与可视化实现相关的 API，这里我们就用本节的例子来具体看看如何实现可视化。

从图 9-1 可以看出，给一个张量添加多个摘要描述的函数为 variable_summaries，如下：

```
def variable_summaries(var):
    """对一个张量添加多个摘要描述"""
    with tf.name_scope('summaries'):
        mean = tf.reduce_mean(var)
        tf.summary.scalar('mean', mean) # 均值
        with tf.name_scope('stddev'):
            stddev = tf.sqrt(tf.reduce_mean(tf.square(var - mean)))
        tf.summary.scalar('stddev', stddev) # 标准差
```

```
        tf.summary.scalar('max', tf.reduce_max(var)) # 最大值
        tf.summary.scalar('min', tf.reduce_min(var)) # 最小值
        tf.summary.histogram('histogram', var)
```

这里绘制出的每一层的均值、标准差、最大值和最小值在 SCALARS 面板中，如图 9-2 所示。

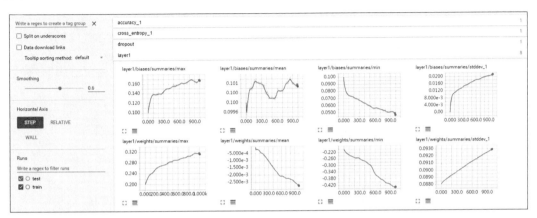

图 9-2

在构建网络模型的过程中，对 weights 和 biases 均调用 variable_summaries，并对每一层采用 tf.summary.histogram 绘制张量经过激活函数前后的变化。

```
def nn_layer(input_tensor, input_dim, output_dim, layer_name, act=tf.nn.relu):
    # 为确保计算图中各个层的分组，给每一层添加一个 name_scope
    with tf.name_scope(layer_name):
        with tf.name_scope('weights'):
            weights = weight_variable([input_dim, output_dim])
            variable_summaries(weights)
        with tf.name_scope('biases'):
            biases = bias_variable([output_dim])
            variable_summaries(biases)
        with tf.name_scope('Wx_plus_b'):
            preactivate = tf.matmul(input_tensor, weights) + biases
            tf.summary.histogram('pre_activations', preactivate) # 激活前的直方图
        activations = act(preactivate, name='activation')
        tf.summary.histogram('activations', activations) # 激活后的直方图
        return activations
```

绘制出的图形在 HISTOGRAMS 面板中，如图 9-3 所示。

绘制准确率和交叉熵采用的方法为：

```
tf.summary.scalar('cross_entropy', cross_entropy)
tf.summary.scalar('accuracy', accuracy)
```

绘制出的图形在 SCALARS 面板中，如图 9-4 所示。

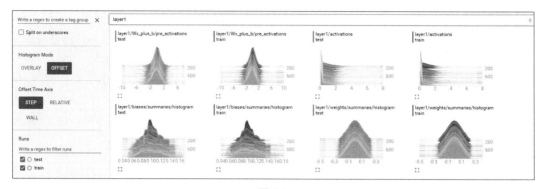

图 9-3

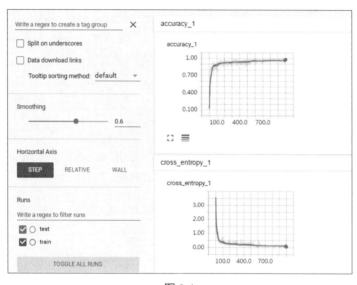

图 9-4

读者可以自行探索更多的可视化组合方法，充分利用好 TensorBoard 工具。我们接下来就讲解 CNN 在 TensorFlow 上如何构建。

9.4 MNIST 的卷积神经网络[①]

本节我们将学习用 TensorFlow 搭建一个卷积神经网络（CNN）模型，并用它来训练 MNIST 数据集。

同样，构建的流程也是先加载数据，再构建网络模型，最后训练和评估模型。

---

① 本节代码参考 https://github.com/nlintz/TensorFlow-Tutorials/blob/master/05_convolutional_net.py。

9.4.1 加载数据

先导入必要的库，如下：

```
import tensorflow as tf
import numpy as np
from tensorflow.examples.tutorials.mnist import input_data
```

这一步和上一节 MNIST 的回归模型相同，不再赘述。

9.4.2 构建模型

构建一个 CNN 模型，需要以下几步。

（1）定义输入数据并预处理数据。这里，我们首先读取数据 MNIST，并分别得到训练集的图片和标记的矩阵，以及测试集的图片和标记的矩阵。代码如下：

```
import tensorflow as tf
import numpy as np
from tensorflow.examples.tutorials.mnist import input_data

mnist = input_data.read_data_sets("MNIST_data/", one_hot=True)
trX, trY, teX, teY = mnist.train.images, mnist.train.labels, mnist.test.images, mnist.test.labels
```

其中，mnist 是 TensorFlow 的 tensorflow.contrib.learn 中的 Datasets，其值如下：

```
Datasets(train=<tensorflow.contrib.learn.python.learn.datasets.mnist.DataSet object at 0x110987cd0>, validation=<tensorflow.contrib.learn.python.learn.datasets.mnist.DataSet object at 0x110987d10>, test=<tensorflow.contrib.learn.python.learn.datasets.mnist.DataSet object at 0x110987d50>)
```

trX、trY、teX、teY 是数据的矩阵表现，其值类似于：

```
[[ 0.  0.  0. ...,  0.  0.  0.]
 [ 0.  0.  0. ...,  0.  0.  0.]
 [ 0.  0.  0. ...,  0.  0.  0.]
 ...,
 [ 0.  0.  0. ...,  0.  0.  0.]
 [ 0.  0.  0. ...,  0.  0.  0.]
 [ 0.  0.  0. ...,  0.  0.  0.]]
```

接着，需要处理输入的数据，把上述 trX 和 teX 的形状变为[-1,28,28,1]，-1 表示不考虑输入图片的数量，28×28 是图片的长和宽的像素数，1 是通道（channel）数量，因为 MNIST 的图片是黑白的，所以通道是 1，如果是 RGB 彩色图像，通道是 3。

```
trX = trX.reshape(-1, 28, 28, 1)  # 28x28x1 input img
```

```
teX = teX.reshape(-1, 28, 28, 1)  # 28x28x1 input img

X = tf.placeholder("float", [None, 28, 28, 1])
Y = tf.placeholder("float", [None, 10])
```

（2）初始化权重与定义网络结构。这里，我们将要构建一个拥有 3 个卷积层和 3 个池化层，随后接 1 个全连接层和 1 个输出层的卷积神经网络。首先定义初始化权重的函数：

```
def init_weights(shape):
    return tf.Variable(tf.random_normal(shape, stddev=0.01))
```

初始化权重方法如下，我们设置卷积核的大小为 3×3：

```
w = init_weights([3, 3, 1, 32])          # patch 大小为 3×3，输入维度为 1，输出维度为 32
w2 = init_weights([3, 3, 32, 64])        # patch 大小为 3×3，输入维度为 32，输出维度为 64
w3 = init_weights([3, 3, 64, 128])       # patch 大小为 3×3，输入维度为 64，输出维度为 128
w4 = init_weights([128 * 4 * 4, 625])    # 全连接层，输入维度为 128 × 4 × 4,是上一层的输
                                         出数据又三维的转变成一维，  输出维度为 625
w_o = init_weights([625, 10])            # 输出层，输入维度为 625，输出维度为 10，代表 10 类(labels)
```

随后，定义一个模型函数，代码如下：

```
# 神经网络模型的构建函数，传入以下参数
    # X：输入数据
    # w：每一层的权重
    # p_keep_conv, p_keep_hidden：dropout 要保留的神经元比例

def model(X, w, w2, w3, w4, w_o, p_keep_conv, p_keep_hidden):
    # 第一组卷积层及池化层，最后 dropout 一些神经元
    l1a = tf.nn.relu(tf.nn.conv2d(X, w, strides=[1, 1, 1, 1], padding='SAME'))
    # l1a shape=(?, 28, 28, 32)
    l1 = tf.nn.max_pool(l1a, ksize=[1, 2, 2, 1], strides=[1, 2, 2, 1], padding='SAME')
    # l1 shape=(?, 14, 14, 32)
    l1 = tf.nn.dropout(l1, p_keep_conv)

    # 第二组卷积层及池化层，最后 dropout 一些神经元
    l2a = tf.nn.relu(tf.nn.conv2d(l1, w2, strides=[1, 1, 1, 1], padding='SAME'))
    # l2a shape=(?, 14, 14, 64)
    l2 = tf.nn.max_pool(l2a, ksize=[1, 2, 2, 1], strides=[1, 2, 2, 1], padding='SAME')
    # l2 shape=(?, 7, 7, 64)
    l2 = tf.nn.dropout(l2, p_keep_conv)

    # 第三组卷积层及池化层，最后 dropout 一些神经元
    l3a = tf.nn.relu(tf.nn.conv2d(l2, w3, strides=[1, 1, 1, 1], padding='SAME'))
    # l3a shape=(?, 7, 7, 128)
    l3 = tf.nn.max_pool(l3a, ksize=[1, 2, 2, 1], strides=[1, 2, 2, 1], padding='SAME')
    # l3 shape=(?, 4, 4, 128)
    l3 = tf.reshape(l3, [-1, w4.get_shape().as_list()[0]])   # reshape to (?, 2048)
    l3 = tf.nn.dropout(l3, p_keep_conv)
```

```
# 全连接层，最后dropout一些神经元
l4 = tf.nn.relu(tf.matmul(l3, w4))
l4 = tf.nn.dropout(l4, p_keep_hidden)

# 输出层
pyx = tf.matmul(l4, w_o)
return pyx #返回预测值
```

我们定义 dropout 的占位符——keep_conv，它表示在一层中有多少比例的神经元被保留下来。生成网络模型，得到预测值，如下：

```
p_keep_conv = tf.placeholder("float")
p_keep_hidden = tf.placeholder("float")
py_x = model(X, w, w2, w3, w4, w_o, p_keep_conv, p_keep_hidden) #得到预测值
```

接下来，定义损失函数，这里我们仍然采用 tf.nn.softmax_cross_entropy_with_logits 来比较预测值和真实值的差异，并做均值处理；定义训练的操作（train_op），采用实现 RMSProp 算法的优化器 tf.train.RMSPropOptimizer，学习率为 0.001，衰减值为 0.9，使损失最小；定义预测的操作（predict_op）。具体如下：

```
cost = tf.reduce_mean(tf.nn. softmax_cross_entropy_with_logits(logits=py_x, labels=Y))
train_op = tf.train.RMSPropOptimizer(0.001, 0.9).minimize(cost)
predict_op = tf.argmax(py_x, 1)
```

9.4.3 训练模型和评估模型

先定义训练时的批次大小和评估时的批次大小，如下：

```
batch_size = 128
test_size = 256
```

在一个会话中启动图，开始训练和评估：

```
# Launch the graph in a session
with tf.Session() as sess:
  # you need to initialize all variables
  tf. global_variables_initializer().run()

  for i in range(100):
    training_batch = zip(range(0, len(trX), batch_size),
                        range(batch_size, len(trX)+1, batch_size))
    for start, end in training_batch:
      sess.run(train_op, feed_dict={X: trX[start:end], Y: trY[start:end],
                                    p_keep_conv: 0.8, p_keep_hidden: 0.5})

    test_indices = np.arange(len(teX)) # Get A Test Batch
    np.random.shuffle(test_indices)
```

```
            test_indices = test_indices[0:test_size]

            print(i, np.mean(np.argmax(teY[test_indices], axis=1) ==
                             sess.run(predict_op, feed_dict={X: teX[test_indices],
                                                             p_keep_conv: 1.0,
                                                             p_keep_hidden: 1.0})))
```

结果如下:

```
0  0.96484375
1  0.984375
2  0.98828125
3  0.9921875
4  0.9921875
5  1.0
6  0.99609375
7  0.9921875
8  0.9921875
9  0.98046875
10 0.9921875
11 0.984375
12 0.984375
13 1.0
14 0.9921875
15 0.9921875
16 0.98828125
17 0.9921875
18 1.0
19 1.0
20 0.99609375
# 此处有省略
71 0.98828125
72 0.99609375
73 1.0
74 0.99609375
75 1.0
76 0.9921875
77 0.9921875
78 0.99609375
79 0.99609375
80 1.0
81 0.99609375
82 0.9921875
83 0.99609375
84 0.99609375
85 0.99609375
86 0.99609375
87 0.9765625
88 0.99609375
89 0.984375
90 0.984375
```

```
91 0.98828125
92 1.0
93 0.99609375
94 0.9921875
95 1.0
96 0.99609375
97 0.99609375
98 0.9921875
99 0.9921875
```

上面输出了训练的次数和准确度的关系。可以看出，当训练 100 轮后精确率已经接近 99.22%。

通过回归模型和卷积神经网络模型，可以看出卷积神经网络的效果真的是非常好。如果把循环神经网络（RNN）应用再 MNIST 上会怎么样呢？

9.5　MNIST 的循环神经网络[①]

本节学习用 TensorFlow 搭建一个循环神经网络（RNN）模型，并用它来训练 MNIST 数据集。

RNN 在自然语言处理领域的已下几个方向应用得非常成功：

- 机器翻译；
- 语音识别；
- 图像描述生成（把 RNN 和 CNN 结合，根据图像的特征生成描述，在第 12 章用"看图说话"讲解）；
- 语言模型与文本生成，即利用生成的模型预测下一个单词的可能性。

更多的资料读者可参考 Alex Graves 的论文《Supervised Sequence Labelling with Recurrent Neural Networks》[②]。

9.5.1　加载数据

这一步和 9.2.1 节 MNIST 的回归模型相同，请读者参考，不再赘述。

9.5.2　构建模型

首先，设置训练的超参数，分别设置学习率、训练次数和每轮训练的数据大小：

[①] 本节代码参考 https://github.com/aymericdamien/TensorFlow-Examples/blob/master/examples/3_Neural Networks/recurrent_network.py，并做了相应修改。

[②] http://www.cs.toronto.edu/~graves/preprint.pdf

```
# 设置训练的超参数
lr = 0.001
training_iters = 100000
batch_size = 128
```

为了使用 RNN 来分类图片,我们把每张图片的行看成是一个像素序列(sequence)。因为 MNIST 图片的大小是 28×28 像素,所以我们把每一个图像样本看成一行行的序列。因此,共有(28 个元素的序列)×(28 行),然后每一步输入的序列长度是 28,输入的步数是 28 步。下面定义 RNN 的参数:

```
# 神经网络的参数
n_inputs = 28    # 输入层的n
n_steps = 28     # 28 长度
n_hidden_units = 128   # 隐藏层的神经元个数
n_classes = 10   # 输出的数量,即分类的类别,0~9 个数字,共有 10 个
```

定义输入数据及权重:

```
# 输入数据占位符
x = tf.placeholder(tf.float32, [None, n_steps, n_inputs])
y = tf.placeholder(tf.float32, [None, n_classes])

# 定义权重
weights = {
    # (28, 128)
    'in': tf.Variable(tf.random_normal([n_inputs, n_hidden_units])),
    # (128, 10)
    'out': tf.Variable(tf.random_normal([n_hidden_units, n_classes]))
}
biases = {
    # (128, )
    'in': tf.Variable(tf.constant(0.1, shape=[n_hidden_units, ])),
    # (10, )
    'out': tf.Variable(tf.constant(0.1, shape=[n_classes, ]))
}
```

定义 RNN 模型:

```
def RNN(X, weights, biases):
    # 把输入的 X 转换成 X ==> (128 batch * 28 steps, 28 inputs)
    X = tf.reshape(X, [-1, n_inputs])

    # 进入隐藏层
    # X_in = (128 batch * 28 steps, 128 hidden)
    X_in = tf.matmul(X, weights['in']) + biases['in']
    # X_in ==> (128 batch, 28 steps, 128 hidden)
    X_in = tf.reshape(X_in, [-1, n_steps, n_hidden_units])
```

```python
# 这里采用基本的 LSTM 循环网络单元: basic LSTM Cell
lstm_cell = tf.contrib.rnn.BasicLSTMCell(n_hidden_units, forget_bias=1.0,
                                          state_is_tuple=True)
# 初始化为零值, lstm 单元由两个部分组成: (c_state, h_state)
init_state = lstm_cell.zero_state(batch_size, dtype=tf.float32)

# dynamic_rnn 接收张量(batch, steps, inputs)或者(steps, batch, inputs)作为X_in
outputs, final_state = tf.nn.dynamic_rnn(lstm_cell, X_in, initial_state=
                                         init_state, time_major=False)

results = tf.matmul(final_state[1], weights['out']) + biases['out']
return results
```

定义损失函数和优化器,优化器采用 AdamOptimizer。

```python
pred = RNN(x, weights, biases)
cost = tf.reduce_mean(tf.nn.softmax_cross_entropy_with_logits(logits=pred, labels=y))
train_op = tf.train.AdamOptimizer(lr).minimize(cost)
```

定义模型预测结果及准确率计算方法:

```python
correct_pred = tf.equal(tf.argmax(pred, 1), tf.argmax(y, 1))
accuracy = tf.reduce_mean(tf.cast(correct_pred, tf.float32))
```

9.5.3 训练数据及评估模型

在一个会话中启动图,开始训练,每 20 次输出 1 次准确率的大小:

```python
with tf.Session() as sess:
    sess.run(tf.global_variables_initializer())
    step = 0
    while step * batch_size < training_iters:
        batch_xs, batch_ys = mnist.train.next_batch(batch_size)
        batch_xs = batch_xs.reshape([batch_size, n_steps, n_inputs])
        sess.run([train_op], feed_dict={
            x: batch_xs,
            y: batch_ys,
        })
        if step % 20 == 0:
            print(sess.run(accuracy, feed_dict={
                x: batch_xs,
                y: batch_ys,
            }))
        step += 1
```

结果如下:

```
0.117188
0.640625
```

0.726562
0.695312
0.859375
0.773438
0.90625
此处有省略
0.960938
0.945312
0.953125
0.976562
0.96875
0.953125
0.96875
0.960938
0.96875
0.960938
0.976562
0.96875
0.921875
0.96875
0.984375
0.9375

可以看出，准确率接近 93%，准确率不如 CNN 模型。

9.6 MNIST 的无监督学习

本节将介绍基于无监督学习的一个简单应用——自编码器（autoencoder），并学习用 TensorFlow 搭建一个自编码网络，并用它在 MNIST 数据集上训练。

9.6.1 自编码网络[①]

前面讲到的都是有监督学习，它的重要特征是数据都是有标记的，无标记的数据应该用什么样的网络模型来学习呢？下面我们就介绍一个网络模型——自编码网络。

自编码网络模型如图 9-5 所示。

自编码网络的作用是将输入样本压缩到隐藏层，然后解压，在输出端重建样本。最终输出层神经元数量等于输入层神经元的数量。

这里面主要有两个过程：压缩和解压。压缩依靠的是输入数据（图像、文字、声音）本身存在不同程度的冗余信息，自动编码网络通过学习去掉这些冗余信息，把有用的特征输入到隐

---

① 本节参考 UFLDL 的文章：http://ufldl.stanford.edu/wiki/index.php/Autoencoders_and_Sparsity。

② 本图参考 http://ufldl.stanford.edu/wiki/index.php/Autoencoders_and_Sparsity。

藏层中。这里和主成分分析（principal components analysis，PCA[①]）有些类似，要找到可以代表源数据的主要成分。其实，如果激活函数不使用 sigmoid 等非线性函数，而使用线性函数，就是 PCA 模型。可以想象，如果数据都是完全随机、相互独立、同分布的，自编码网络就很难学习到一个有效的压缩模型。

压缩过程一方面要限制隐藏神经元的数量，来学习一些有意义的特征，另一方面还希望神经元大部分时间是被抑制的，当神经元的输出接近 1 时认为是被激活的，接近 0 时认为是被抑制的。希望部分神经元处于被抑制状态，这种规则称为稀疏性限制。

多个隐藏层的主要作用是，如果输入的数据是图像，第一层会学习如何识别边，第二层会学习如何去组合边，从而构成轮廓、角等，更高层会学习如何去组合更有意义的特征。例如，如果输入数据是人脸图像的话，更高层会学习如何识别和组合眼睛、鼻子、嘴等人脸器官。

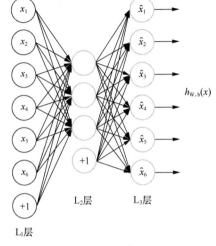

图 9-5[②]

9.6.2　TensorFlow 的自编码网络实现[②]

下面我们还以 MNIST 数据集为例，讲解一下自编码器的运用。

1．加载数据

先导入必要的库，如下：

```
import tensorflow as tf
import numpy as np
from tensorflow.examples.tutorials.mnist import input_data
```

2．构建模型

首先，设置训练的超参数，包括学习率、训练的轮（epoch）数（全部数据训完一遍成为一轮）、每次训练的数据多少、每隔多少轮显示一次训练结果：

[①] 主成分分析（principal components analysis，PCA）是一种分析、简化数据集的技术。经常用于减少数据集的维数，同时保持数据集中对方差贡献最大的特征。这是通过保留低阶主成分，忽略高阶主成分做到的。是最常用的线性降维方法。（出自维基百科"卡成分分析"。）

[②] 本节代码主要参考 https://github.com/aymericdamien/TensorFlow-Examples/blob/master/examples/3_NeuralNetworks/autoencoder.py。

```
# 设置训练超参数
learning_rate = 0.01 # 学习率
training_epochs = 20 # 训练的轮数
batch_size = 256 # 每次训练的数据多少
display_step = 1 # 每隔多少轮显示一次训练结果
```

还要设置其他参数变量,表示从测试集中选择 10 张图片去验证自动编码器的结果:

```
examples_to_show = 10
```

然后定义输入数据,这里是无监督学习,所以只需要输入图片数据,不需要标记数据。

```
X = tf.placeholder("float", [None, n_input])
```

随后初始化权重与定义网络结构。我们设计这个自动编码网络含有两个隐藏层,第一个隐藏层神经元为 256 个,第二个隐藏层神经元为 128 个。定义网络参数如下:

```
# 网络参数
n_hidden_1 = 256 # 第一个隐藏层神经元个数,也是特征值个数
n_hidden_2 = 128 # 第二个隐藏层神经元个数,也是特征值个数
n_input = 784 # 输入数据的特征值个数:28×28=784
```

初始化每一层的权重和偏置,如下:

```
weights = {
  'encoder_h1': tf.Variable(tf.random_normal([n_input, n_hidden_1])),
  'encoder_h2': tf.Variable(tf.random_normal([n_hidden_1, n_hidden_2])),
  'decoder_h1': tf.Variable(tf.random_normal([n_hidden_2, n_hidden_1])),
  'decoder_h2': tf.Variable(tf.random_normal([n_hidden_1, n_input])),
}
biases = {
  'encoder_b1': tf.Variable(tf.random_normal([n_hidden_1])),
  'encoder_b2': tf.Variable(tf.random_normal([n_hidden_2])),
  'decoder_b1': tf.Variable(tf.random_normal([n_hidden_1])),
  'decoder_b2': tf.Variable(tf.random_normal([n_input])),
}
```

接着,定义自动编码模型的网络结构,包括压缩和解压两个过程:

```
# 定义压缩函数
def encoder(x):
  # Encoder Hidden layer with sigmoid activation #1
  layer_1 = tf.nn.sigmoid(tf.add(tf.matmul(x, weights['encoder_h1']),
                         biases['encoder_b1']))
  # Decoder Hidden layer with sigmoid activation #2
  layer_2 = tf.nn.sigmoid(tf.add(tf.matmul(layer_1, weights['encoder_h2']),
                         biases['encoder_b2']))
  return layer_2

# 定义解压函数
```

```python
def decoder(x):
    # Encoder Hidden layer with sigmoid activation #1
    layer_1 = tf.nn.sigmoid(tf.add(tf.matmul(x, weights['decoder_h1']),
                                   biases['decoder_b1']))
    # Decoder Hidden layer with sigmoid activation #2
    layer_2 = tf.nn.sigmoid(tf.add(tf.matmul(layer_1, weights['decoder_h2']),
                                   biases['decoder_b2']))
    return layer_2
# 构建模型
encoder_op = encoder(X)
decoder_op = decoder(encoder_op)
```

接着,我们构建损失函数和优化器。这里的损失函数用"最小二乘法"对原始数据集和输出的数据集进行平方差并取均值运算;优化器采用 RMSPropOptimizer。

```python
# 得出预测值
y_pred = decoder_op
# 得出真实值,即输入值
y_true = X

# 定义损失函数和优化器
cost = tf.reduce_mean(tf.pow(y_true - y_pred, 2))
optimizer = tf.train.RMSPropOptimizer(learning_rate).minimize(cost)
```

3. 训练数据及评估模型

在一个会话中启动图,开始训练和评估:

```python
with tf.Session() as sess:
    sess.run(init)
    total_batch = int(mnist.train.num_examples/batch_size)
    # 开始训练
    for epoch in range(training_epochs):

        for i in range(total_batch):
            batch_xs, batch_ys = mnist.train.next_batch(batch_size)
            # Run optimization op (backprop) and cost op (to get loss value)
            _, c = sess.run([optimizer, cost], feed_dict={X: batch_xs})
        # 每一轮,打印出一次损失值
        if epoch % display_step == 0:
            print("Epoch:", '%04d' % (epoch+1), "cost=", "{:.9f}".format(c))

    print("Optimization Finished!")

    # 对测试集应用训练好的自动编码网络
    encode_decode = sess.run(y_pred, feed_dict={X: mnist.test.images[:examples_to_show]})
```

```python
# 比较测试集原始图片和自动编码网络的重建结果
f, a = plt.subplots(2, 10, figsize=(10, 2))
for i in range(examples_to_show):
    a[0][i].imshow(np.reshape(mnist.test.images[i], (28, 28))) #测试集
    a[1][i].imshow(np.reshape(encode_decode[i], (28, 28))) # 重建结果
f.show()
plt.draw()
plt.waitforbuttonpress()
```

终端输出了每一轮的损失值，结果如下：

```
Epoch: 0001 cost= 0.210102022
Epoch: 0002 cost= 0.175847366
Epoch: 0003 cost= 0.161052987
Epoch: 0004 cost= 0.149544969
Epoch: 0005 cost= 0.142014906
Epoch: 0006 cost= 0.135422051
Epoch: 0007 cost= 0.131084189
Epoch: 0008 cost= 0.127759427
Epoch: 0009 cost= 0.124004595
Epoch: 0010 cost= 0.123085082
Epoch: 0011 cost= 0.117432065
Epoch: 0012 cost= 0.119511291
Epoch: 0013 cost= 0.115581676
Epoch: 0014 cost= 0.113403663
Epoch: 0015 cost= 0.110742018
Epoch: 0016 cost= 0.111147717
Epoch: 0017 cost= 0.105923556
Epoch: 0018 cost= 0.105761752
Epoch: 0019 cost= 0.103263445
Epoch: 0020 cost= 0.101153791
Optimization Finished!
```

可以看出随着训练次数的增多，损失值趋于减少。

测试集的图片和经过自动编码器重建特征后的图片对比如图 9-6 所示。上面一行是测试集的图片，下面一行对应的是经过自动编码器重建后的结果。

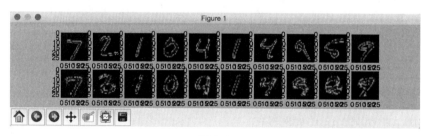

图 9-6

9.7 小结

本章主要介绍了 TensorFlow 在手写数字数据集 MNIST 的图像识别中的应用。以 MNIST 数据集为例,讲解了最简单的 Softmax 回归、卷积神经网络(CNN)、循环神经网络(RNN)、自动编码器模型的构建和训练方式。同时应用 tf.summary.FileWriter() 可视化的 API 来配合 TensorBoard 的可视化展现。

第 10 章

人脸识别

人脸识别是基于人的脸部特征信息进行身份识别的一种生物识别技术。用摄像机或摄像头采集含有人脸的图像或视频流,并自动在图像中检测和跟踪人脸,进而对检测到的人脸进行一系列与脸部相关的技术处理,包括人脸检测、人脸关键点检测、人脸验证等。

在《麻省理工科技评论》(*MIT Technology Review*)发布的 2017 年全球十大突破性技术榜单中,支付宝的"刷脸支付"(Paying with Your Face)成功入围,并且其评论称,该技术提供了一种安全并且十分方便的支付方式,并且已经处于成熟期。

10.1 人脸识别简介

现在很多 App 都应用了人脸识别技术,让用户体验"刷脸认证""眨眼支付"等。人脸识别具有很多天然的优势。

- 非强制性:采集方式不容易被察觉,被识别的人脸图像可以主动获取。
- 非接触性:用户不需要与设备接触。
- 并发性:能够同时进行多个人脸的检测、跟踪和识别。

在深度学习出现以前,人脸识别方法一般分为两个步骤:高维人工特征提取和降维。传统的人脸识别技术主要是基于可见光图像的人脸识别。但这种方式有很多缺陷,例如,同一个人在姿势、光照等发生变化时,会使识别率大大降低。目前,深度学习+大数据(海量的有标注人脸数据)成为人脸识别领域的主流技术路线。

采用神经网络的人脸识别技术,可以通过大量样本图像训练来得到识别模型,不需要人工选取特征,而是在样本的训练过程中自行学习。它的识别准确率极高,可以达到 99%。

下面我们就介绍基于神经网络的人脸识别技术的识别流程。

10.2 人脸识别的技术流程

人脸识别系统一般主要包括 4 个组成部分，分别为人脸图像采集及检测、人脸图像预处理、人脸图像特征提取以及人脸图像匹配与识别。

10.2.1 人脸图像采集及检测

人脸识别的第一步就是人脸的图像采集及检测。人脸图像采集是指通过摄像镜头把人脸图像采集下来，如静态图像、动态图像、不同的位置、不同表情等。当用户在采集设备的拍摄范围内时，采集设备会自动搜索并拍摄。

人脸检测属于目标检测（object detection）的一部分，主要涉及以下两个方面：

（1）对要检测的目标对象进行概率统计，从而得到待检测对象的一些特征，建立起目标检测模型；

（2）用得到的模型来匹配输入的图像，如果有匹配则输出匹配的区域，没有就什么也不做。

人脸检测是人脸识别的预处理的一部分，即在图像中准确标定出人脸的位置和大小。人脸图像中包含的模式特征十分丰富，如直方图特征、颜色特征、模板特征、结构特征及哈尔特征（Haar-like feature）等。人脸检测就是把这其中有用的信息挑出来，并利用这些特征实现人脸检测。

在人脸检测算法中，有模板匹配模型、Adaboost 模型等，其中 Adaboost 模型在速度与精度的综合性能上表现最好。该算法的特点就是训练慢，检测快，基本上可以达到视频流实时检测效果。

10.2.2 人脸图像预处理

人脸图像预处理是基于人脸检测的结果，对图像进行处理，为后面的特征提取服务。系统获取的人脸图像可能受到各种条件的限制和随机干扰，需要进行缩放、旋转、拉伸、光线补偿、灰度变换、直方图均衡化、规范化、几何校正、过滤以及锐化等图像预处理。

10.2.3 人脸图像特征提取

人脸图像特征提取就是将人脸图像信息数字化，将一张人脸图像转变为的一串数字（一般称为特征向量）。例如，对一张脸，找到它的眼睛左边、嘴唇右边、鼻子、下巴等位置，利用特征点间的欧氏距离、曲率和角度等提取出特征分量，最终把相关的特征连接成一个长的特征向量。

10.2.4 人脸图像匹配与识别

人脸图像匹配与识别就是把提取的人脸图像的特征数据与数据库中存储的人脸特征模板进行搜索匹配，根据相似程度对身份信息进行判断，设定一个阈值，当相似度超过这一阈值，则把匹配得到的结果输出。这一过程又分为两类：一类是确认，是一对一（1:1）进行图像比较，换句话说就是证明"你就是你"，一般用在金融的核实身份和信息安全领域；另一类是辨认，是一对多（1:N）进行图像匹配，也就是说在 N 个人中找到你，一般的 N 可以是一个视频流，只要人走进识别范围就完成识别工作，一般用在安防领域。

10.3 人脸识别的分类

在人脸识别领域，主要有以下 4 个细分方向。
- 人脸检测；
- 人脸关键点检测；
- 人脸验证；
- 人脸属性检测。

10.3.1 人脸检测

人脸检测是指检测并定位图片中的人脸，返回高精度的人脸框坐标。人脸检测是对人脸进行分析和处理的第一步。早期的检测过程称为"滑动窗口"，也就是选择图像中的某个矩形区域作为滑动窗口，在这个窗口中提取一些特征对这个图像区域进行描述，最后根据这些特征描述来判断这个窗口是不是人脸。人脸检测的过程就是不断遍历需要观察的窗口。例如，检测结果就如图 10-1 所示。

图 10-1

10.3.2 人脸关键点检测

人脸关键点检测是指定位并返回人脸五官与轮廓的关键点坐标位置（如图 10-2 所示）。关键点包括人脸轮廓、眼睛、眉毛、嘴唇以及鼻子轮廓。现在某些人脸识别公司，如 Face++ 能提供高精度的关键点，最多可达 106 点。无论是静态图片还是动态视频流，均能完美贴合人脸。

图 10-2

人脸关键点定位技术主要有级联形回归（cascaded shape regression，CSR），目前人脸识别一般是基于 DeepID 网络结构。DeepID 网络结构和卷积神经网络结构类似，主要区别在倒数第二层，DeepID 网络结构有一个 DeepID 层，它与卷积层 4 和最大池化层 3 相连，由于卷积神经网络层数越高视野域越大，这种连接方式可以既考虑局部的特征，又考虑全局的特征，如图 10-3 所示。

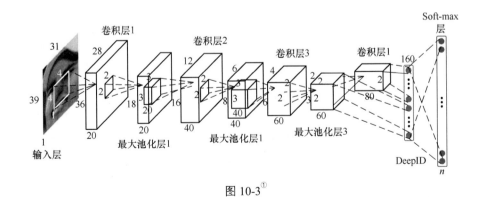

图 10-3[①]

---

① 本图出自《Deep Learning Face Representation from Predicting 10,000 Classes》：http://mmlab.ie.cuhk.edu.hk/pdf/YiSun_CVPR14.pdf。

10.3.3 人脸验证

人脸验证是指分析两张人脸属于同一个人的可能性大小。输入两张人脸，得到一个置信度分数和相应的阈值，以便评估相似度。图 10-4 是我调用 Face++ 的人脸验证在线接口得到的结果。对比结果为：是同一个人的可能性很高。

图 10-4

10.3.4 人脸属性检测

人脸属性检测包括人脸属性辨识和人脸情绪分析。例如，在 https://www.betaface.com/wpa/ 可以进行人脸识别在线测试，可以给出人的年龄、是否有胡子、情绪（高兴、正常、生气、愤怒）、性别、是否带眼镜、肤色等。图 10-5 中给出的是我的一张照片的测试结果，因为化妆和灯光的原因，结果并不是很准确。

Face	Position	Classifiers and measurements
	427.8, 511.6 -9.00 deg 345 x 345 score: 1	age : 15 (60%), beard : no, expression : neutral (75%), gender : female, glasses : yes, mustache : no, race : white

图 10-5

人脸识别可以应用在很多方面。例如，美图秀秀之类的美颜应用，世纪佳缘等相亲应用中的查看与潜在配偶的"面相"相似度，以及支付领域的"刷脸支付"和安防领域的"人脸鉴权"。同时，国内的 Face++ 和商汤科技等公司，都提供了人脸识别的相应 SDK，供开发者调用。

下面和大家一起做两个练习：一个是关于人脸检测的，另一个是人脸的性别和年龄识别。

10.4 人脸检测[1]

本节示例是 TensorFlow 的人脸识别实现,参考了 Florian Schroff、Dmitry Kalenichenko 和 James Philbin 的论文《FaceNet：A Unified Embedding for Face Recognition and Clustering》[2]。本节的人脸检测的过程参考了 https://github.com/davidsandberg/facenet/wiki/Validate-on-lfw。

我们先把代码下载下来：

```
git clone --recursive https://github.com/davidsandberg/facenet.git
```

10.4.1 LFW 数据集

这里采用的数据集是 LFW（Labeled Faces in the Wild Home）数据集[3]。这个数据集是由美国马萨诸塞大学阿姆斯特分校计算机视觉实验室整理的。它包含 13 233 张图片,共 5 749 人,其中 4 096 人只有一张图片,1 680 人的图片多于一张,每张图片尺寸是 250×250。

我们将下载后的数据集解压放在$YOURHOME/facenet/datasets/lfw/raw,这里的$YOURHOME 写成你自己的目录。下载后的数据集如下：

```
drwxr-xr-x@   3 jiaxuan  staff    102B 10  7  2007 AJ_Cook
drwxr-xr-x@   3 jiaxuan  staff    102B 10  7  2007 AJ_Lamas
drwxr-xr-x@   3 jiaxuan  staff    102B 10  7  2007 Aaron_Eckhart
drwxr-xr-x@   3 jiaxuan  staff    102B 10  7  2007 Aaron_Guiel
drwxr-xr-x@   3 jiaxuan  staff    102B 10  7  2007 Aaron_Patterson
drwxr-xr-x@   6 jiaxuan  staff    204B 10  7  2007 Aaron_Peirsol
drwxr-xr-x@   3 jiaxuan  staff    102B 10  7  2007 Aaron_Pena
drwxr-xr-x@   4 jiaxuan  staff    136B 10  7  2007 Aaron_Sorkin
drwxr-xr-x@   3 jiaxuan  staff    102B 10  7  2007 Aaron_Tippin
```

人脸图片位于上述每个人物名字的文件夹下,命名方式为"名字_xxxx.jpg"。例如,AJ_Cook 文件夹中的图片的文件名为 AJ_Cook_0001.jpg。

10.4.2 数据预处理

在图像识别中,数据预处理是很重要的一步。这里使用 facenet 源代码下的 align 模块去校准。校准代码见 https://github.com/davidsandberg/facenet/blob/master/src/align/align_dataset_

---

[1] 本节代码参考 https://github.com/davidsandberg/facenet。
[2] https://arxiv.org/abs/1503.03832
[3] LFW 数据集的下载地址为 http://vis-www.cs.umass.edu/lfw/。

mtcnn.py。我们需要将检测所使用的数据集校准为和预训练模型所使用的数据集大小一致。

为了能正确运行校准程序，需要设置一下环境变量：

```
export PYTHONPATH=$YOURHOME/facenet/src
```

校准命令如下：

```
for N in {1..4}; do python src/align/align_dataset_mtcnn.py $YOURHOME/facenet
/datasets/lfw/raw $YOURHOME/facenet/datasets/lfw/lfw_mtcnnpy_160 --image_size 160
--margin 32 --random_order --gpu_memory_fraction 0.25 & done
```

这里采用 GitHub 上提供的预训练模型 20170216-091149.zip[①]，采用的训练集是 MS-Celeb-1M 数据集[②]。MS-Celeb-1M 是微软的一个非常大的人脸识别数据库，它是从名人榜上选择前 100 万的名人，然后通过搜索引擎采集每个名人大约 100 张人脸图片而形成的。这个预训练模型的准确率已经达到 0.993±0.004。

我们将下载后的模型解压到$YOURHOME/facenet/models/facenet/20170216-091149，里面包含的文件如下：

```
model-20170216-091149.ckpt-250000.data-00000-of-00001
model-20170216-091149.ckpt-250000.index
model-20170216-091149.met
```

10.4.3 进行检测

进入 facenet 目录，用如下命令运行脚本：

```
python src/validate_on_lfw.py datasets/lfw/lfw_mtcnnpy_160 models
```

得到的结果如下：

```
Model directory: /media/data/DeepLearning/models/facenet/20170216-091149/
Metagraph file: model-20170216-091149.meta
Checkpoint file: model-20170216-091149.ckpt-250000
Runnning forward pass on LFW images
Accuracy: 0.993+-0.004
Validation rate: 0.97533+-0.01352 @ FAR=0.00100
Area Under Curve (AUC): 0.999
Equal Error Rate (EER): 0.008
```

为了和基准进行比较，这里采用 facenet/data/pairs.txt 文件，它是官方随机生成的数据，里面包含匹配和不匹配的人名和图片编号。匹配的人名和图片编号示例如下：

[①] https://drive.google.com/file/d/0B5MzpY9kBtDVTGZjcWkzT3pldDA/view

[②] https://www.microsoft.com/en-us/research/project/ms-celeb-1m-challenge-recognizing-one-million-celebrities-real-world/

```
Abel_Pacheco    1    4
```

表示 Abel_Pacheco 的第 1 张和第 4 张是一个人。

不匹配的人名和图片编号示例如下：

```
Abdel_Madi_Shabneh    1    Dean_Barker    1
```

表示 Abdel_Madi_Shabneh 的第 1 张和 Dean_Barker 的第 1 张不是一个人。

下面我们看一下 validate_on_lfw.py 是如何检测人脸的。可以说分为 4 步，具体如下：

```
def main(args):

  with tf.Graph().as_default():

    with tf.Session() as sess:

      # 1. 读入之前的 pairs.txt 文件
      # 读入后如[['Abel_Pacheco', '1', '4']
      # ['Akhmed_Zakayev', '1', '3'] ['Slobodan_Milosevic', '2', 'Sok_An', '1']]
      pairs = lfw.read_pairs(os.path.expanduser(args.lfw_pairs))

      # 获取文件路径和是否匹配的关系对
      paths, actual_issame = lfw.get_paths(os.path.expanduser(args.lfw_dir),
                                          pairs, args.lfw_file_ext)

      # 2. 加载模型
      print('Model directory: %s' % args.model_dir)
      meta_file, ckpt_file = facenet.get_model_filenames(os.path.expanduser
                                          (args.model_dir))

      print('Metagraph file: %s' % meta_file)
      print('Checkpoint file: %s' % ckpt_file)
      facenet.load_model(args.model_dir, meta_file, ckpt_file)

      # 获取输入、输出的张量
      images_placeholder = tf.get_default_graph().get_tensor_by_name("input:0")
      embeddings = tf.get_default_graph().get_tensor_by_name("embeddings:0")
      phase_train_placeholder = tf.get_default_graph().get_tensor_by_name
                                ("phase_train:0")

      image_size = images_placeholder.get_shape()[1]
      embedding_size = embeddings.get_shape()[1]

      # 3. 使用前向传播来验证
      print('Runnning forward pass on LFW images')
      batch_size = args.lfw_batch_size
      nrof_images = len(paths)
      nrof_batches = int(math.ceil(1.0*nrof_images / batch_size)) # 总共的批次数
      emb_array = np.zeros((nrof_images, embedding_size))
```

```
for i in range(nrof_batches):
    start_index = i*batch_size
    end_index = min((i+1)*batch_size, nrof_images)
    paths_batch = paths[start_index:end_index]
    images = facenet.load_data(paths_batch, False, False, image_size)
    feed_dict = { images_placeholder:images, phase_train_placeholder:False }
    emb_array[start_index:end_index,:] = sess.run(embeddings,
                                                  feed_dict=feed_dict)

# 4. 这里计算准确率和验证率，使用了十折交叉验证的方法
tpr, fpr, accuracy, val, val_std, far = lfw.evaluate(emb_array,
    actual_issame, nrof_folds=args.lfw_nrof_folds)

print('Accuracy: %1.3f+-%1.3f' % (np.mean(accuracy), np.std(accuracy)))
print('Validation rate: %2.5f+-%2.5f @ FAR=%2.5f' % (val, val_std, far))

# 得到 auc 值
auc = metrics.auc(fpr, tpr)
print('Area Under Curve (AUC): %1.3f' % auc)
# 得到等错误率（eer）
eer = brentq(lambda x: 1. - x - interpolate.interp1d(fpr, tpr)(x), 0., 1.)
print('Equal Error Rate (EER): %1.3f' % eer)
```

这里采用十折交叉验证[①]（10-fold cross validation）的方法来测试算法的准确性。十折交叉验证是常用的精度测试方法，具体策略是：将数据集分成 10 份，轮流将其中 9 份做训练集，1 份做测试集，10 次的结果的均值作为对算法精度的估计，一般还需要进行多次 10 折交叉验证求均值，例如，10 次 10 折交叉验证，再求其均值，作为对算法准确性的估计。

10.5 性别和年龄识别[②]

示例中数据集采用 Adience 数据集[③]。Adience 数据集包含 26 580 张图片，总共含有 2 284 类，涉及的年龄范围有 8 个区段（0～2、4～6、8～13、15～20、25～32、38～43、48～53、60～），并且这个数据集含有噪声、姿势、光照等变化，尽可能真实地反映现实世界。

下载后的 Adience 数据集如下：

```
AdienceBenchmarkOfUnfilteredFacesForGenderAndAgeClassification
├── aligned  # 经过剪裁和对齐的数据
├── faces    # 原始数据
```

---

① 参考百度百科"十折交叉验证"。
② 本节代码参考 https://github.com/dpressel/rude-carnie。
③ http://www.openu.ac.il/home/hassner/Adience/data.html#agegender

```
├── fold_0_data.txt
├── fold_1_data.txt
├── fold_2_data.txt
├── fold_3_data.txt
├── fold_4_data.txt
├── fold_frontal_0_data.txt
├── fold_frontal_1_data.txt
├── fold_frontal_2_data.txt
├── fold_frontal_3_data.txt
└── fold_frontal_4_data.txt
```

fold_0_data.txt 至 fold_4_data.txt 里面是全部数据的标记，fold_frontal_0_data.txt 至 fold_frontal_4_data.txt 里面是仅使用近似正面姿态的面部的标记，它们都包含表 10-1 所示的数据。其中 user_id 是用户的 Flickr[①] 帐户 ID；original_image 是图片的文件名；face_id 是一个人的标识符，标记为同一个人；x、y、dx、dy 给出一个围绕一个人脸的边框。tilt_ang 是切斜角度，fiducial_yaw_angle 是基准偏移角度，fiducial_score 是基准分数。

表 10-1

user_id	original_image	face_id	age	gender	x	y	dx	dy	tilt_ang	fiducial_yaw_angle	fiducial_score
113445054@N07	11763777465_11d01c34ce_o.jpg	1322	(25,32)	m	1102	296	357	357	-15	0	59

10.5.1 数据预处理

使用脚本[②]把数据处理成 TFRecords 的格式，处理后的文件列表如下：

```
-rw-r--r--   1 root   staff    55M  3 17 03:47 train-00000-of-00010
-rw-r--r--   1 root   staff    55M  3 17 03:48 train-00001-of-00010
-rw-r--r--   1 root   staff    55M  3 17 03:48 train-00002-of-00010
-rw-r--r--   1 root   staff    55M  3 17 03:48 train-00003-of-00010
-rw-r--r--   1 root   staff    55M  3 17 03:49 train-00004-of-00010
-rw-r--r--   1 root   staff    55M  3 17 03:47 train-00005-of-00010
-rw-r--r--   1 root   staff    55M  3 17 03:48 train-00006-of-00010
-rw-r--r--   1 root   staff    55M  3 17 03:48 train-00007-of-00010
-rw-r--r--   1 root   staff    55M  3 17 03:48 train-00008-of-00010
-rw-r--r--   1 root   staff    55M  3 17 03:49 train-00009-of-00010
-rw-r--r--   1 root   staff    30M  3 17 03:47 validation-00000-of-00002
-rw-r--r--   1 root   staff    30M  3 17 03:47 validation-00001-of-00002
```

---

① https://www.flickr.com/

② https://github.com/dpressel/rude-carnie/blob/master/preproc.py

下面看一下它是如何处理的。这里借助了 https://github.com/GilLevi/AgeGenderDeep Learning/Folds 文件夹。在这个文件夹中，已经对训练集和测试集进行了划分和标注，以"性别"为例，划分后的文件如下：

```
10069023@N00/landmark_aligned_face.1924.10335948845_0d22490234_o.jpg 0
114841417@N06/landmark_aligned_face.489.12077468164_8545fe9215_o.jpg 1
7464014@N04/landmark_aligned_face.961.10109081873_8060c8b0a5_o.jpg 1
```

也就是以"空格"划分了"图片名称路径"列表和"性别"。

我们借助这个文件下提供的 gender_train.txt 和 gender_val.txt 中的图片列表把原有的 Adience 数据集处理成 TFRecords 文件，其中图片处理为大小为 256×256 的 JPEG 编码的 RGB 图像。处理代码参见 https://github.com/dpressel/rude-carnie/blob/master/preproc.py。

下面就来介绍一下关键代码。首先为每一个样例建立一个 proto：

```
def _convert_to_example(filename, image_buffer, label, height, width):
    """
    为每一个样例建立一个proto
    参数如下：
      filename: 文件名（如上面所述的文件名称路径列表）
      image_buffer: string，JPEG 编码的 RGB 图像
      label: 标记的真实值
      height: 目标高度 256
      width: 目标宽度 256
    """

    example = tf.train.Example(features=tf.train.Features(feature={
        'image/class/label': _int64_feature(label),
        'image/filename': _bytes_feature(os.path.basename(filename)),
        'image/encoded': _bytes_feature(image_buffer),
        'image/height': _int64_feature(height),
        'image/width': _int64_feature(width)
    }))
    return example
```

随后，将 tf.python_io.TFRecordWriter 写入 TFRecords 文件，输出文件为 output_file。如下：

```
writer = tf.python_io.TFRecordWriter(output_file)
example = _convert_to_example(filename, image_buffer, label, height, width)
writer.write(example.SerializeToString())
writer.close()
```

4.10.3 节曾详细讲解过如何从文件中读取数据，并生成 TFRecords 文件，本节是一个实际应用。读者可以复习一下 4.10.3 节的内容。

这样，我们就把原始数据处理成了大小为 256×256 的 JPEG 编码的 RGB 图像，生成 TFRecords 文件，并且将 TFRecords 文件分为训练集和测试集。

10.5.2 构建模型

这里的年龄和性别的训练模型是参考 Gil Levi 和 Tal Hassner 的论文《Age and Gender Classification Using Convolutional Neural Networks》[①]构建的。年龄和性别的构建模型的代码在 https://github.com/dpressel/rude-carnie/blob/master/model.py 中。

为了方便生成卷积网络，这里直接使用 TensorFlow 的高级 API——tensorflow.contrib.slim，tensorflow.contrib.slim 是对常见网络和一些功能的封装，调用起来很方便，避免了自己写大量代码，让代码结构简洁。方法如下：

```python
def levi_hassner(nlabels, images, pkeep, is_training):

    weight_decay = 0.0005
    weights_regularizer = tf.contrib.layers.l2_regularizer(weight_decay)
    with tf.variable_scope("LeviHassner", "LeviHassner", [images]) as scope:

        with tf.contrib.slim.arg_scope(
            [convolution2d, fully_connected],
            weights_regularizer=weights_regularizer,
            biases_initializer=tf.constant_initializer(1.),
            weights_initializer=tf.random_normal_initializer(stddev=0.005),
            trainable=True):
            with tf.contrib.slim.arg_scope(
                    [convolution2d],
                    weights_initializer=tf.random_normal_initializer(stddev=0.01)):

                conv1 = convolution2d(images, 96, [7,7], [4, 4], padding='VALID',
                        biases_initializer=tf.constant_initializer(0.), scope='conv1')
                pool1 = max_pool2d(conv1, 3, 2, padding='VALID', scope='pool1')
                norm1 = tf.nn.local_response_normalization(pool1, 5, alpha=0.0001,
                        beta=0.75, name='norm1')
                conv2 = convolution2d(norm1, 256, [5, 5], [1, 1], padding='SAME',
                        scope='conv2')
                pool2 = max_pool2d(conv2, 3, 2, padding='VALID', scope='pool2')
                norm2 = tf.nn.local_response_normalization(pool2, 5, alpha=0.0001,
                        beta=0.75, name='norm2')
                conv3 = convolution2d(norm2, 384, [3, 3], [1, 1], biases_initializer=
                        tf.constant_initializer(0.), padding='SAME', scope='conv3')
                pool3 = max_pool2d(conv3, 3, 2, padding='VALID', scope='pool3')
                flat = tf.reshape(pool3, [-1, 384*6*6], name='reshape')
                full1 = fully_connected(flat, 512, scope='full1')
                drop1 = tf.nn.dropout(full1, pkeep, name='drop1')
                full2 = fully_connected(drop1, 512, scope='full2')
                drop2 = tf.nn.dropout(full2, pkeep, name='drop2')
```

---

① http://citeseerx.ist.psu.edu/viewdoc/download?doi=10.1.1.722.9654&rep=rep1&type=pdf

```
with tf.variable_scope('output') as scope:
    weights = tf.Variable(tf.random_normal([512, nlabels], mean=0.0, stddev=
                                           0.01), name='weights')
    biases = tf.Variable(tf.constant(0.0, shape=[nlabels], dtype=tf.float32),
                         name='biases')
    output = tf.add(tf.matmul(drop2, weights), biases, name=scope.name)
return output
```

10.5.3 训练模型

定义好网络模型后，接下来就进行训练。训练模型代码在 https://github.com/dpressel/rude-carnie/blob/master/train.py 中。

下面就以"性别"的训练为例，修改文件中的相应参数，如 train_dir。训练过程的关键代码如下：

```
def main(argv=None):
    with tf.Graph().as_default():

        model_fn = select_model(FLAGS.model_type)
        # 打开元数据文件md.json，这个文件是在预处理数据时生成的。找出nlabels和epoch的大小
        input_file = os.path.join(FLAGS.train_dir, 'md.json')
        print(input_file)
        with open(input_file, 'r') as f:
            md = json.load(f)

        images, labels, _ = distorted_inputs(FLAGS.train_dir, FLAGS.batch_size,
                                             FLAGS.image_size, FLAGS.num_
                                             preprocess_threads)
        logits = model_fn(md['nlabels'], images, 1-FLAGS.pdrop, True)
        total_loss = loss(logits, labels)

        train_op = optimizer(FLAGS.optim, FLAGS.eta, total_loss)
        saver = tf.train.Saver(tf.global_variables())
        summary_op = tf.summary.merge_all()

        sess = tf.Session(config=tf.ConfigProto(
            log_device_placement=FLAGS.log_device_placement))

        tf.global_variables_initializer().run(session=sess)

        # 本例可以输入预训练模型 Inception V3，此处可以用来微调 Inception V3
        if FLAGS.pre_model:
            inception_variables = tf.get_collection(
                tf.GraphKeys.VARIABLES, scope="Inception V3")
            restorer = tf.train.Saver(inception_variables)
            restorer.restore(sess, FLAGS.pre_model)

        if FLAGS.pre_checkpoint_path:
```

```python
if tf.gfile.Exists(FLAGS.pre_checkpoint_path) is True:
    print('Trying to restore checkpoint from %s' % FLAGS.pre_checkpoint_path)
    restorer = tf.train.Saver()
    tf.train.latest_checkpoint(FLAGS.pre_checkpoint_path)
    print('%s: Pre-trained model restored from %s' %
          (datetime.now(), FLAGS.pre_checkpoint_path))

# 将 ckpt 文件存储在 run-{pid}目录中
run_dir = '%s/run-%d' % (FLAGS.train_dir, os.getpid())

checkpoint_path = '%s/%s' % (run_dir, FLAGS.checkpoint)
if tf.gfile.Exists(run_dir) is False:
    print('Creating %s' % run_dir)
    tf.gfile.MakeDirs(run_dir)

tf.train.write_graph(sess.graph_def, run_dir, 'model.pb', as_text=True)

tf.train.start_queue_runners(sess=sess)


summary_writer = tf.summary.FileWriter(run_dir, sess.graph)
steps_per_train_epoch = int(md['train_counts'] / FLAGS.batch_size)
num_steps = FLAGS.max_steps if FLAGS.epochs < 1 else FLAGS.epochs * \
    steps_per_train_epoch
print('Requested number of steps [%d]' % num_steps)


for step in xrange(num_steps):
    start_time = time.time()
    _, loss_value = sess.run([train_op, total_loss])
    duration = time.time() - start_time

    assert not np.isnan(loss_value), 'Model diverged with loss = NaN'

    if step % 10 == 0:
        num_examples_per_step = FLAGS.batch_size
        examples_per_sec = num_examples_per_step / duration
        sec_per_batch = float(duration)

        format_str = ('%s: step %d, loss = %.3f (%.1f examples/sec; %.3f '
                      'sec/batch)')
        print(format_str % (datetime.now(), step, loss_value,
                            examples_per_sec, sec_per_batch))

    # 每 10 步记录一次摘要文件，保存一个检查点文件
    if step % 10 == 0:
        summary_str = sess.run(summary_op)
        summary_writer.add_summary(summary_str, step)

    if step % 10 == 0 or (step + 1) == num_steps:
        saver.save(sess, checkpoint_path, global_step=step)
```

进行了100次迭代后生成的检查点文件位于run-{pid}（进程号）的目录中，如下：

```
run-28892 $ tree -L 1
.
├── checkpoint
├── checkpoint-100.data-00000-of-00001
├── checkpoint-100.index
├── checkpoint-100.meta
├── checkpoint-60.data-00000-of-00001
├── checkpoint-60.index
├── checkpoint-60.meta
├── checkpoint-70.data-00000-of-00001
├── checkpoint-70.index
├── checkpoint-70.meta
├── checkpoint-80.data-00000-of-00001
├── checkpoint-80.index
├── checkpoint-80.meta
├── checkpoint-90.data-00000-of-00001
├── checkpoint-90.index
├── checkpoint-90.meta
├── events.out.tfevents.1489700787.baidudeMacBook-Pro.local
└── model.pb
```

10.5.4 验证模型

接着我用自己的一张图片（如图10-6所示）来看看我们训练的模型是否准确。源代码位于 https://github.com/dpressel/rude-carnie/blob/master/guess.py。

图10-6

关键代码如下：

```
def classify(sess, label_list, softmax_output, coder, images, image_file):

    print('Running file %s' % image_file) # 输入的图片文件
    image_batch = make_batch(image_file, coder, not FLAGS.single_look)
    batch_results = sess.run(softmax_output, feed_dict={images:image_batch.eval()})
```

```
    output = batch_results[0]
    batch_sz = batch_results.shape[0]
    for i in range(1, batch_sz):
        output = output + batch_results[i]

    output /= batch_sz
    best = np.argmax(output)  # 最可能的性别分类
    best_choice = (label_list[best], output[best])
    print('Guess @ 1 %s, prob = %.2f' % best_choice)

    nlabels = len(label_list)
    return best_choice
```

结果非常好,它输出了性别是"F":

```
Guess @ 1 F, prob = 0.59
```

微软也推出了脸部图片识别性别和年龄的网站(http://how-old.net/),非常好玩。除了通过图片识别出年龄和性别,这个网站还可以根据问题搜索图片,结果相当准确。例如,我搜索了"士大夫",会得到图 10-7 所示的结果。

图 10-7

10.6 小结

本章主要讲解了 TensorFlow 在工业界(人脸识别方向)的应用。本章首先介绍了人脸识别的原理及技术流程,人脸识别的分类,接着结合最常见的案例,讲解了用 TensorFlow 实现人脸检测和从人脸识别性别和年龄。

本章介绍了人工智能在视觉领域的主要应用,人工智能主要的关注点在于能使计算机模拟人的感官,正如人的"眼耳鼻口舌",人工智能在自然语言处理领域也有很大的突破。我们在下一章会介绍。

第 11 章

自然语言处理

自然语言处理[①]是计算机科学领域与人工智能领域中的另一个重要方向，其中很重要的一点就是语音识别（speech recognition）。语音识别要解决的问题是让计算机能够"听懂"人类的语音，将语音中包含的文字信息"提取"出来。

与语言相关的技术可以应用在很多地方。例如，日本的富国生命保险公司花费 170 万美元安装人工智能系统，把客户的语言转换为文本，并分析这些词是正面的还是负面的。这些自动化工作将帮助人类更快地处理保险业务。除此之外，现在的人工智能公司也在把智能客服作为重点的研究方向。

与图像识别不同，在自然语言处理中输入的往往是一段语音或者一段文字，输入数据的长短是不确定的，并且它与上下文有很密切的关系，所以常用的是循环神经网络（recurrent neural network，RNN）模型。

11.1 模型的选择

下面我们就来介绍使用不同输入和不同数据时，分别适用哪种模型以及如何应用。

在图 11-1 中，每一个矩形是一个向量，箭头则表示函数（如矩阵相乘）。最下面一行为输入向量，最上面一行为输出向量，中间一行是 RNN 的状态。

图 11-1 中从左到右分别表示以下几种情况。

（1）一对一：没有使用 RNN，如 Vanilla 模型，从固定大小的输入得到固定大小输出（应用在图像分类）。

（2）一对多：以序列输出（应用在图片描述，输入一张图片输出一段文字序列，这种往往需要 CNN 和 RNN 相结合，也就是图像和语言相结合，详见第 12 章）。

---

① 广义的自然语言处理包含语音处理及文本处理，狭义的单指理解和处理文本。本书均指广义的概念。

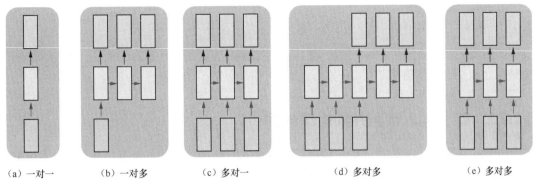

(a) 一对一　　　(b) 一对多　　　(c) 多对一　　　　(d) 多对多　　　　(e) 多对多

图 11-1

（3）多对一：以序列输入（应用在情感分析，输入一段文字，然后将它分类成积极或者消极情感，如淘宝下某件商品的评论分类），如使用 LSTM。

（4）多对多：异步的序列输入和序列输出（应用在机器翻译，如一个 RNN 读取一条英文语句，然后将它以法语形式输出）。

（5）多对多：同步的序列输入和序列输出（应用在视频分类，对视频中每一帧打标记）。

我们注意到，在上述讲解中，因为中间 RNN 的状态的部分是固定的，可以多次使用，所以不需要对序列长度进行预先特定约束。更详细的讨论参见 Andrej Karpathy 的文章《The Unreasonable Effectiveness of Recurrent Neural Networks》[①]。

自然语言处理通常包括语音合成（将文字生成语音）、语音识别、声纹识别（声纹鉴权），以及它们的一些扩展应用，以及文本处理，如分词、情感分析、文本挖掘等。

11.2　英文数字语音识别[②]

本节我们就用语音识别的例子来说明 TensorFlow 在自然语言处理上的应用。这里我们将使用 TensorFlow 机器学习库，用 20 行 Python 代码创建一个超简单的语音识别器。

在这个例子中，我们构建一个 LSTM 循环神经网络，用 TFLearn 第三方库来训练一个英文数字口语数据集。

我们采用 spoken numbers pcm 数据集[③]，这个数据集中包含许多人阅读的 0~9 这几个数字的英文的音频。分为男声和女声，一段音频（wav 文件）中只有一个数字对应的英文的声音。标识方法是{数字}_人名_xxx。如下：

---

① http://karpathy.github.io/2015/05/21/rnn-effectiveness/

② 本节代码参考 https://github.com/pannous/tensorflow-speech-recognition/blob/master/speech2text-tflearn.py。

③ http://pannous.net/spoken_numbers.tar

```
9_Vicki_400.wav
9_Victoria_100.wav
```

下面我们就来训练一个简单的英文口语数字识别模型,在普通 Mac 上训练,使其能够在一分钟内达到 98% 的准确率。

11.2.1 定义输入数据并预处理数据

首先,需要将语音处理成能够读取的矩阵形式。这里面用到了梅尔频率倒谱系数(Mel frequency cepstral coefficents,MFCC)特征向量,MFCC 是一种在自动语音和说话人识别中广泛使用的特征。

```
import tflearn
import speech_data
import tensorflow as tf

learning_rate = 0.0001
training_iters = 300000  # 迭代次数
batch_size = 64

width = 20   # MFCC 特征
height = 80  # 最大发音长度
classes = 10 # 数字类别

batch = word_batch = speech_data.mfcc_batch_generator(batch_size) # 生成每一批 MFCC 语音
X, Y = next(batch)
trainX, trainY = X, Y
testX, testY = X, Y
```

对语言做分帧、取对数、逆矩阵等操作后,生成的 MFCC 就代表这个语音的特征。

11.2.2 定义网络模型

读者会发现,用 tflearn 真是很简洁,只用 4 行代码就定义好了一个 LSTM 模型:

```
net = tflearn.input_data([None, width, height])
net = tflearn.lstm(net, 128, dropout=0.8)
net = tflearn.fully_connected(net, classes, activation='softmax')
net = tflearn.regression(net, optimizer='adam', learning_rate=learning_rate,
                         loss='categorical_crossentropy')
```

11.2.3 训练模型

接下来训练模型,并把模型存储下来:

```
model = tflearn.DNN(net, tensorboard_verbose=0)
```

```
while 1: #training_iters
  model.fit(trainX, trainY, n_epoch=10, validation_set=(testX, testY),
            show_metric=True,batch_size=batch_size)
  _y=model.predict(X)
model.save("tflearn.lstm.model")
```

11.2.4 预测模型

任意输入一个语音文件,进行预测:

```
demo_file = "5_Vicki_260.wav"
demo=speech_data.load_wav_file(speech_data.path + demo_file)
result=model.predict([demo])
result=numpy.argmax(result)
print("predicted digit for %s : result = %d "%(demo_file,result))
```

结果输出如下:

```
predicted digit for 5_Vicki_260.wav : result = 5
```

结果很准确,确实这个音频的数字就是"5"。

语音识别可以用在智能输入法、会议的快速录入、语音控制系统、智能家居等领域。除了语音识别之外,如果对方能给出应答就更好了,这就是下面要讲的"智能聊天机器人"。

11.3 智能聊天机器人

现在很多公司都把未来方向压在了"自然语言的人机交互"上,而这其实就是"智能聊天机器人"。例如,苹果的 Siri、微软的 Cortana 与小冰、Google Now、百度的度秘、亚马逊的蓝牙音箱 Amazon Echo 内置的语音助手 Alexa、Facebook 推出的语音助手 M 等。智能聊天机器人的商业价值有两个方面。

- 通过和用户的"语音机器人"的对话,将用户引导到对应的服务上面。
- 作为今后智能硬件和智能家居的嵌入式应用。例如,当用户和一个智能椅子进行对话时,用户说:"椅子,你调高一点,把靠背放平。"这个椅子的语音系统就可能搭载了上述大公司开发的智能聊天机器人系统。

智能聊天机器人的发展经历了 3 代不同的技术。

- 第一代是基于特征工程。有大量的逻辑判断,如 if then; else then。
- 第二代是基于检索库。给定一个问题或者聊天,从检索库中找到与已有答案最匹配的答案。
- 第三代是基于深度学习。采用 seq2seq+Attention 模型,经过大量的训练,根据输入生成相应的输出。

下面我们就来看看基于深度学习的聊天机器人的seq2seq+Attention模型原理和构建方法。

11.3.1 原理

seq2seq模型是一个翻译模型,主要是把一个序列翻译成另一个序列。它的基本思想是用两个RNNLM,一个作为编码器,另一个作为解码器,组成RNN编码器-解码器。

在文本处理领域,我们常用编码器-解码器(encoder-decoder)框架,如图11-2所示。

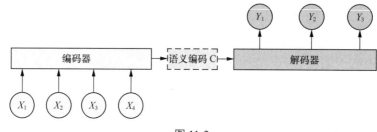

图 11-2

这是一种适合处理由一个上下文(context)生成一个目标(target)的通用处理模型。因此,对于一个句子对<X, Y>,当输入给定的句子X,通过编码器-解码器框架来生成目标句子Y。X和Y可以是不同语言,这就是机器翻译;X和Y可以是对话的问句和答句,这就是聊天机器人;X和Y可以是图片和这个图片的对应描述(这就是第12章要讲的看图说话)。

X由x_1、x_2等单词序列组成,Y也由y_1、y_2等单词序列组成。编码器对输入的X进行编码,生成中间语义编码C,然后解码器对中间语义编码C进行解码,在每个i时刻,结合已经生成的$y_1, y_2, ..., y_{i-1}$的历史信息生成Y_i。但是,这个框架有一个缺点,就是生成的句子中每一个词采用的中间语义编码是相同的,都是C。因此,在句子比较短的时候,还能比较贴切,句子长时,就明显不合语义了。

在实际实现聊天系统的时候,一般编码器和解码器都采用RNN模型以及RNN模型的改进模型LSTM。当句子长度超过30以后,LSTM模型的效果会急剧下降,一般此时会引入Attention模型,对长句子来说能够明显提升系统效果。

Attention机制是认知心理学层面的一个概念,它是指当人在做一件事情的时候,会专注地做这件事而忽略周围的其他事。例如,人在专注地看这本书,会忽略旁边人说话的声音。这种机制应用在聊天机器人、机器翻译等领域,就把源句子中对生成句子重要的关键词的权重提高,产生出更准确的应答。

增加了Attention模型的编码器-解码器框架如图11-3所示。

现在的中间语义编码变成了不断变化的C_i,能够生产更准确的目标Y_i。

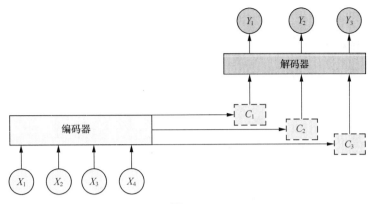

图 11-3

11.3.2 最佳实践

下面就来做一个智能聊天机器人。[1]

这里我们使用康奈尔大学的 Corpus 数据集[2]（Cornell Movie Dialogs Corpus），里面含有 600 多部电影的对白。对白示例如下：

```
L1045 +++$+++ u0 +++$+++ m0 +++$+++ BIANCA +++$+++ They do not!
L1044 +++$+++ u2 +++$+++ m0 +++$+++ CAMERON +++$+++ They do to!
```

我们首先关注如何处理聊天数据，一般步骤如下。

（1）先把数据集整理成"问"和"答"的文件，生成.enc（问句）和.dec（答句）文件，如下：

```
├── test.dec  # 测试集答句
├── test.enc  # 测试集问句
├── train.dec # 训练集答句
├── train.enc # 训练集问句
```

train.enc 问句示例如下：

```
Gosh, if only we could find Kat a boyfriend...
C'esc ma tete. This is my head
How is our little Find the Wench A Date plan progressing?
```

（2）创建词汇表，然后把问句和答句转换成对应的 id 形式。词汇表的文件里面有 2 万个词汇，如下：

```
├── vocab20000.dec # 答句的词汇表
```

---

[1] 本节代码参考 https://github.com/suriyadeepan/easy_seq2seq。需要依赖 TensorFlow 0.12.1 环境，请读者自行适配。
[2] http://www.cs.cornell.edu/~cristian/Cornell_Movie-Dialogs_Corpus.html

```
└── vocab20000.enc  # 问句的词汇表
```

词汇表的内容如下:

```
_PAD
_GO
_EOS
_UNK
.
'
,
I
?
you
the
to
a
s
t
it
```

其中_GO、_EOS、_UNK、_PAD 是在 seq2seq 模型中使用的特殊标记，用来填充标记对话：_GO 标记对话开始；_EOS 标记对话结束；_UNK 标记未出现在词汇表中的字符，用来替换稀有词汇；_PAD 是用来填充序列，保证批次中的序列有相同的长度。

转换成的 ids 文件如下：

```
├── test.enc.ids20000
├── train.dec.ids20000
└── train.enc.ids20000
```

问句和答句转换成的 ids 文件中，每一行是一个问句或答句，每一行中的每一个 id 代表问句或答句中对应位置的词，格式如下：

```
185 4 4 4 146 131 5 1144 39 313 53 102 1176 12042 4 2020 9 2691 9
792 15 4
7518 4
2993 49 88 109 54 13 765 466 252 4 4 4
```

（3）采用编码器-解码器框架进行训练。

1. 定义训练参数

这里，我们将参数写到一个专门的文件 seq2seq.ini 中，如下：

```
[strings]
# 模式: train, test, serve
mode = train
train_enc = data/train.enc
train_dec = data/train.dec
```

```
test_enc = data/test.enc
test_dec = data/test.enc
# 模型文件和词汇表的存储路径
working_directory = working_dir/
[ints]
# 词汇表大小
enc_vocab_size = 20000
dec_vocab_size = 20000
# LSTM 层数
num_layers = 3
# 每层大小，可以取值：128, 256, 512, 1024
layer_size = 256

max_train_data_size = 0
batch_size = 64
# 每多少次迭代存储一次模型
steps_per_checkpoint = 300
[floats]
learning_rate = 0.5 # 学习速率
learning_rate_decay_factor = 0.99 # 学习速率下降系数
max_gradient_norm = 5.0
```

2．定义网络模型

下面来定义 seq2seq 模型，该模型的代码在 seq2seq_model.py 中，这个代码基于 TensorFlow 0.12 版本，读者可以重新安装试验。定义一个 seq2seq+Attention 模型类[①]，里面主要包含 3 个函数：

（1）初始化模型的函数（__init__）；

（2）训练模型的函数（step）；

（3）获取下一批次训练数据的函数（get_batch）。

我们首先来看如何初始化模型，如下：

```
class Seq2SeqModel(object):

  def __init__(self, source_vocab_size, target_vocab_size, buckets, size,
               num_layers, max_gradient_norm, batch_size, learning_rate,
               learning_rate_decay_factor, use_lstm=False,
               num_samples=512, forward_only=False):
    """构建模型

    参数：
      source_vocab_size: 问句词汇表大小
      target_vocab_size: 答句词汇表大小
      buckets: (I,O), 其中 I 指定最大输入长度，O 指定最大输出长度
```

---

① 参考论文《Grammar as a Foreign Language》：http://arxiv.org/abs/1412.7449。

```
        size：每一层的神经元数量
        num_layers：模型层数
        max_gradient_norm：梯度将被削减到最大的规范
        batch_size：批次大小。用于训练和预测的批次大小，可以不同
        learning_rate：学习速率
        learning_rate_decay_factor：调整学习速率
        use_lstm：使用 LSTM 单元来代替 GRU 单元
        num_samples：使用 softmox 的样本数
        forward_only：是否仅构建前向传播
    """
    self.source_vocab_size = source_vocab_size
    self.target_vocab_size = target_vocab_size
    self.buckets = buckets
    self.batch_size = batch_size
    self.learning_rate = tf.Variable(float(learning_rate), trainable=False)
    self.learning_rate_decay_op = self.learning_rate.assign(
        self.learning_rate * learning_rate_decay_factor)
    self.global_step = tf.Variable(0, trainable=False)

    output_projection = None
    softmax_loss_function = None
    # 如果样本量比词汇表的量小，那么要用抽样的 softmax
    if num_samples > 0 and num_samples < self.target_vocab_size:
      w = tf.get_variable("proj_w", [size, self.target_vocab_size])
      w_t = tf.transpose(w)
      b = tf.get_variable("proj_b", [self.target_vocab_size])
      output_projection = (w, b)

      def sampled_loss(inputs, labels):
        labels = tf.reshape(labels, [-1, 1])
        return tf.nn.sampled_softmax_loss(w_t, b, inputs, labels, num_samples,
                                         self.target_vocab_size)
      softmax_loss_function = sampled_loss

    # 构建 RNN
    single_cell = tf.nn.rnn_cell.GRUCell(size)
    if use_lstm:
      single_cell = tf.nn.rnn_cell.BasicLSTMCell(size)
    cell = single_cell
    if num_layers > 1:
      cell = tf.nn.rnn_cell.MultiRNNCell([single_cell] * num_layers)

    # Attention 模型
    def seq2seq_f(encoder_inputs, decoder_inputs, do_decode):
      return tf.nn.seq2seq.embedding_attention_seq2seq(
          encoder_inputs, decoder_inputs, cell,
          num_encoder_symbols=source_vocab_size,
          num_decoder_symbols=target_vocab_size,
          embedding_size=size,
          output_projection=output_projection,
          feed_previous=do_decode)
```

```python
# 给模型填充数据
self.encoder_inputs = []
self.decoder_inputs = []
self.target_weights = []
for i in xrange(buckets[-1][0]):
  self.encoder_inputs.append(tf.placeholder(tf.int32, shape=[None],
                                            name="encoder{0}".format(i)))
for i in xrange(buckets[-1][1] + 1):
  self.decoder_inputs.append(tf.placeholder(tf.int32, shape=[None],
                                            name="decoder{0}".format(i)))
  self.target_weights.append(tf.placeholder(tf.float32, shape=[None],
                                            name="weight{0}".format(i)))

# targets 的值是解码器偏移 1 位
targets = [self.decoder_inputs[i + 1]
           for i in xrange(len(self.decoder_inputs) - 1)]

# 训练模型的输出
if forward_only:
  self.outputs, self.losses = tf.nn.seq2seq.model_with_buckets(
      self.encoder_inputs, self.decoder_inputs, targets,
      self.target_weights, buckets, lambda x, y: seq2seq_f(x, y, True),
      softmax_loss_function=softmax_loss_function)

  if output_projection is not None:
    for b in xrange(len(buckets)):
      self.outputs[b] = [
          tf.matmul(output, output_projection[0]) + output_projection[1]
          for output in self.outputs[b]
      ]
else:
  self.outputs, self.losses = tf.nn.seq2seq.model_with_buckets(
      self.encoder_inputs, self.decoder_inputs, targets,
      self.target_weights, buckets,
      lambda x, y: seq2seq_f(x, y, False),
      softmax_loss_function=softmax_loss_function)

# 训练模型时，更新梯度
params = tf.trainable_variables()
if not forward_only:
  self.gradient_norms = []
  self.updates = []
  opt = tf.train.GradientDescentOptimizer(self.learning_rate)
  for b in xrange(len(buckets)):
    gradients = tf.gradients(self.losses[b], params)
    clipped_gradients, norm = tf.clip_by_global_norm(gradients,
                                                     max_gradient_norm)
    self.gradient_norms.append(norm)
    self.updates.append(opt.apply_gradients(
      zip(clipped_gradients, params), global_step=self.global_step))
```

```python
self.saver = tf.train.Saver(tf.all_variables())
```

接着，定义运行模型的每一步：

```python
def step(self, session, encoder_inputs, decoder_inputs, target_weights,
         bucket_id, forward_only):
  """运行模型的每一步
  参数：
    session: tensorflow session
    encoder_inputs: 问句向量序列
    decoder_inputs: 答句向量序列
    target_weights: target weights
    bucket_id: 输入的 bucket_id
    forward_only: 是否只做前向传播

  """

  encoder_size, decoder_size = self.buckets[bucket_id]
  if len(encoder_inputs) != encoder_size:
    raise ValueError("Encoder length must be equal to the one in bucket,"
                     " %d != %d." % (len(encoder_inputs), encoder_size))
  if len(decoder_inputs) != decoder_size:
    raise ValueError("Decoder length must be equal to the one in bucket,"
                     " %d != %d." % (len(decoder_inputs), decoder_size))
  if len(target_weights) != decoder_size:
    raise ValueError("Weights length must be equal to the one in bucket,"
                     " %d != %d." % (len(target_weights), decoder_size))

  # 输入填充
  input_feed = {}
  for l in xrange(encoder_size):
    input_feed[self.encoder_inputs[l].name] = encoder_inputs[l]
  for l in xrange(decoder_size):
    input_feed[self.decoder_inputs[l].name] = decoder_inputs[l]
    input_feed[self.target_weights[l].name] = target_weights[l]


  last_target = self.decoder_inputs[decoder_size].name
  input_feed[last_target] = np.zeros([self.batch_size], dtype=np.int32)

  # 输出填充： 与是否有后向传播有关
  if not forward_only:
    output_feed = [self.updates[bucket_id],
                   self.gradient_norms[bucket_id],
                   self.losses[bucket_id]]
  else:
    output_feed = [self.losses[bucket_id]]
    for l in xrange(decoder_size):
      output_feed.append(self.outputs[bucket_id][l])
```

```
    outputs = session.run(output_feed, input_feed)
    if not forward_only:
        return outputs[1], outputs[2], None  #有后向传播下的输出: 梯度，损失值，None
    else:
        return None, outputs[0], outputs[1:]  # 仅有前向传播下的输出: None, 损失值, outputs
```

接下来是 get_batch 函数，它的主要作用是为训练的每一步（step）产生一个批次的数据。

```
def get_batch(self, data, bucket_id):
"""
    这个函数的作用是从指定的桶中获取一个批次的随机数据，在训练的每步（step）中使用
    参数：
        data：长度为（self.buckets）的元组，其中每个元素都包含用于创建批次的输入和输出数据对的列表
        bucket_id：整数，从哪个 bucket 获取本批次
    返回：
        一个包含三项的元组（encoder_inputs, decode_inputs, target_weights）
"""
```

3. 训练模型

修改 seq2seq.ini 文件中的 mode 值，当值为 "train" 时，可以运行 execute.py 进行训练。关键逻辑代码如下：

```
def train():
    # 准备数据集
    print("Preparing data in %s" % gConfig['working_directory'])
    enc_train, dec_train, enc_dev, dec_dev, _, _ = data_utils.prepare_custom_data
        (gConfig['working_directory'],gConfig['train_enc'],gConfig['train_dec'],
        gConfig['test_enc'],gConfig['test_dec'],gConfig['enc_vocab_size'],
        gConfig['dec_vocab_size'])

    config = tf.ConfigProto()
    config.gpu_options.allocator_type = 'BFC'

    with tf.Session(config=config) as sess:
        # 构建模型
        print("Creating %d layers of %d units." % (gConfig['num_layers'], gConfig
            ['layer_size']))
        model = create_model(sess, False)

        # 把数据读入桶（bucket）中，并计算桶的大小
        print ("Reading development and training data (limit: %d)."
            % gConfig['max_train_data_size'])
        dev_set = read_data(enc_dev, dec_dev)
        train_set = read_data(enc_train, dec_train, gConfig['max_train_data_size'])
        train_bucket_sizes = [len(train_set[b]) for b in xrange(len(_buckets))]
        train_total_size = float(sum(train_bucket_sizes))
        train_buckets_scale = [sum(train_bucket_sizes[:i + 1]) / train_total_size
                               for i in xrange(len(train_bucket_sizes))]

        # 开始训练循环
```

```
    step_time, loss = 0.0, 0.0
    current_step = 0
    previous_losses = []
    while True:

        # 随机生成一个 0-1 的数，在生成 bucket_id 中使用
        random_number_01 = np.random.random_sample()
        bucket_id = min([i for i in xrange(len(train_buckets_scale))
                       if train_buckets_scale[i] > random_number_01])

        # 获取一个批次的数据，并进行一步训练
        start_time = time.time()
        encoder_inputs, decoder_inputs, target_weights = model.get_batch(
          train_set, bucket_id)
        _, step_loss, _ = model.step(sess, encoder_inputs, decoder_inputs,
                                     target_weights, bucket_id, False)
        step_time += (time.time() - start_time) / gConfig['steps_per_checkpoint']
        loss += step_loss / gConfig['steps_per_checkpoint']
        current_step += 1

        # 保存检查点文件，打印统计数据
        if current_step % gConfig['steps_per_checkpoint'] == 0:

          perplexity = math.exp(loss) if loss < 300 else float('inf')
          print ("global step %d learning rate %.4f step-time %.2f perplexity "
                 "%.2f" % (model.global_step.eval(), model.learning_rate.eval(),
                          step_time, perplexity))
          # 如果损失值在最近 3 次内没有再降低，就减小学习率.
          if len(previous_losses) > 2 and loss > max(previous_losses[-3:]):
            sess.run(model.learning_rate_decay_op)
          previous_losses.append(loss)
          # 保存检查点文件，并把计数器和损失值归零
          checkpoint_path = os.path.join(gConfig['working_directory'], "seq2seq.ckpt")
          model.saver.save(sess, checkpoint_path, global_step=model.global_step)
          step_time, loss = 0.0, 0.0
```

4．验证模型

修改 seq2seq.ini 文件中的 mode 值，当值为 "test" 时，可以运行 execute.py 进行测试。关键逻辑代码如下：

```
def decode():
  with tf.Session() as sess:
    # 建立模型，并定义超参数 batch_size
    model = create_model(sess, True)
    model.batch_size = 1  # 这里一次只解码一个句子

    # 加载词汇表文件
    enc_vocab_path = os.path.join(gConfig['working_directory'],"vocab%d.enc" %
```

```python
                                gConfig['enc_vocab_size']))
    dec_vocab_path = os.path.join(gConfig['working_directory'],"vocab%d.dec" %
                                gConfig['dec_vocab_size']))

    enc_vocab, _ = data_utils.initialize_vocabulary(enc_vocab_path)
    _, rev_dec_vocab = data_utils.initialize_vocabulary(dec_vocab_path)

    # 对标准输入的句子进行解码
    sys.stdout.write("> ")
    sys.stdout.flush()
    sentence = sys.stdin.readline()
    while sentence:
      # 得到输入句子的 token-ids
      token_ids = data_utils.sentence_to_token_ids(tf.compat.as_bytes(sentence),
                                                  enc_vocab)
      # 计算这个 token_ids 属于哪一个桶 (bucket)
      bucket_id = min([b for b in xrange(len(_buckets))
                      if _buckets[b][0] > len(token_ids)])
      # 将句子送入到模型中
      encoder_inputs, decoder_inputs, target_weights = model.get_batch(
          {bucket_id: [(token_ids, [])]}, bucket_id)

      _, _, output_logits = model.step(sess, encoder_inputs, decoder_inputs,
                                      target_weights, bucket_id, True)
      # 这是一个贪心的解码器,输出只是 output_logits 的 argmaxes。
      outputs = [int(np.argmax(logit, axis=1)) for logit in output_logits]
      # 如果输出中有 EOS 符号,在 EOS 处切断
      if data_utils.EOS_ID in outputs:
        outputs = outputs[:outputs.index(data_utils.EOS_ID)]
      # 打印出与输出句子对应的法语句子
      print(" ".join([tf.compat.as_str(rev_dec_vocab[output]) for output in
            outputs]))
      print("> ", end="")
      sys.stdout.flush()
      sentence = sys.stdin.readline()
```

我们训练了 417 次后,生成了大小为 209 MB 的 seq2seq.ckpt-417.data-00000-of-00001 模型文件,开始进行测试,结果如下(行首有 ">" 的是我的输入,没有的是机器人的输出):

```
> Hello
Hi .
> I love you.
Yeah .
> What
What?
> Sunny day
What?
```

如果再输入复杂的语句，机器人的表现就不尽如人意了。这只是个模型的简单演示实现，侧重于关注聊天机器人的原理。有兴趣的读者可以以优质的中文对话语料训练一个简易版的中文对话机器人。

前面介绍了基于文字的智能聊天机器人，如果再结合上语音识别，就产生了可以直接对话的机器人。它的系统架构①如图11-4所示。

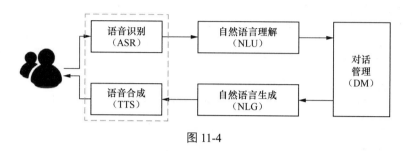

图 11-4

国内的智能聊天机器人有很多。例如，图灵机器人公司，着力于提高对话和语义准确度，提升中文语境下的智能程度；竹间智能科技也在研究有记忆、自学习的情感机器人，致力于机器人可以真正理解多模式多渠道的信息，并给予高度拟人化的回应，希望能以最理想的自然语言交流模式交流；此外，腾讯公司也有很多的社交对话数据，在聊天机器人方面可能会有更大的潜力。

目前国内微信应用应该是有最庞大的自然语言交流的语料库，那么微信如果在这方面发力，利用它庞大真实的数据，结合它的小程序希望成为所有服务的入口的目的，有很多事情可以想象。例如，未来的场景可能是，我们对着"微信助手"说，定个石锅拌饭，它就直接跳到外卖的小程序，很容易完成下单，用完即走。

11.4 小结

本章主要介绍了 TensorFlow 在自然语言处理中的应用，以英文数字语言识别和智能聊天机器人为例，讲解了如何处理数据集，构建网络，进行训练和预测。关于自然语言处理还有很多方面，如文本情感分析、信息检索与问答系统、机器翻译、语言合成等，读者也可以多进行尝试。

---

① 参见《中国人工智能学会通讯》2016 年第 6 卷第 1 期。

第 12 章

图像与语音的结合

斯坦福大学人工智能实验室的李飞飞教授在 2017 年极客大会上曾经讲过,实现人工智能要有 3 个要素：语法（syntax）、语义（semantics）和推理（inference），如图 12-1 所示。

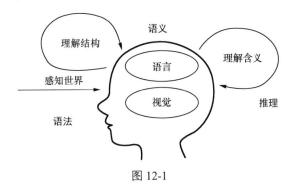

图 12-1

语言和视觉是人工智能界非常关注的点，也就是说，在语言和视觉层面，通过语法（对语言来说是语法解析，对视觉来说是三维结构的解析）和语义（对语言来说是语义，对视觉来说是物体动作的含义）作为模型的输入训练数据，最终实现推理的能力，也就是把训练中学习到的能力应用到工作中去，从新的数据中推断出结论。①

12.1 看图说话模型

将图像和语言融合，就是"看图说话"。看图说话的目标是，输入一张图片，希望我们训练的看图说话模型能够根据图像给出描述图像内容的自然语言，讲出一个故事。这是一个很大的挑战，因为这需要在图像信息和文本信息这两种不同形式的信息之间进行"翻译"。

---

① 参考论文《The Syntax, Semantics and Inference Mechanism in Natural Language》: http://www.aaai.org/Papers/Symposia/Fall/1996/FS-96-04/FS96-04-010.pdf。

本节我们以 TensorFlow 的官方模型[①]为例，讲解如何训练一个看图说话的模型。这个模型要达到的目标是：我们给出一张图片，机器要给出"A person on a beach flying a kite"的描述，如图 12-2 所示。

图 12-2

12.1.1 原理

看图说话模型采用的是编码器-解码器框架，先将图像编码成固定的中间矢量，然后解码成自然语言的描述。编码器-解码器框架如图 12-3 所示。这里编码器采用的是 Inception V3 图像识别模型，解码器采用的是 LSTM 网络。

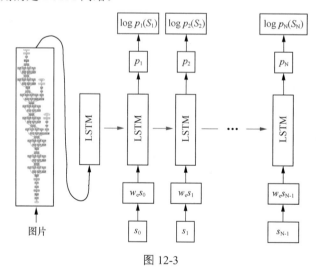

图 12-3

---

① https://github.com/tensorflow/models/tree/master/im2txt

在图 12-3 中，$\{s_0, s_1, \cdots, s_{n-1}\}$ 是字幕的词，$\{w_e s_0, w_e s_1, \cdots, w_e s_{n-1}\}$ 是它们对应的词嵌入向量，LSTM 的输出 $\{p_1, p_2, \cdots, p_n\}$ 是由句子中的下一个词生成的概率分布。$\{\log p_1(s_1), \log p_2(s_2), \cdots, \log p_n(s_n)\}$ 是正确词在每一个步骤的对数似然，这几个值的总和取负数是我们模型的最小化目标。

12.1.2 最佳实践

这里使用微软的 Microsoft COCO Caption 数据集[①]，每张图片有 5 个标题文字。Microsoft COCO Caption 数据集有两部分，即 2014 年版本和 2015 年版本。这里采用的是 2014 年版本[②]。

为了能够直接使用预训练的 Inception V3 模型，这里采用 TensorFlow-Slim 图像分类库[③]。

这里直接用现成的代码来训练模型，主要讲解构建模型的过程。训练的代码在 tensormodels/im2txt/im2txt/train.py 中，构建模型的代码在 tensormodels/im2txt/im2txt/show_and_tell_model.py 中。

ShowAndTellModel 的 build 函数中说明了构建模型的过程：

```
class ShowAndTellModel(object):
  def build(self):

    self.build_inputs() # 构建输入数据
    self.build_image_embeddings()  # 采用 Inception V3 构建图像模型，并且输出图片嵌入向量
    self.build_seq_embeddings() # 构建输入序列的 embeddings
    self.build_model() # 将 CNN 和 LSTM 串联起来，构建完整模型
    self.setup_inception_initializer() # 载入 Inception V3 预训练模型
    self.setup_global_step() # 记录全局的迭代次数
```

我们看看训练时是如何做的：

```
def main(unused_argv):
  assert FLAGS.input_file_pattern, "--input_file_pattern is required"
  assert FLAGS.train_dir, "--train_dir is required"

  model_config = configuration.ModelConfig()
  model_config.input_file_pattern = FLAGS.input_file_pattern
  model_config.inception_checkpoint_file = FLAGS.inception_checkpoint_file
  training_config = configuration.TrainingConfig()

  # 创建训练结果的存储路径
```

---

① http://mscoco.org/。Microsoft COCO Caption 数据集是建立在 Microsoft Common Objects in Context（COCO）数据集的工作基础上的。COCO 含有超过 30 万张图片，200 万个标记实体。Microsoft COCO Caption 是对原 COCO 数据集中约 33 万张图片，使用亚马逊公司的 Mechanical Turk 服务，人工地为每张图片生成了至少 5 句标注，标注语句总共超过了 150 万句。

② 2014 年版本中训练集有 82 783 张图片，验证集有 40 504 张图片和测试集有 40 775 张图片。

③ https://github.com/tensorflow/models/tree/master/slim

```python
train_dir = FLAGS.train_dir
if not tf.gfile.IsDirectory(train_dir):
  tf.logging.info("Creating training directory: %s", train_dir)
  tf.gfile.MakeDirs(train_dir)

# 建立 TensorFlow 数据流图
g = tf.Graph()
with g.as_default():
  # 构建模型
  model = show_and_tell_model.ShowAndTellModel(
    model_config, mode="train", train_inception=FLAGS.train_inception)
  model.build()

  # 定义学习率
  learning_rate_decay_fn = None
  if FLAGS.train_inception:
    learning_rate = tf.constant(training_config.train_inception_learning_rate)
  else:
    learning_rate = tf.constant(training_config.initial_learning_rate)
    if training_config.learning_rate_decay_factor > 0:
      num_batches_per_epoch = (training_config.num_examples_per_epoch /
                               model_config.batch_size)
      decay_steps = int(num_batches_per_epoch *
                        training_config.num_epochs_per_decay)

      def _learning_rate_decay_fn(learning_rate, global_step):
        return tf.train.exponential_decay(
          learning_rate,
          global_step,
          decay_steps=decay_steps,
          decay_rate=training_config.learning_rate_decay_factor,
          staircase=True)

      learning_rate_decay_fn = _learning_rate_decay_fn

  # 定义训练的操作
  train_op = tf.contrib.layers.optimize_loss(
      loss=model.total_loss,
      global_step=model.global_step,
      learning_rate=learning_rate,
      optimizer=training_config.optimizer,
      clip_gradients=training_config.clip_gradients,
      learning_rate_decay_fn=learning_rate_decay_fn)

  saver = tf.train.Saver(max_to_keep=training_config.max_checkpoints_to_keep)

# 训练
tf.contrib.slim.learning.train(
    train_op,
    train_dir,
    log_every_n_steps=FLAGS.log_every_n_steps,
```

```
graph=g,
global_step=model.global_step,
number_of_steps=FLAGS.number_of_steps,
init_fn=model.init_fn,
saver=saver)
```

最后运行 tensormodels/im2txt/im2txt/run_inference.py 来预测生成的模型。输入一张图片，看看它给出的描述。输入图 12-4 所示的图片。

图 12-4

结果如下：

```
Captions for image COCO_val2014_000000224477.jpg:
  0) a man riding a wave on top of a surfboard . (p=0.040413)
  1) a person riding a surf board on a wave (p=0.017452)
  2) a man riding a wave on a surfboard in the ocean . (p=0.005743)
```

它给出了 3 个带概率分布的句子，意思表达得比较准确，而且语法也合乎自然逻辑。

我们也希望今后看图说话能够给出更长的描述。现在有些公司的自动化新闻写作机器人已经可以根据视频直播结合一些历史数据，写作关于奥运、体育等类型的稿件了。

12.2 小结

本章主要讲述了图像和自然语言相结合的应用——看图说话。这个模型结合了卷积神经网络 Inception V3 模型和循环神经网络 LSTM 模型。实现过程中，首先将图像转换成图像嵌入向量，然后用类似于词嵌入的方法来训练。关于图像和语言相结合的例子还有图像语义标注、图像语义分析等，读者可以自行实践。

第 13 章

生成式对抗网络

生成式对抗网络（generative adversarial network，GAN）是由谷歌公司在 2014 年提出的一个网络模型，主要灵感来自于二人博弈中的零和博弈，也是目前最火热的非监督深度学习的代表。"GAN 之父" Ian J. Goodfellow 也被公认为人工智能的顶级专家。

Yann Lecun 在 Quora 上答题时曾说，他最激动的深度学习进展是生成式对抗网络。

13.1 生成式对抗网络的原理

生成式对抗网络包含一个生成模型（generative model，G）和一个判别模型（discriminative model，D）。本节内容参考了 Ian J. Goodfellow、Jean Pouget-Abadie、Mehdi Mirza、Bing Xu、David Warde-Farley、Sherjil Ozair、Aaron Courville、Yoshua Bengio 的论文《Generative Adversarial Networks》[①]。

生成式对抗网络的网络结构如图 13-1 所示。

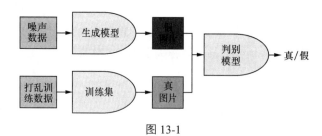

图 13-1

生成式对抗网络主要解决的问题是如何从训练样本中学习出新样本。生成模型就是负责训练出样本的分布，如果训练样本是图片就生成相似的图片，如果训练样本是文章句子就生成相似的文章句子。判别模型是一个二分类器，用来判断输入样本是真实数据还是训练生成的样本。

---

① https://arxiv.org/abs/1406.2661

生成式对抗网络的优化是一个二元极小极大博弈（minimax two-player game）问题，它的目的是使生成模型的输出再输入给判别模型时，判别模型很难判断是真实数据还是虚假数据。训练好的生成模型，有能力把一个噪声向量转化成和训练集类似的样本。

具体到每一个生成式对抗网络的模型，有很多种结构，不过整体思路是不变的，如图 13-2 所示。

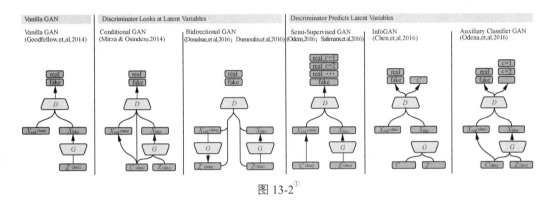

图 13-2[①]

读者也可以设计自己的 GAN 网络架构。我们主要讲解辅助分类器生成式对抗网络（auxiliary classifier GAN，AC-GAN）的实现。

13.2 生成式对抗网络的应用

生成式对抗网络取得的成果有很多，目前在生成数字和生成人脸图像方面表现都非常好，目前也是深度学习研究的一个重要思路。图 13-3 给出的是训练好的生成式对抗网络的生成模型产生出来的一些样本。

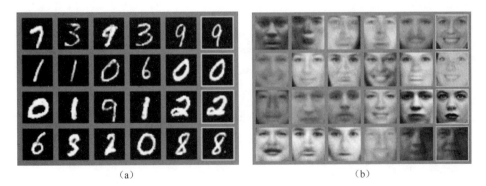

（a）　　　　　　　　　　　　　　（b）

图 13-3

---

① 本图出自 Augustus Odena、Christopher Olah 和 Jonathon Shlens 的论文《Conditional Image Synthesis with Auxiliary Classifier GANs》：https://arxiv.org/pdf/1610.09585.pdf。

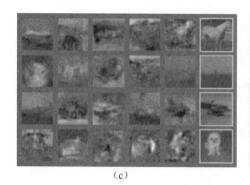

(c)　　　　　　　　　　　　　　(d)

图 13-3（续）①

13.3　生成式对抗网络的实现②

我们拿 AC-GAN 作为例子，看如何在 MNIST 数据集上实现生成式对抗网络。这个实现代码是以 Augustus Odena、Christopher Olah 和 Jonathon Shlens 的论文《Conditional Image Synthesis With Auxiliary Classifier GANs》③为基础的。

正如图 13-2 所示，我们通过噪声，让生成模型 G 生成虚假数据，然后和真实数据一起送到判别模型 D 当中，判别模型一方面输出这个数据的真/假，另一方面输出这个图片的分类（对于 MNIST 来说就是 0~9）。我们现在来看具体的代码实现。

首先定义生成模型，目的是要生成一对（z, L）数据，其中 z 是噪声向量，L 是（1, 28, 28）的图像空间，如下：

```
def build_generator(latent_size):
    cnn = Sequential()

    cnn.add(Dense(1024, input_dim=latent_size, activation='relu'))
    cnn.add(Dense(128 * 7 * 7, activation='relu'))
    cnn.add(Reshape((128, 7, 7)))

    # 上采样，图像尺寸变为 14×14
    cnn.add(UpSampling2D(size=(2, 2)))
    cnn.add(Convolution2D(256, 5, 5, border_mode='same',
                          activation='relu', init='glorot_normal'))

    # 上采样，图像尺寸变为 28×28
```

---

① 本图出自 Ian J. Goodfellow、Jean Pouget-Abadie、Mehdi Mirza、Bing Xu、David Warde-Farley、Sherjil Ozair、Aaron Courville 和 Yoshua Bengio 的论文《Generative Adversarial Networks》：https://arxiv.org/abs/1406.2661。

② 本节代码参考 https://github.com/fchollet/keras/blob/master/examples/mnist_acgan.py。

③ https://arxiv.org/abs/1610.09585

```python
    cnn.add(UpSampling2D(size=(2, 2)))
    cnn.add(Convolution2D(128, 5, 5, border_mode='same',
                        activation='relu', init='glorot_normal'))

    # 规约到 1 个通道
    cnn.add(Convolution2D(1, 2, 2, border_mode='same',
                        activation='tanh', init='glorot_normal'))

    # 生成模型的输入层,特征向量
    latent = Input(shape=(latent_size, ))

    # 生成模型的输入层,标记
    image_class = Input(shape=(1,), dtype='int32')

    cls = Flatten()(Embedding(10, latent_size, init='glorot_normal')(image_class))

    h = merge([latent, cls], mode='mul')

    fake_image = cnn(h)  # 输出虚假图片

    return Model(input=[latent, image_class], output=fake_image)
```

接下来我们定义判别模型,输入(1, 28, 28)的图片,输出有两个值,一个是判别模型认为这张图片是否是虚假图片,另一个是判别模型认为这张图片所属的分类。

```python
def build_discriminator():
    # 采用激活函数 Leaky ReLU 来替换标准的卷积神经网络中的激活函数
    cnn = Sequential()

    cnn.add(Convolution2D(32, 3, 3, border_mode='same', subsample=(2, 2),
                        input_shape=(1, 28, 28)))
    cnn.add(LeakyReLU())
    cnn.add(Dropout(0.3))

    cnn.add(Convolution2D(64, 3, 3, border_mode='same', subsample=(1, 1)))
    cnn.add(LeakyReLU())
    cnn.add(Dropout(0.3))

    cnn.add(Convolution2D(128, 3, 3, border_mode='same', subsample=(2, 2)))
    cnn.add(LeakyReLU())
    cnn.add(Dropout(0.3))

    cnn.add(Convolution2D(256, 3, 3, border_mode='same', subsample=(1, 1)))
    cnn.add(LeakyReLU())
    cnn.add(Dropout(0.3))

    cnn.add(Flatten())

    image = Input(shape=(1, 28, 28))
```

```python
    features = cnn(image)

    # 有两个输出
    # 输出真假值, 范围在 0~1
    fake = Dense(1, activation='sigmoid', name='generation')(features)
    # 辅助分类器, 输出图片的分类
    aux = Dense(10, activation='softmax', name='auxiliary')(features)

    return Model(input=image, output=[fake, aux])
```

下面开始写训练的过程,我们进行 50 轮（epoch）,并把权重保存下来,每轮也把虚假数据生成的图片保存下来,便于观察虚假数据的演化过程,代码如下:

```python
if __name__ == '__main__':
    # 定义超参数
    nb_epochs = 50
    batch_size = 100
    latent_size = 100

    # 优化器的学习率
    adam_lr = 0.0002
    adam_beta_1 = 0.5

    # 构建判别网络
    discriminator = build_discriminator()
    discriminator.compile(
        optimizer=Adam(lr=adam_lr, beta_1=adam_beta_1),
        loss=['binary_crossentropy', 'sparse_categorical_crossentropy']
    )

    # 构建生成式网络
    generator = build_generator(latent_size)
    generator.compile(optimizer=Adam(lr=adam_lr, beta_1=adam_beta_1),
                      loss='binary_crossentropy')

    latent = Input(shape=(latent_size, ))
    image_class = Input(shape=(1,), dtype='int32')

    # 生成虚假图片
    fake = generator([latent, image_class])

    # 生成组合模型
    discriminator.trainable = False
    fake, aux = discriminator(fake)
    combined = Model(input=[latent, image_class], output=[fake, aux])

    combined.compile(optimizer=Adam(lr=adam_lr, beta_1=adam_beta_1),
        loss=['binary_crossentropy', 'sparse_categorical_crossentropy'])
```

```python
)

# 将mnist数据转化为(..., 1, 28, 28)维度,并且取值范围为[-1, 1]
(X_train, y_train), (X_test, y_test) = mnist.load_data()
X_train = (X_train.astype(np.float32) - 127.5) / 127.5
X_train = np.expand_dims(X_train, axis=1)

X_test = (X_test.astype(np.float32) - 127.5) / 127.5
X_test = np.expand_dims(X_test, axis=1)

nb_train, nb_test = X_train.shape[0], X_test.shape[0]


train_history = defaultdict(list)
test_history = defaultdict(list)

for epoch in range(nb_epochs):
    print('Epoch {} of {}'.format(epoch + 1, nb_epochs))

    nb_batches = int(X_train.shape[0] / batch_size)
    progress_bar = Progbar(target=nb_batches)

    epoch_gen_loss = []
    epoch_disc_loss = []

    for index in range(nb_batches):
        progress_bar.update(index)
        # 产生一个批次的噪声数据
        noise = np.random.uniform(-1, 1, (batch_size, latent_size))

        # 获取一个批次的真实数据
        image_batch = X_train[index * batch_size:(index + 1) * batch_size]
        label_batch = y_train[index * batch_size:(index + 1) * batch_size]

        # 生成一些噪声标记
        sampled_labels = np.random.randint(0, 10, batch_size)

        # 产生一个批次的虚假图片
        generated_images = generator.predict(
            [noise, sampled_labels.reshape((-1, 1))], verbose=0)

        X = np.concatenate((image_batch, generated_images))
        y = np.array([1] * batch_size + [0] * batch_size)
        aux_y = np.concatenate((label_batch, sampled_labels), axis=0)


        epoch_disc_loss.append(discriminator.train_on_batch(X, [y, aux_y]))

        # 产生两个批次的噪声和标记
        noise = np.random.uniform(-1, 1, (2 * batch_size, latent_size))
```

```python
        sampled_labels = np.random.randint(0, 10, 2 * batch_size)

        # 我们训练生成模型来欺骗判别模型，所以将输出的真/假都设为真
        trick = np.ones(2 * batch_size)

        epoch_gen_loss.append(combined.train_on_batch(
            [noise, sampled_labels.reshape((-1, 1))], [trick, sampled_labels]))

    print('\nTesting for epoch {}:'.format(epoch + 1))

    # 评估测试集

    # 产生一个新批次的噪声数据
    noise = np.random.uniform(-1, 1, (nb_test, latent_size))

    sampled_labels = np.random.randint(0, 10, nb_test)
    generated_images = generator.predict(
        [noise, sampled_labels.reshape((-1, 1))], verbose=False)

    X = np.concatenate((X_test, generated_images))
    y = np.array([1] * nb_test + [0] * nb_test)
    aux_y = np.concatenate((y_test, sampled_labels), axis=0)

    # 看看判别模型是否能判别
    discriminator_test_loss = discriminator.evaluate(X, [y, aux_y], verbose=False)

    discriminator_train_loss = np.mean(np.array(epoch_disc_loss), axis=0)

    # 创建两个批次新的噪声数据
    noise = np.random.uniform(-1, 1, (2 * nb_test, latent_size))
    sampled_labels = np.random.randint(0, 10, 2 * nb_test)

    trick = np.ones(2 * nb_test)

    generator_test_loss = combined.evaluate(
        [noise, sampled_labels.reshape((-1, 1))],
        [trick, sampled_labels], verbose=False)

    generator_train_loss = np.mean(np.array(epoch_gen_loss), axis=0)

    # 把损失值等性能指标记录下来，并输出
    train_history['generator'].append(generator_train_loss)
    train_history['discriminator'].append(discriminator_train_loss)

    test_history['generator'].append(generator_test_loss)
    test_history['discriminator'].append(discriminator_test_loss)

    print('{0:<22s} | {1:4s} | {2:15s} | {3:5s}'.format('component',
        *discriminator.metrics_names))
```

```
    print('-' * 65)

    ROW_FMT = '{0:<22s} | {1:<4.2f} | {2:<15.2f} | {3:<5.2f}'
    print(ROW_FMT.format('generator (train)', *train_history['generator'][-1]))
    print(ROW_FMT.format('generator (test)', *test_history['generator'][-1]))
    print(ROW_FMT.format('discriminator (train)',
                        *train_history ['discriminator'][-1]))
    print(ROW_FMT.format('discriminator (test)',
                        *test_history ['discriminator'][-1]))

    # 每一个 eopch 保存一次权重
    generator.save_weights('params_generator_epoch_{0:03d}.hdf5'.format
                          (epoch), True)
    discriminator.save_weights('params_discriminator_epoch_{0:03d}.hdf5'.
                              format(epoch), True)

    # 生成一些可视化的虚假的数字来看演化过程
    noise = np.random.uniform(-1, 1, (100, latent_size))

    sampled_labels = np.array([[i] * 10 for i in range(10)]).reshape(-1, 1)

    generated_images = generator.predict([noise, sampled_labels], verbose=0)

    # 整理到一个方格中
    img = (np.concatenate([r.reshape(-1, 28)
                          for r in np.split(generated_images, 10)
                          ], axis=-1) * 127.5 + 127.5).astype(np.uint8)

    Image.fromarray(img).save('plot_epoch_{0:03d}_generated.png'.format(epoch))

pickle.dump({'train': train_history, 'test': test_history},
            open('acgan-history.pkl', 'wb'))
```

训练结束后，会创建以下 3 类文件。

- params_discriminator_epoch_{{epoch_number}}.hdf5：判别模型的权重参数。
- params_generator_epoch_{{epoch_number}}.hdf5：生成模型的权重参数。
- plot_epoch_{{epoch_number}}_generated.png：产生的一些虚假数据的图片。

在训练过程中，刚开始看到的图像是杂乱的。例如，第一轮结束后的图像如图 13-4 所示。

在 5 轮后，可以看到一些差不多的图像，如图 13-5 所示。

在训练 15 轮后，可以得到一些良好的图像，如图 13-6 所示。

图 13-4

图 13-5

图 13-6

事实上，在 15 轮左右，训练损失就已经收敛到纳什均衡点（Nash equilibrium point）。

13.4 生成式对抗网络的改进

生成式对抗网络（generative adversarial network，GAN）在无监督学习上是非常有效的。但是，常规的生成式对抗网络的判别器使用的是 Sigmoid 交叉熵损失函数，这在学习过程中可能导致梯度消失。生成式对抗网络的一个改进是 Wasserstein 生成式对抗网络（Wasserstein generative adversarial network，WGAN），它使用 Wasserstein 距离度量而不是 Jensen-Shannon 散度（Jensen-Shannon divergence，JSD）。生成式对抗网络的另一个改进是使用最小二乘生成式对抗网络（least squares generative adversarial network，LSGAN），它的判别模型采用最小平方损失函数（least squares loss function）。关于更多它们之前的区别，读者可参考 Sebastian Nowozin、Botond Cseke 和 Ryota Tomioka 的论文《f-GAN：Training Generative Neural Samplers using Variational Divergence Minimization》[1]。

13.5 小结

本章讲解了 2017 年初最令学术界惊喜的进展——生成式对抗网络，包括它的原理、目前的应用以及多个变种，并且以 AC-GAN 作为例子使用 TensorFlow 进行了实现，在 MNIST 上训练可以看到不错的效果。生成式对抗网络的改进主要有两个方向：一是度量距离的算法，二是采用不同的损失函数。

---

① https://arxiv.org/abs/1606.00709

第三篇 提高篇

终于学完基础篇和实战篇了，相信读者已经掌握了先阅读论文了解原理，然后复现模型、调整模型，最后用自己的数据训练模型的一整套方法。下面我们进入提高篇，提高篇主要着力于在训练集数据量极大、网络模型极大（也就是参数极多）的情况下，我们应该采用什么样的分布式架构设计，以及如何配合 Kubernetes、Spark 等工具来做训练。

除此之外，还介绍几个 TensorFlow 非常有潜力的新特性，如线性代数编译框架 XLA、调试工具 Debugger、TensorFlow 在移动端上的应用、生产环境工具 Serving、动态计算图工具 Flod 等。最后介绍一些机器学习的评测体系。

TensorFlow 本身是一把非常好用的锤子，基础篇介绍了锤子的结构，实战篇我们学会了用锤子砸核桃的动作，如果砸的进度非常慢怎么办？用分布式并行，配合分布式集群的管理 Kubernetes。如果核桃特别多（训练数据非常多）得无法存储怎么办？用 Spark 作为访问分布式文件系统上数据的方式。如何优化计算图本身呢？用 XLA 框架。砸得不对怎么调试呢？用 Debugger。如果在手掌上（资源有限的移动端）砸核桃怎么办？有一天要登台表演砸核桃，是不是应该多准备几个砸的姿势（生产环境工具 Serving）？砸得好不好如何来评价（机器学习的评测体系）呢？

相信通过对这些内容的学习，读者会对 TensorFlow 框架的各个方面有更深入的了解。让我们快开始吧，我曾用这篇中的知识面试过很多人，学懂这些知识可能有机会"秒杀"面试官。

第 14 章

分布式 TensorFlow

TensorFlow 的一大亮点就是支持分布式计算。分布式 TensorFlow 是由高性能的 gRPC 库作为底层技术来支持的。本章我们就来学习分布式 TensorFlow 所支持的架构和适用场景。

本章前 3 节主要参考了 Martín Abadi、Ashish Agarwal 和 Paul Barham 等的论文《TensorFlow: Large-Scale Machine Learning on Heterogeneous Distributed Systems》[1]。

14.1 分布式原理

首先，我们介绍 TensorFlow 的分布式原理。TensorFlow 的分布式集群由多个服务器进程和客户端进程组成。TensorFlow 有几种部署方式，如单机多卡和分布式（多机多卡），一般我们把多机多卡的部署称为 TensorFlow 的分布式。本节先介绍单机多卡和分布式的区别，随后介绍分布式的部署方式。

14.1.1 单机多卡和分布式

单机多卡是指单台服务器有多块 GPU。假设一台机器上有 4 块 GPU，单机多 GPU 的训练过程如下。

（1）在单机单 GPU 的训练中，数据是一个批次（batch）一个批次地训练的。在单机多 GPU 中，一次处理 4 个批次的数据，每个 GPU 处理一个批次的数据计算。

（2）变量，也就是参数，保存在 CPU 上，数据由 CPU 分发给 4 个 GPU，在 GPU 上完成计算，得到每个批次要更新的梯度。

（3）在 CPU 上收集完 4 个 GPU 上要更新的梯度，计算一下平均梯度，然后更新参数。

（4）继续第 2 步和第 3 步，循环这个过程。

---

[1] https://arxiv.org/abs/1603.04467

这个过程的处理速度取决于最慢的那个 GPU 的速度。如果 4 个 GPU 的处理速度差不多，处理速度就相当于单机单 GPU 的速度的 4 倍减去数据在 CPU 和 GPU 之间传输的开销。但是，这样进行并行训练，运算能力还是限制在单机上。

分布式是指训练在多个工作节点（worker）上。工作节点是指实现计算的一个单元，如果计算服务器是单卡，一般就是指这台服务器；如果计算服务器是多卡，还可以根据多个 GPU 划分多个工作节点。当数据量大到超过一台机器的处理能力时，必须使用分布式。

分布式 TensorFlow 底层的通信是 gRPC（google remote procedure call）。gRPC 是谷歌开源的一个高性能、跨语言的 RPC 框架。RPC 协议，即远程过程调用协议，是指通过网络从远程计算机程序上请求服务。也就是说，假设你在本机上执行一段代码 num=add(a, b)，它被调用后，得到一个返回结果，你感觉这段代码是在本机上执行的，但实际情况是，本机上的 add 方法是将参数打包发送给远程服务器，由远程服务器运行 add 方法，将返回的结果再打包返回给本机客户端的。

14.1.2　分布式部署方式

在分布式运行的情况下，我们需要有多个计算单元（工作节点），后端的服务器可以部署为单工作节点和多工作节点。

1．单工作节点部署

单工作节点部署是在每台服务器上运行一个工作节点，假设服务器有 4 个 GPU，一个工作节点可以访问 4 块 GPU 卡，这时需要在代码中使用 tf.device()指定运行操作的设备。

单工作节点部署的优势是在单机多个 GPU 间需要通信的情况下，效率更高。例如，可以实现 RNN 的模型并行。单工作节点部署的劣势是需要手动在代码中指定设备。

2．多工作节点部署

多工作节点是指一台服务器上可以运行多个工作节点。部署有以下两种方法。

（1）设置 CUDA_VISIBLE_DEVICES 环境变量，限制各个工作节点只可见一个 GPU，启动进程时添加环境变量即可。例如，每个工作节点只能访问一个 GPU，在代码中不需要额外指定[①]。示例如下：

```
CUDA_VISIBLE_DEVICES='' python ./distributed_supervisor.py --ps_hosts=
127.0.0.1:2222,127.0.0.1:2223 --worker_hosts=127.0.0.1:2224,127.0.0.1:2225
--job_name=ps --task_index=0
CUDA_VISIBLE_DEVICES='' python ./distributed_supervisor.py
--ps_hosts=127.0.0.1:2222,127.0.0.1:2223 --worker_hosts=127.0.0.1:2224,
127.0.0.1:2225 --job_name=ps --task_index=1
```

---

① 代码参考 https://github.com/tobegit3hub/tensorflow_examples/tree/master/distributed_tensorflow。

```
CUDA_VISIBLE_DEVICES='0' python ./distributed_supervisor.py
--ps_hosts=127.0.0.1:2222,127.0.0.1:2223 --worker_hosts=127.0.0.1:2224,
127.0.0.1:2225 --job_name=worker --task_index=0
CUDA_VISIBLE_DEVICES='1' python ./distributed_supervisor.py
--ps_hosts=127.0.0.1:2222,127.0.0.1:2223 --worker_hosts=127.0.0.1:2224,
127.0.0.1:2225 --job_name=worker --task_index=1
```

（2）使用 tf.device()指定使用特定的 GPU。

多工作节点部署的优势是代码简单，提高 GPU 使用率。多工作节点部署的劣势是工作节点间如果需要通信就不能利用本地 GPU 通信的优势，而且部署时需要部署多个工作节点。

14.2 分布式架构[①]

了解了分布式的原理之后，我们来看一下分布式架构的组成。分布式架构主要由客户端（client）和服务端（server）组成，服务端又包括主节点（master）和工作节点（worker）两者组成。我们需要关注客户端、主节点和工作节点这三者间的关系和它们的交互过程。

14.2.1 客户端、主节点和工作节点的关系

简单地来说，在 TensorFlow 中，客户端通过会话来联系主节点，实际的工作交由工作节点实现。每个工作节点占据一台设备（是 TensorFlow 具体计算的硬件抽象，即 CPU 或 GPU）。在单机模式下，客户端、主节点和工作节点都在同一台服务器上；在分布式模式下，它们可以位于不同的服务器上。

图 14-1 展示了这三者之间的关系。

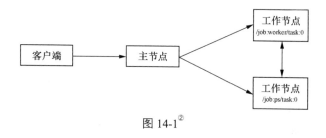

图 14-1[②]

1. 客户端

客户端用于建立 TensorFlow 计算图，并建立与集群进行交互的会话层。因此，代码中只要包含 Session()就是客户端。一个客户端可以同时与多个服务端相连，同时一个服务端也可以与

---

① 本节内容参考 https://www.tensorflow.org/extend/architecture。
② 本图出自 https://www.tensorflow.org/extend/architecture。

多个客户端相连。

2. 服务端

服务端是一个运行了 tf.train.Server 实例的进程，是 TensorFlow 执行任务的集群（cluster）的一部分，并有主节点服务（Master service，也叫主节点）和工作节点服务（Worker service，也叫工作节点）之分。运行中由一个主节点进程和数个工作节点进程组成，主节点进程和工作节点进程之间通过接口通信。单机多卡和分布式都是这种结构，因此只需要更改它们之间通信的接口就可以实现单机多卡和分布式的切换。

3. 主节点服务

主节点服务实现了 tensorflow::Session 接口，通过 RPC 服务程序来远程连接工作节点，与工作节点的服务进程中的工作任务进行通信。在 TensorFlow 服务端中，一般是 task_index 为 0 的作业（job）。

4. 工作节点服务

工作节点服务实现了 worker_service.proto 接口，使用本地设备对部分图进行计算。在 TensorFlow 服务端中，所有工作节点都包含工作节点的服务逻辑。每个工作节点负责管理一个或者多个设备。工作节点也可以是本地不同端口的不同进程，或者多台服务器上的多个进程。14.6 节中会用本地不同端口的两个进程来模拟两个工作节点的部署。

在运行 TensorFlow 的分布式时，我们首先需要创建一个 TensorFlow 集群（cluster）对象。集群是 TensorFlow 分布式执行的任务集，由一个或者多个作业（job）组成，而每个作业又由一个或多个具有相同目的的任务（task）组成。每个任务一般由一个工作进程来执行。由此可知，作业是任务的集合，集群是作业的集合。

在分布式机器学习框架（包括 TensorFlow 在内）中，一般把作业划分为参数作业（parameter job）和工作节点作业（worker job）。参数作业运行的服务器称为参数服务器（parameter server，PS），负责管理参数的存储和更新；工作节点作业负责管理无状态且主要从事计算的任务，如运行操作。

当模型越来越大，模型的参数越来越多，多到一台机器的性能不够完成对模型参数的更新的时候，就需要把参数分开放到不同的机器去存储和更新。参数服务器可以是由多台机器组成的集群，这就有点儿类似于分布式存储架构，涉及数据的同步、一致性等，参数可以存储为键值（key-value）的形式，或者理解为一个分布式的键值内存数据库，然后再加上一些参数更新的操作。[①]

因此，参数的存储和更新是在参数作业中进行的，模型的计算是在工作节点作业中进行的。TensorFlow 的分布式实现作业间的数据传输，也就是参数作业到工作节点作业的前向传播，以

---

① 关于参数服务器的更多编程框架参见李沐的文章《Parameter Server for Distributed Machine Learning》：http://www.cs.cmu.edu/~muli/file/ps.pdf。

及工作节点作业到参数作业的反向传播。

任务相当于是一个特定的 TensorFlow 服务器的独立进程，该进程属于特定的作业并在作业中拥有对应的序号。在大多数情况下，一个任务对应一个工作节点。

图 14-2 展示了我对集群内各种关系的理解。

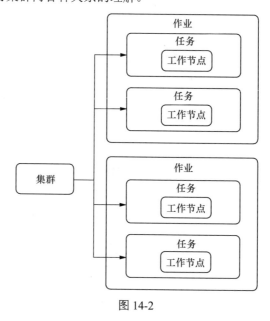

图 14-2

14.2.2 客户端、主节点和工作节点的交互过程

任务整体执行流程如图 14-3 所示，左边是单机多卡的交互，右边是分布式的交互。

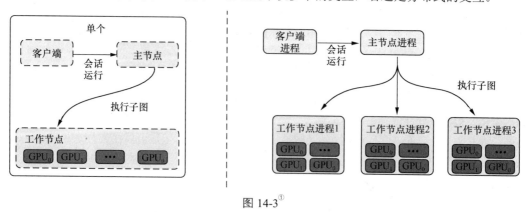

图 14-3[①]

---

① 本图出自论文《TensorFlow: Large-Scale Machine Learning on Heterogeneous Distributed Systems》：https://arxiv.org/abs/1603.04467v1。

14.3 分布式模式

知道了分布式的架构以及客户端、主节点和工作节点的关系，我们来看看分布式的具体运行模式是什么。在训练一个模型的过程中，有哪些部分可以分开，放在不同的机器上运行呢？这里就介绍两种模式：数据并行和模型并行。

14.3.1 数据并行

数据并行的原理很简单，如图 14-4 所示。其中 CPU 主要负责梯度平均和参数更新，而 GPU1 和 GPU2 主要负责训练模型副本（model replica）。这里称作"模型副本"是因为它们都是基于训练样例的子集训练得到的，模型之间具有一定的独立性。

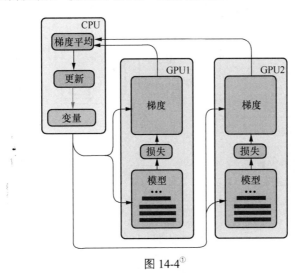

图 14-4[①]

具体的训练步骤如下。

（1）在 GPU1 和 GPU2 上分别定义模型网络结构。

（2）对于单个 GPU，分别从数据管道读取不同的数据块，然后进行前向传播，计算出损失，再计算当前变量的梯度。

（3）把所有 GPU 输出的梯度数据转移到 CPU 上，先进行梯度求平均操作，然后进行模型变量的更新。

（4）重复第 1 步至第 3 步，直到模型变量收敛为止。

数据并行的目的主要是提高 SGD 的效率。例如，假如每次 SGD 的 mini-batch 大小是 1000 个

---

① 本图出自 https://www.tensorflow.org/tutorials/deep_cnn。

样本，那么如果切成 10 份，每份 100 个，然后将模型复制 10 份，就可以在 10 个模型上同时计算。

但是，因为 10 个模型的计算速度可能是不一致的，有的快有的慢，那么在 CPU 更新变量的时候，是应该等待这一 mini-batch 全部计算完成，然后求和取平均来更新呢，还是让一部分先计算完的就先更新，后计算完的将前面的覆盖呢？这就引出了同步更新和异步更新的问题。

14.3.2 同步更新和异步更新

分布式随机梯度下降法是指，模型参数可以分布式地存储在不同的参数服务器上，工作节点可以并行地训练数据并且能够和参数服务器通信获取模型参数。更新参数也分为同步和异步两种方式，即为异步随机梯度下降法（Async-SGD）和同步随机梯度下降法（Sync-SGD），如图 14-5 所示。

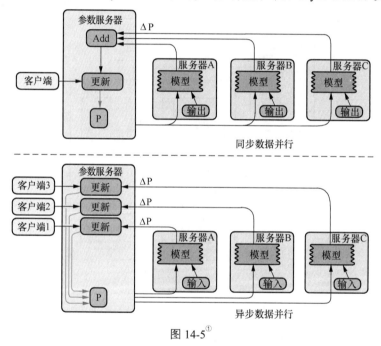

图 14-5[①]

同步随机梯度下降法（也称同步更新、同步训练）的含义是在进行训练时，每个节点上的工作任务需要读入共享参数，执行并行的梯度计算，同步需要等待所有工作节点把局部的梯度算好，然后将所有共享参数进行合并、累加，再一次性更新到模型的参数；下一个批次中，所有工作节点拿到模型更新后的参数再进行训练。

这种方案的优势是，每个训练批次都考虑了所有工作节点的训练情况，损失下降比较稳定；劣势是，性能瓶颈在于最慢的工作节点上。在异构设备中，工作节点性能常常不同，这个劣势非常明显。

---

① 本图出自论文《TensorFlow: Large-Scale Machine Learning on Heterogeneous Distributed Systems》：https://arxiv.org/abs/1603.04467v1。

异步随机梯度下降法（也称异步更新、异步训练）的含义是每个工作节点上的任务独立计算局部梯度，并异步更新到模型的参数中，不需要执行协调和等待操作。

这种方案的优势优势是，性能不存在瓶颈；劣势是，每个工作节点计算的梯度值发送回参数服务器会有参数更新的冲突，一定程度上会影响算法的收敛速度，在损失下降过程中抖动较大。

同步更新和异步更新如何选择？有没有优化方式呢？

同步更新和异步更新的实现区别主要在于更新参数服务器的参数的策略。在数据量小，各个节点的计算能力比较均衡的情况下，推荐使用同步模式；在数据量很大，各个机器的计算性能参差不齐的情况下，推荐使用异步模式。具体使用哪一种还可以看实验结果，一般数据量足够大的情况下异步更新效果会更好。

为了解决有些工作节点计算比较慢的问题，可以使用多一些工作节点。例如，让工作节点总数变为 $n+n \times 5\%$，n 为集群工作节点数。异步更新可以设定为在接受到 n 个工作节点的参数后，可以直接更新参数服务器上的模型参数，进入下一个批次的模型训练。计算比较慢的节点上训练出来的参数直接被丢弃。我们称这种方法为带备份的 Sync-SGD（Sync-SGD with backup）。

在 Jianmin Chen、Xinghao Pan、Rajat Monga、Samy Bengio 和 Rafal Jozefowicz 的论文《Revisiting Distributed Synchronous SGD》中，作者曾基于 ImageNet 数据集用 TensorFlow 的 Async-SGD、Sync-SGD、带备份的 Sync-SGD 模式做了 1000 种图片的分类训练。实验环境分别为 50、100 和 200 个工作节点，运行在 NVIDIA K40 GPU 上。图 14-6 展示的是 50、100 和 200 个工作节点，用上述 3 种模型的训练结果。

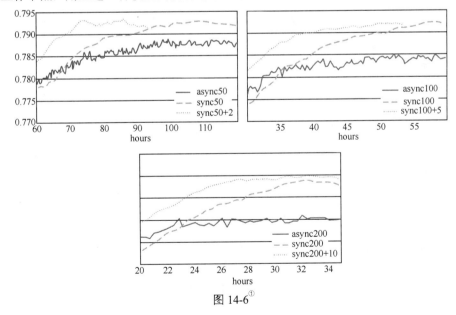

图 14-6[①]

---

① 本图出自论文《Revisiting Distributed Synchronous SGD》：https://arxiv.org/abs/1604.00981。

可以看出增加两个备份节点，带备份的 Sync-SGD 模型可以快速提升模型训练速度。从图 14-6 所示的 50 个工作节点的情况可以看出，Sync-SGD 模型比 Async-SGD 模型大概提升了 25% 的训练速度，以及 0.48%的准确度。

而且随着工作节点数目的增多，训练时间会极大缩短。如图 14-7 所示，采用 Async-SGD 算法，分别用 25、50、100 和 200 个节点，200 个节点的训练时间是采用 25 个节点的训练时间的 1/8，说明分布式的 TensorFlow 能够提升大规模训练的效率。

工作节点数	测试准确率（%）	时间（小时）
25	78.94	184.9
50	78.83	97.67
100	78.44	51.97
200	78.04	22.94

图 14-7[①]

理解了参数更新的机制，还有很重要的一步，训练时数据是如何分发到工作节点上的呢？

同步更新与异步更新有图内模式（in-graph pattern）和图间模式（between-graph pattern）两种模式，是独立于图内（in-graph）和图间（between-graph）的概念，也就是说无论是图内还是图间都可以实现同步更新和异步更新，只是实现代码上会有些差异。

图内复制（in-graph replication）是指所有操作（operation）都在同一个图中，用一个客户端来生成图，然后把所有操作分配到集群的所有参数服务器和工作节点上。图内复制和单机多卡有点类似，是扩展到了多机多卡，但是数据分发还是在客户端一个节点上。这种方式的优势是计算节点只需要调用 join()函数等待任务，客户端随时提交数据就可以训练。但劣势是训练数据的分发在一个节点上，要分发给不同的工作节点，严重影响并发训练速度。因此，在数据量很大的情况下，不推荐使用这种模式。

图间复制（between-graph replication）与图内复制对应，是指每一个工作节点创建一个图，训练的参数保存在参数服务器，数据不用分发，各个工作节点独立计算，计算完成后，把要更新的参数告诉参数服务器，参数服务器来更新参数。这种模式的优势是不需要数据分发，各个工作节点都会创建图和读取数据进行训练。劣势是工作节点既是图的创建者又是计算任务的执行者，如果某个工作节点宕机会影响集群的工作。这种模式是在数据量在 TB 级的时候，并发性能很高。因此，大数据相关的深度学习还是推荐使用图间模式。在 14.6 节的对 MNIST 进行分布式训练的例子中，我们就采用了这种方式。

14.3.3 模型并行

还可以对模型进行切分，让模型的不同部分执行在不同的设备上，这样一个批次样本可以

---

① 本图参考 Jianmin Chen、Xinghao Pan 和 Rajat Monga 等人的论文《Revisiting Distributed Synchronous SGD》：https://arxiv.org/abs/1604.00981。

在不同的设备上同时执行。为了充分利用同一台设备的计算能力，TensorFlow 会尽量让相邻的计算在同一台设备上完成来节省网络开销。如图 14-8 所示，这是一个 LSTM 模型，展示一个批次的样本在设备 1、设备 2、设备 3 同时训练，分别执行模型的不同部分，分别训练出 P1、P2、P3 三个不同的参数。

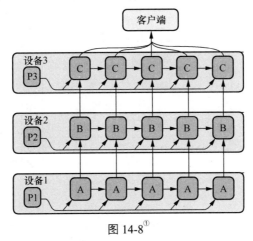

图 14-8[①]

本节的模型并行和数据并行，说明在 TensorFlow 中，计算可以分离，参数也可以分离。可以在每个设备上分配计算节点，然后让其对应的参数也在该设备上，让计算和参数放在一起。

14.4　分布式 API[②]

创建集群的方法是为每一个任务（task）启动一个服务（工作节点服务或者主节点服务）。这些任务可以分布在不同的机器上，也可以同一台机器启动多个任务，使用不同的 GPU 来运行。每个任务会完成以下工作。

（1）创建一个 tf.train.ClusterSpec，用于对集群中的所有任务进行描述，该描述内容对所有任务应该是相同的。

（2）创建一个 tf.train.Server，用于创建一个服务，并运行相应作业上的计算任务。

TensorFlow 的分布式开发 API 主要包括以下几个。

（1）tf.train.ClusterSpec({"ps": ps_hosts, "worker": worker_hosts})。创建 TensorFlow 集群描述信息，其中 ps 和 worker 为作业名称，ps_hosts 和 worker_hosts 为该作业的任务所在节点的地址信息。表 14-1 中个给出了两个示例，tf.train.ClusterSpec 的传入参数是作业和任务之间的关系映

[①] 本图出自 Martın Abadi、Ashish Agarwal 和 Paul Barham 等人的论文《TensorFlow: Large-Scale Machine Learning on Heterogeneous Distributed Systems》：https://arxiv.org/abs/1603.04467v1。

[②] 本节内容部分参考 https://www.tensorflow.org/deploy/distributed。

射，该映射关系中的任务是通过 IP 地址和端口号表示的。

表 14-1

tf.train.ClusterSpec 结构	可用任务
tf.train.ClusterSpec({"local": ["localhost:2222", "localhost:2223"]})	/job:local/task:0 /job:local/task:1
tf.train.ClusterSpec({ 　"worker": [　　"worker0.example.com:2222", 　　"worker1.example.com:2222", 　　"worker2.example.com:2222" 　], 　"ps": [　　"ps0.example.com:2222", 　　"ps1.example.com:2222" 　]})	/job:worker/task:0 /job:worker/task:1 /job:worker/task:2 /job:ps/task:0 /job:ps/task:1

（2）tf.train.Server(cluster, job_name, task_index)。创建一个服务（主节点服务或者工作节点服务），用于运行相应作业上的计算任务，运行的任务在 task_index 指定的机器上启动。例如，在本地的 2222 和 2223 两个端口上配置不同的任务：

```
# 在任务 0:
cluster = tf.train.ClusterSpec({"local": ["localhost:2222", "localhost:2223"]})
server = tf.train.Server(cluster, job_name="local", task_index=0)
# 在任务 1:
cluster = tf.train.ClusterSpec({"local": ["localhost:2222", "localhost:2223"]})
server = tf.train.Server(cluster, job_name="local", task_index=1)
```

但是，这种做法还需要手动配置节点，无法实现动态的扩容或缩容。当集群规模比较大时，就需要使用自动化的管理节点、监控节点的工具，如集群管理工具 Kubernetes（第 17 章中会讲解 TensorFlow 在 Kubernetes 上的部署和应用）。

（3）tf.device(device_name_or_function)。设定在指定的设备上执行张量运算，指定代码运行在 CPU 或 GPU 上。示例如下：

```
#指定在 task0 所在的机器上执行 Tensor 的操作运算
with tf.device("/job:ps/task:0"):
    weights_1 = tf.Variable(...)
    biases_1 = tf.Variable(...)
```

14.5　分布式训练代码框架

下面展示将如何创建一个 TensorFlow 服务器集群，以及如何在该集群中分布式计算一个数据流图。TensorFlow 分布式集群的所有节点执行的代码都是相同的。分布式任务代码具有固定的结构：

```
# 第1步：命令行参数解析，获取集群的信息 ps_hosts 和 worker_hosts,
# 以及当前节点的角色信息 job_name 和 task_index。例如：
tf.app.flags.DEFINE_string("ps_hosts", "", "Comma-separated list of hostname:port pairs")
tf.app.flags.DEFINE_string("worker_hosts", "", "Comma-separated list of hostname:port pairs")
tf.app.flags.DEFINE_string("job_name", "", "One of 'ps', 'worker'")
tf.app.flags.DEFINE_integer("task_index", 0, "Index of task within the job")
FLAGS = tf.app.flags.FLAGS
ps_hosts = FLAGS.ps_hosts.split(",")
worker_hosts = FLAGS.worker_hosts(",")

# 第2步：创建当前任务节点的服务器
cluster = tf.train.ClusterSpec({"ps": ps_hosts, "worker": worker_hosts})
server = tf.train.Server(cluster, job_name=FLAGS.job_name, task_index=FLAGS.task_index)

# 第3步：如果当前节点是参数服务器，则调用 server.join() 无休止等待；如果是工作节点，则执行第4步
if FLAGS.job_name == "ps":
    server.join()

# 第4步：构建要训练的模型，构建计算图
elif FLAGS.job_name == "worker":
# build tensorflow graph model

# 第5步：创建 tf.train.Supervisor 来管理模型的训练过程
# 创建一个 supervisor 来监督训练过程
sv = tf.train.Supervisor(is_chief=(FLAGS.task_index == 0), logdir="/tmp/train_logs")
# supervisor 负责会话初始化和从检查点恢复模型
sess = sv.prepare_or_wait_for_session(server.target)
# 开始循环，直到 supervisor 停止
while not sv.should_stop()
    # 训练模型
```

现在我们就根据本节所讲的 TensorFlow 分布式训练代码框架，来看看如何对 MNIST 进行分布式训练。对于上述代码框架，我们要编写的主要有两部分：构建 TensorFlow 图模型的代码，以及每一步执行训练的代码。

14.6 分布式最佳实践[①]

本节采用图 14-9 所示的结构对 MNIST 数据集进行分布式训练。我们在本机上开设 3 个端

---

① 本节代码参考 tensorflow-1.1.0/tensorflow/tools/dist_test/python/mnist_replica.py。

口作为分布式工作节点的部署，2222 端口为参数服务器，2223 端口为工作节点 0，2224 端口为工作节点 1。参数服务器执行参数更新任务，工作节点 0 和工作节点 1 执行图模型训练计算任务。

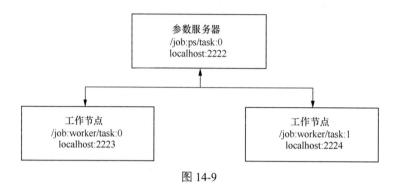

图 14-9

我们先来运行代码，看看结果什么样。开启 3 个终端，分别运行：

```
python mnist_replica.py --job_name="ps" --task_index=0
python mnist_replica.py --job_name="worker" --task_index=0
python mnist_replica.py --job_name="worker" --task_index=1
```

在开启参数服务器（ps）的终端里，结果如下：

```
job name = ps
task index = 0
I tensorflow/core/distributed_runtime/rpc/grpc_channel.cc:200] Initialize GrpcChannel
Cache for job ps -> {0 -> localhost:2222}
I tensorflow/core/distributed_runtime/rpc/grpc_channel.cc:200] Initialize GrpcChannel
Cache for job worker -> {0 -> localhost:2223, 1 -> localhost:2224}
I tensorflow/core/distributed_runtime/rpc/grpc_server_lib.cc:217] Started server
with target: grpc://localhost:2222
```

然后该进程挂起，等待工作节点服务中的进程开始训练。

我们一共进行 200 次迭代，工作节点 1 执行了 169 次迭代，计算输出如下：

```
job name = worker
task index = 0
I tensorflow/core/distributed_runtime/rpc/grpc_channel.cc:200] Initialize GrpcChannel
Cache for job ps -> {0 -> localhost:2222}
I tensorflow/core/distributed_runtime/rpc/grpc_channel.cc:200] Initialize GrpcChannel
Cache for job worker -> {0 -> localhost:2223, 1 -> localhost:2224}
I tensorflow/core/distributed_runtime/rpc/grpc_server_lib.cc:217] Started server
with target: grpc://localhost:2223
Worker 0: Initializing session...
I tensorflow/core/distributed_runtime/master_session.cc:994] Start master session
0d791a02977e5701 with config:
```

```
device_filters: "/job:ps"
device_filters: "/job:worker/task:0"
allow_soft_placement: true

Worker 0: Session initialization complete.
Training begins @ 1483516057.489495
1483516057.518419: Worker 0: training step 1 done (global step: 0)
1483516057.541053: Worker 0: training step 2 done (global step: 1)
1483516057.569677: Worker 0: training step 3 done (global step: 2)
1483516057.584578: Worker 0: training step 4 done (global step: 3)
1483516057.646970: Worker 0: training step 5 done (global step: 4)
# ……中间略去
1483516059.286596: Worker 0: training step 166 done (global step: 197)
1483516059.291600: Worker 0: training step 167 done (global step: 198)
1483516059.297347: Worker 0: training step 168 done (global step: 199)
1483516059.303738: Worker 0: training step 169 done (global step: 200)
Training ends @ 1483516059.303808
Training elapsed time: 1.814313 s
After 200 training step(s), validation cross entropy = 1235.56
```

工作节点 2 执行了 34 次迭代，结果如下：

```
job name = worker
task index = 1
I tensorflow/core/distributed_runtime/rpc/grpc_channel.cc:200] Initialize GrpcChannel
Cache for job ps -> {0 -> localhost:2222}
I tensorflow/core/distributed_runtime/rpc/grpc_channel.cc:200] Initialize GrpcChannel
Cache for job worker -> {0 -> localhost:2223, 1 -> localhost:2224}
I tensorflow/core/distributed_runtime/rpc/grpc_server_lib.cc:217] Started server
with target: grpc://localhost:2224
Worker 1: Waiting for session to be initialized...
I tensorflow/core/distributed_runtime/master_session.cc:994] Start master session
92e671f3dd1ffd05 with config:
device_filters: "/job:ps"
device_filters: "/job:worker/task:1"
allow_soft_placement: true

Worker 1: Session initialization complete.
Training begins @ 1483516058.803010
1483516058.832164: Worker 1: training step 1 done (global step: 121)
1483516058.844464: Worker 1: training step 2 done (global step: 123)
1483516058.860988: Worker 1: training step 3 done (global step: 126)
1483516058.873543: Worker 1: training step 4 done (global step: 128)
1483516058.884758: Worker 1: training step 5 done (global step: 130)
# ……中间略去
1483516059.152332: Worker 1: training step 30 done (global step: 176)
1483516059.167606: Worker 1: training step 31 done (global step: 178)
1483516059.177215: Worker 1: training step 32 done (global step: 180)
1483516059.301384: Worker 1: training step 33 done (global step: 182)
1483516059.309557: Worker 1: training step 34 done (global step: 202)
Training ends @ 1483516059.309638
```

```
Training elapsed time: 0.506628 s
After 200 training step(s), validation cross entropy = 1235.56
```

下面我们一起来看一下如何用代码实现在 MNIST 上进行分布式训练。

首先,定义一些常量,用于构建数据流图:

```
flags = tf.app.flags
flags.DEFINE_string("data_dir", "/tmp/mnist-data", "Directory for storing mnist data")
# 只下载数据,不做其他操作
flags.DEFINE_boolean("download_only", False,
                     "Only perform downloading of data; Do not proceed to "
                     "session preparation, model definition or training")
# task_index 从 0 开始。0 代表用来初始化变量的第一个任务
flags.DEFINE_integer("task_index", None,
                     "Worker task index, should be >= 0. task_index=0 is "
                     "the master worker task the performs the variable "
                     "initialization ")
# 每台机器的 GPU 个数,这里在前述 Mac 笔记本上运行,因此为 0
flags.DEFINE_integer("num_gpus", 0,
                     "Total number of gpus for each machine."
                     "If you don't use GPU, please set it to '0'")
# 在同步训练模式下,设置收集的工作节点的数量。默认就是工作节点的总数
flags.DEFINE_integer("replicas_to_aggregate", None,
                     "Number of replicas to aggregate before parameter update"
                     "is applied (For sync_replicas mode only; default: "
                     "num_workers)")
flags.DEFINE_integer("hidden_units", 100,
                     "Number of units in the hidden layer of the NN")
# 训练的次数
flags.DEFINE_integer("train_steps", 200,
                     "Number of (global) training steps to perform")
flags.DEFINE_integer("batch_size", 100, "Training batch size")
flags.DEFINE_float("learning_rate", 0.01, "Learning rate")
# 使用同步训练/异步训练
flags.DEFINE_boolean("sync_replicas", False,
                     "Use the sync_replicas (synchronized replicas) mode, "
                     "wherein the parameter updates from workers are aggregated "
                     "before applied to avoid stale gradients")
# 如果服务器已经存在,采用 gRPC 协议通信;如果不存在,采用进程间通信
flags.DEFINE_boolean(
    "existing_servers", False, "Whether servers already exists. If True, "
    "will use the worker hosts via their GRPC URLs (one client process "
    "per worker host). Otherwise, will create an in-process TensorFlow "
    "server.")
# 参数服务器主机
flags.DEFINE_string("ps_hosts","localhost:2222",
                    "Comma-separated list of hostname:port pairs")
# 工作节点主机
flags.DEFINE_string("worker_hosts", "localhost:2223,localhost:2224",
                    "Comma-separated list of hostname:port pairs")
# 本作业是工作节点还是参数服务器
```

```
flags.DEFINE_string("job_name", None,"job name: worker or ps")

FLAGS = flags.FLAGS

IMAGE_PIXELS = 28
```

下面我们就从命令行参数中读取参数服务器和工作节点的主机信息,用 tf.train.ClusterSpec 来创建 TensorFlow 的集群描述。

```
# 读取集群的描述信息
ps_spec = FLAGS.ps_hosts.split(",")
worker_spec = FLAGS.worker_hosts.split(",")

# 创建 TensorFlow 集群描述对象
cluster = tf.train.ClusterSpec({
  "ps": ps_spec,
  "worker": worker_spec})
```

为本地执行的任务创建 TensorFlow 的 Server 对象。

```
  if not FLAGS.existing_servers:
    # 创建本地 Sever 对象,从 tf.train.Server 这个定义开始,每个节点开始不同
    # 根据执行的命令的参数(作业名字)不同,决定了这个任务是哪个任务
    # 如果作业名字是 ps,进程就加入这里,作为参数更新的服务,等待其他工作节点给它提交参数更新的数据
    # 如果作业名字是 worker,就执行后面的计算任务
    server = tf.train.Server(cluster, job_name=FLAGS.job_name,
                             task_index=FLAGS.task_index)
    # 如果是参数服务器,直接启动即可。这时,进程就会阻塞在这里
    # 下面的 tf.train.replica_device_setter 代码会将参数指定给 ps_server 保管
    if FLAGS.job_name == "ps":
      server.join()
```

下面需要处理工作节点:

```
  # 找出 worker 的主节点,即 task_index 为 0 的点
  is_chief = (FLAGS.task_index == 0)
  # 如果使用 gpu
  if FLAGS.num_gpus > 0:
    if FLAGS.num_gpus < num_workers:
      raise ValueError("number of gpus is less than number of workers")
    gpu = (FLAGS.task_index % FLAGS.num_gpus)
    # 分配 worker 到指定的 gpu 上运行
    worker_device = "/job:worker/task:%d/gpu:%d" % (FLAGS.task_index, gpu)
  # 如果使用 cpu:
  elif FLAGS.num_gpus == 0:
    # 把 cpu 分配给 worker
    cpu = 0
    worker_device = "/job:worker/task:%d/cpu:%d" % (FLAGS.task_index, cpu)
```

我们使用 tf.train.replica_device_setter 将涉及变量的操作分配到参数服务器上,并使用 CPU;

将涉及非变量的操作分配到工作节点上，使用上一步 worker_device 的值。

```
# 在这个 with 语句之下定义的参数，会自动分配到参数服务器上去定义
如果有多个参数服务器，就轮流循环分配
with tf.device(
  tf.train.replica_device_setter(
    worker_device=worker_device,
    ps_device="/job:ps/cpu:0",
    cluster=cluster)):
  # 定义全局步长，默认值为 0
  global_step = tf.Variable(0, name="global_step", trainable=False)

  # 定义隐藏层参数变量，这里是全连接神经网络隐藏层
  hid_w = tf.Variable(
    tf.truncated_normal(
      [IMAGE_PIXELS * IMAGE_PIXELS, FLAGS.hidden_units],
      stddev=1.0 / IMAGE_PIXELS),
    name="hid_w")
  hid_b = tf.Variable(tf.zeros([FLAGS.hidden_units]), name="hid_b")

  # 定义 Softmax 回归层的参数变量
  sm_w = tf.Variable(
    tf.truncated_normal(
      [FLAGS.hidden_units, 10],
      stddev=1.0 / math.sqrt(FLAGS.hidden_units)),
    name="sm_w")
  sm_b = tf.Variable(tf.zeros([10]), name="sm_b")

  # 定义模型输入数据变量
  x = tf.placeholder(tf.float32, [None, IMAGE_PIXELS * IMAGE_PIXELS])
  y_ = tf.placeholder(tf.float32, [None, 10])

  # 构建隐藏层
  hid_lin = tf.nn.xw_plus_b(x, hid_w, hid_b)
  hid = tf.nn.relu(hid_lin)

  # 构建损失函数和优化器
  y = tf.nn.softmax(tf.nn.xw_plus_b(hid, sm_w, sm_b))
  cross_entropy = -tf.reduce_sum(y_ * tf.log(tf.clip_by_value(y, 1e-10, 1.0)))

  # 异步训练模式：自己计算完梯度就去更新参数，不同副本之间不会去协调进度
  opt = tf.train.AdamOptimizer(FLAGS.learning_rate)

  # 同步训练模式
  if FLAGS.sync_replicas:
    if FLAGS.replicas_to_aggregate is None:
      replicas_to_aggregate = num_workers
    else:
      replicas_to_aggregate = FLAGS.replicas_to_aggregate
    # 使用 SyncReplicasOptimizer 作为优化器，并且是在图间复制情况下
    # 在图内复制情况下将所有的梯度平均就可以了
```

```python
    opt = tf.train.SyncReplicasOptimizer(
        opt,
        replicas_to_aggregate=replicas_to_aggregate,
        total_num_replicas=num_workers,
        name="mnist_sync_replicas")

train_step = opt.minimize(cross_entropy, global_step=global_step)


if FLAGS.sync_replicas:
    local_init_op = opt.local_step_init_op
    if is_chief:
        # 所有的进行计算的工作节点里的一个主工作节点（chief）
        # 这个主节点负责初始化参数、模型的保存、概要的保存等
        local_init_op = opt.chief_init_op

    ready_for_local_init_op = opt.ready_for_local_init_op

    # 同步训练模式所需的初始令牌和主队列
    chief_queue_runner = opt.get_chief_queue_runner()
    sync_init_op = opt.get_init_tokens_op()

init_op = tf.global_variables_initializer()
train_dir = tempfile.mkdtemp()

if FLAGS.sync_replicas:
    # 创建一个监管程序，用于统计训练模型过程中的信息
    # logdir 是保存和加载模型的路径
    # 启动就会去这个 logdir 目录看是否有检查点文件，有的话就自动加载
    # 没有就用 init_op 指定的初始化参数
    # 主工作节点（chief）负责模型参数初始化等工作
    # 在这个过程中，其他工作节点等待主节点完成初始化工作，初始化完成后，一起开始训练数据
    # global_step 的值是所有计算节点共享的
    # 在执行损失函数最小值的时候会自动加 1，通过 global_step 能知道所有计算节点一共计算了多少步
    sv = tf.train.Supervisor(
        is_chief=is_chief,
        logdir=train_dir,
        init_op=init_op,
        local_init_op=local_init_op,
        ready_for_local_init_op=ready_for_local_init_op,
        recovery_wait_secs=1,
        global_step=global_step)
else:
    sv = tf.train.Supervisor(
        is_chief=is_chief,
        logdir=train_dir,
        init_op=init_op,
        recovery_wait_secs=1,
        global_step=global_step)
# 在创建会话时，设置属性 allow_soft_placement 为 True
# 所有的操作会默认使用其被指定的设备，如 GPU
```

```python
# 如果该操作函数没有 GPU 实现时，会自动使用 CPU 设备
sess_config = tf.ConfigProto(
    allow_soft_placement=True,
    log_device_placement=False,
    device_filters=["/job:ps", "/job:worker/task:%d" % FLAGS.task_index])

# 主工作节点（chief），即 task_index 为 0 的节点将会初始化会话
# 其余的工作节点会等待会话被初始化后进行计算
if is_chief:
    print("Worker %d: Initializing session..." % FLAGS.task_index)
else:
    print("Worker %d: Waiting for session to be initialized..." %
          FLAGS.task_index)

if FLAGS.existing_servers:
    server_grpc_url = "grpc://" + worker_spec[FLAGS.task_index]
    print("Using existing server at: %s" % server_grpc_url)

    # 创建 TensorFlow 会话对象，用于执行 TensorFlow 图计算
    # prepare_or_wait_for_session 需要参数初始化完成且主节点也准备好后，才开始训练
    sess = sv.prepare_or_wait_for_session(server_grpc_url, config=sess_config)
else:
    sess = sv.prepare_or_wait_for_session(server.target, config=sess_config)

print("Worker %d: Session initialization complete." % FLAGS.task_index)

if FLAGS.sync_replicas and is_chief:
    sess.run(sync_init_op)
    sv.start_queue_runners(sess, [chief_queue_runner])

# 执行分布式模型训练
time_begin = time.time()
print("Training begins @ %f" % time_begin)

local_step = 0
while True:
    # 读入 MNIST 的训练数据，默认每批次为 100 张图片
    batch_xs, batch_ys = mnist.train.next_batch(FLAGS.batch_size)
    train_feed = {x: batch_xs, y_: batch_ys}

    _, step = sess.run([train_step, global_step], feed_dict=train_feed)
    local_step += 1

    now = time.time()
    print("%f: Worker %d: training step %d done (global step: %d)" %
          (now, FLAGS.task_index, local_step, step))

    if step >= FLAGS.train_steps:
        break

time_end = time.time()
```

```
print("Training ends @ %f" % time_end)
training_time = time_end - time_begin
print("Training elapsed time: %f s" % training_time)

# 读入 MNIST 的验证数据，计算验证的交叉熵
val_feed = {x: mnist.validation.images, y_: mnist.validation.labels}
val_xent = sess.run(cross_entropy, feed_dict=val_feed)
print("After %d training step(s), validation cross entropy = %g" %
      (FLAGS.train_steps, val_xent))
```

14.7 小结

本章主要介绍了 TensorFlow 的分布式原理、分布式架构、分布式模式等知识，以及 TensorFlow 实现分布式所需要的 API，整理了 TensorFlow 分布式训练代码的框架结构，最后以 MNIST 为例讲解了实现分布式的方法。

第 15 章

——TensorFlow 线性代数编译框架 XLA

XLA（Accelerated Linear Algebra）是用于线性代数领域的专用编译器（domain-specific compiler），用于优化 TensorFlow 计算。XLA 通过即时（just-in-time，JIT）编译或提前（ahead-of-time，AOT）编译来进行实验，尤其有助于面向硬件加速的开发者。XLA 框架目前还是处于试验阶段的。

本章我们主要讲述 XLA 的优势、工作原理和 XLA 的一些应用。[①]

15.1 XLA 的优势

XLA 是一个线性代数的领域专用编译器，能在执行速度、内存的使用、对自定义操作的依赖、移动端的内存占用和可移植性等方面优化了 TensorFlow 的计算。

- 提高执行速度。通过编译子图来减少生命周期较短的操作的执行时间，通过融合管道化的操作来减少内存占用。
- 提高内存的使用。分析和规划内存的使用需求，消除许多中间结果的缓存。
- 减少对自定义操作的依赖。通过提高自动化融合底层操作（low-level op）的性能，达到原先需要手动融合自定义操作（custom op）的效果。
- 减少移动端的内存占用（移动端的应用详见第 19 章）。一是通过提前（AOT）编译子图来减少 TensorFlow 的执行时间，二是通过共享头文件对（如 xxx.o 和 xxx.h）被其他程序直接链接。这两个操作能够使移动端预测的内存占用减少几个数量级。
- 提高可移植性。可以用 XLA 为新的硬件设备开发一个新的后端，使 TensorFlow 不需要更改很多代码就可以用在新的硬件设备上。

---

① 本章内容主要参考 TensorFlow 官方网站：https://www.tensorflow.org/versions/master/experimental/xla/。

15.2 XLA 的工作原理

学过 C 语言的人可能知道，LLVM 是一个编译器的框架系统，用 C++ 编写而成，用于优化以任意编程语言编写的程序的编译时间（compile time）、链接时间（link time）、运行时间（run time）以及空闲时间（idle time）。[①]

在基于 LLVM 的编译器中，前端负责解析、验证和诊断输入代码中的错误，然后将解析的代码转换为 LLVM 中间表示（intermediate representation，IR）。该 IR 通过一系列分析和优化过程来改进代码，然后发送到代码生成器中，以产生本地机器代码。如图 15-1 所示，这是一个非常直接的三相设计的 LLVM 实现。设计中最重要的是 LLVM IR，在编译器中 IR 被用来表示代码。

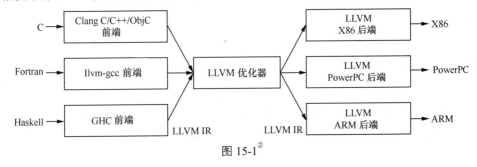

图 15-1[②]

XLA 的输入语言称为 HLO IR，XLA 使用在 HLO 中定义的图形，并将它们编译成各种体系结构的机器指令。图 15-2 展示的是 XLA 中的编译过程。

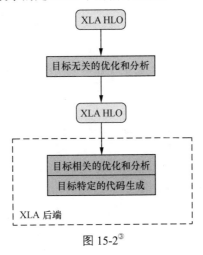

图 15-2[③]

---

① 参考百度百科"LLVM"：http://baike.baidu.com/link?url=0c67Vs4dGqctjTSoQ9xpF2yWxmUxaj8SN4UhPAtq4t3xtai22h9-L3IY_qSuabj9FYyJyfXvrqbllf80Sg19s_。

② 本图参考 http://www.aosabook.org/en/llvm.html。

③ 本图参考 TensorFlow 官方网站：https://www.tensorflow.org/versions/master/experimental/xla/。

如图 15-2 所示，XLA 首先进行目标无关的优化和分析，如公共子表达式消除（common subexpression elimination，CSE）、目标无关的操作融合（如将多个操作融合成一个操作）和运行时内存的缓冲区分析等。

接着，XLA 将 HLO 计算发送到后端。后端执行进一步的 HLO 级目标相关的优化和分析。例如，XLA GPU 后端可以执行对 GPU 编程模型有益的操作融合，并且确定如何将计算划分成流。

下一步是生成目标特定的代码。XLA 里面的 CPU 和 GPU 后端使用 LLVM 进行中间表示、优化及代码生成。这些后端用 LLVM IR 来表示 XLA HLO 计算。

XLA 目前支持在 x86-64 和 NVIDIA GPU 上进行 JIT 编译，以及在 x86-64 和 ARM 上进行 AOT 编译。因此，AOT 编译方式更适合移动端和嵌入式的深度学习使用。下面我们就以 JIT 编译为例进行说明。

15.3 JIT 编译方式

TensorFlow 的 XLA JIT 编译器通过 XLA 编译和运行 TensorFlow 计算图的一部分。与标准 TensorFlow 实现相比，XLA 可以将多个操作（内核）融合到少量编译内核中，融合操作符可以减少存储器带宽需求并提高性能。

通过 XLA 运行 TensorFlow 计算有两种方法，一是打开 CPU 或 GPU 设备上的 JIT 编译，二是将操作符放在 XLA_CPU 或 XLA_GPU 设备上。

15.3.1 打开 JIT 编译

打开 JIT 编译可以有两种方式。下面是在会话上打开，这种方式会把所有可能的操作符编程成 XLA 计算。用法示例如下：

```
config = tf.ConfigProto()
config.graph_options.optimizer_options.global_jit_level = tf.OptimizerOptions.ON_1
sess = tf.Session(config=config)
```

另一种方式是为一个或多个操作符手动打开 JIT 编译。这是通过使用属性_XlaCompile = true 标记要编译的操作符来完成的。用法示例如下：

```
jit_scope = tf.contrib.compiler.jit.experimental_jit_scope
x = tf.placeholder(np.float32)
with jit_scope():
  y = tf.add(x, x)
```

15.3.2 将操作符放在 XLA 设备上

目前有效的设备是 XLA_CPU 或 XLA_GPU，示例如下：

```
with tf.device("/job:localhost/replica:0/task:0/device:XLA_GPU:0"):
    output = tf.add(input1, input2)
```

15.4　JIT 编译在 MNIST 上的实现

下面我们就用 MNIST 的 softmax 版本来尝试使用 XLA 和不使用 XLA 的差异。代码位于 tensorflow-1.1.0/tensorflow/examples/tutorials/mnist/mnist_softmax_xla.py 中。

不使用 XLA 来运行时，如下：

```
python mnist_softmax_xla.py --xla=false
```

运行完成后生成时间线文件 timeline.ctf.json，使用 Chrome 跟踪事件分析器（在浏览器中访问 chrome://tracing），打开该时间线文件，呈现的时间线如图 15-3 所示。

图 15-3

图 15-3 中最左侧一列列出了本机的 4 个 GPU。可以清晰地看到图中 MatMul 操作符，跨越 4 个 CPU 的时间消耗情况。

让我们使用 XLA 来训练模型，如下：

```
TF_XLA_FLAGS=--xla_generate_hlo_graph=.* python mnist_softmax_xla.py
```

运行完成后，得到的时间线图像如图 15-4 所示。

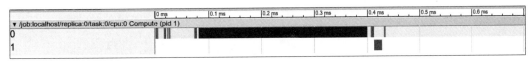

图 15-4

我们看看如何调用 JIT 编译，关键的训练代码如下。下面讲解了如何开启 XLA 的 JIT 编译，以及如何将训练追踪写入时间线文件。

```
config = tf.ConfigProto()
jit_level = 0
if FLAGS.xla:
    # 开启XLA的JIT编译
    jit_level = tf.OptimizerOptions.ON_1

config.graph_options.optimizer_options.global_jit_level = jit_level
```

```python
run_metadata = tf.RunMetadata()
sess = tf.Session(config=config)
tf.global_variables_initializer().run(session=sess)
# 训练
train_loops = 1000
for i in range(train_loops):
  batch_xs, batch_ys = mnist.train.next_batch(100)

  # 在最后一次循环中，创建时间线文件，可以用chrome://tracing/打开和分析
  if i == train_loops - 1:
    sess.run(train_step,
             feed_dict={x: batch_xs, y_: batch_ys},
             options=tf.RunOptions(trace_level=tf.RunOptions.FULL_TRACE),
             run_metadata=run_metadata)
    trace = timeline.Timeline(step_stats=run_metadata.step_stats)
    trace_file = open('xlatimeline.ctf.json', 'w')
    trace_file.write(trace.generate_chrome_trace_format())
  else:
    sess.run(train_step, feed_dict={x: batch_xs, y_: batch_ys})
```

目前 XLA 框架还处于试验阶段，AOT 主要应用场景是一些内存较小的嵌入式设备、手机、树莓派等，对于性能要求较高的读者可以做进一步探索和发现。

15.5 小结

本节主要讲述了 TensorFlow 的线性代数编译框架 XLA 的工作原理，JIT 编译和 AOT 编译的适用范围，重点讲解了 JIT 编译方式的两种实现方法。最后用 MNIST 数据集展现了如何使用 JIT 编译。XLA 是 TensorFlow 1.0 版本加入的新特性，还有待完善。本章重点面向开发中对性能要求较高的开发者。

run()（或者缩写 r），就可以进入运行结束后 UI（run-end UI），如图 16-2 所示。

图 16-2

在图 16-2 中，可以看到，数值并没有异常。然后，可以通过如下命令连续运行 10 次：

tfdbg> run -t 10

可以使用下面的命令直到找出在图形中的第一个 nan 或者 inf 值（这类似于调试中的打断点）：

tfdbg> run -f has_inf_or_nan

结果如图 16-3 所示。

图 16-3

第一行的灰底字（电脑屏幕中显示为红字），表示 tfdbg 在调用 run()后立即停止，生成了通过指定过滤器 has_inf_or_nan 的中间张量。如图 16-3 所示，在第 4 次调用 run()期间，有 36 个中间张量包含 inf 或者 nan 值，首次出现在 cross_entropy/Log:0。

单击图中的 cross_entropy/Log:0，并且单击下划线的 node_info 菜单项，仔细看一下这个节点的输入张量，并且看看里面是否有 0 值。方法如下：

```
tfdbg> pt softmax/Softmax:0
tfdbg> /0\.000
```

果然是有 0 值，如图 16-4 所示。

图 16-4

用 ni 命令的-t 标志进行追溯，方法如下：

```
ni -t cross_entropy/Log
```

追溯结果如图 16-5 所示，可以看到 debug_mnist.py 文件的第 102 行是罪魁祸首。

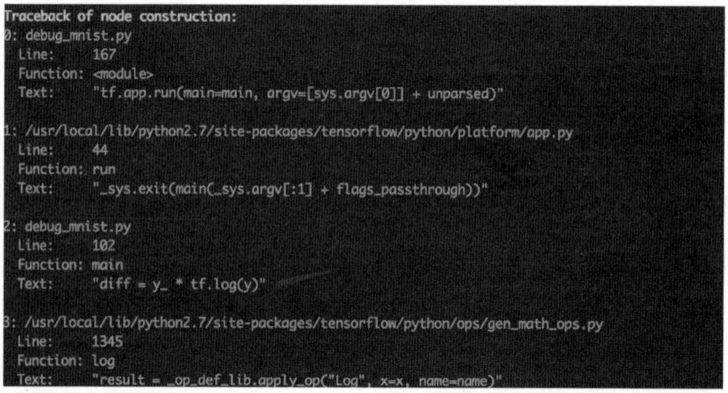

图 16-5

于是，我们对 tf.log 的输入值进行裁剪，将这个问题解决：

```
diff = y_ * tf.log(tf.clip_by_value(y, 1e-8, 1.0))
```

再次运行后，准确率不再低值徘徊，恢复正常。

TensorFlow Debugger 是一个非常好用的调试工具，还有很多交互式命令，感兴趣的读者可以进一步参考 tfdbg 的命令行接口教程[①]。

---

① https://www.tensorflow.org/programmers_guide/debugger

16.2 远程调试方法

上面的使用示例是在本地的调试方法。但通常情况下,数据是在远程机器上训练,更一般的情况是,深度学习越来越倾向于在云端训练,本地不能访问训练过程中的数据。那么,这种情况下如何进行模型的调试呢?

这时采用 tfdbg 的 offline_analyzer。设置一个本地和远程机器都能访问的共享目录,如 /home/somebody/tfdbg_dumps_1。然后,通过 debug_utils.watch_graph 函数设置运行时的参数选项。在运行 session.run() 时就会将中间张量和运行时的图像转储到共享目录中。方法如下:

```
from tensorflow.python.debug import debug_utils

# 此处代码如:构建图,生成 session 对象等。已省略
run_options = tf.RunOptions()
debug_utils.watch_graph(
  run_options,
  session.graph,
  debug_urls=["file:///home/somebody/tfdbg_dumps_1"])  # 共享目录的位置
# 这里如果用多个客户端执行 run,应该使用多个不同的共享目录
session.run(fetches, feed_dict=feeds, options=run_options)
```

这样,在本地终端上就可以使用 tfdbg 的 offline_analyzer 来加载和检查共享目录中的数据。方法如下:

```
python -m tensorflow.python.debug.cli.offline_analyzer \
--dump_dir=/home/somebody/tfdbg_dumps_1
```

另一种更简单和灵活的方法是使用会话的包装器函数 DumpingDebugWrapperSession 来在共享目录中产生训练中的累积文件。直接这样使用:

```
from tensorflow.python.debug import debug_utils

sess = tf_debug.DumpingDebugWrapperSession(
  sess, "/home/somebody/tfdbg_dumps_1/", watch_fn=my_watch_fn)
```

16.3 小结

本章主要介绍了 TensorFlow Debugger,这是一个非常有用的调试工具。在训练神经网络的过程中,开发者常常会因为各种原因,写错某个参数或者变量的值,虽然这时候训练过程不会报错,但是会导致损失值很长时间都不下降,模型收敛很慢。本章还介绍了远程调试的方法。以往面对这种情况,开发人员需要费很大力气去查找原因。使用 TensorFlow Debugger 可以在早期的一两次迭代中,观察张量的正确与否,给调试带来极大帮助。Debugger 是 TensorFlow 1.0 新加入的特性,目前还在不断完善,并且有望和 TensorBoard 结合,更大限度地简化调试过程。

第 17 章

TensorFlow 和 Kubernetes 结合

在 AlphaGo 中，每个实验使用 1 000 个节点，每个节点有 4 个 GPU，也就是使用了 4 000 个 GPU。在 Siri 中，每个实验 2 个节点，也就是使用了 8 个 GPU。可想而知，AI 研究的进行依赖于海量数据的计算，同时也离不开高性能计算资源的支持。

在第 14 章中我们已经讲解了 TensorFlow 的分布式原理以及部署方式。随着海量数据的出现和模型参数的增多，我们必然需要更大的集群来运行模型，这样最大的好处在于把原本可能需要周级别的训练时间缩短到天级别甚至小时级别。未来的模型训练面对的都是上亿数据和上亿参数，稳定的计算能力和管理便捷的集群环境至关重要。Kubernetes 是目前应用最广泛的容器集群管理工具之一，它可以为对分布式 TensorFlow 的监控、调度等生命周期管理提供所需的保障。

17.1 为什么需要 Kubernetes

有过大数据集群开发经验的人都知道，尽管 TensorFlow 有自己的分布式方案，但仍需要手动把每台机器运行起来，当机器量是几台或十几台的时候，可能压力不大，但当机器量达到上千台时，就需要一样东西来进行管理和调度，进行自动化部署、调度、扩容和缩容处理，甚至当一些任务意外退出后，还需要控制自动重启。Kubernetes 就提供了这样的解决方案。

Kubernetes 官方[1]的解释是：Kubernetes 是一个用于容器集群的自动化部署、扩容以及运维的开源平台，它可以提供任务调度、监控、失败重启等功能。

另外，因为 TensorFlow 和 Kubernetes 都是谷歌公司的开源产品，所以非常容易在它们之间搭起桥梁，并且谷歌云平台[2]也在推出平台化的解决方案。

---

[1] https://kubernetes.io/
[2] https://cloud.google.com/

17.2 分布式 TensorFlow 在 Kubernetes 中的运行

下面我们就来介绍在 Kubernetes 中运行分布式 TensorFlow 的方法。本节首先学习如何部署 Kubernetes 环境，接着在搭建好的环境中运行分布式 TensorFlow，并用 MNIST 来训练。

17.2.1 部署及运行

我们需要先安装 Kubernetes。这里是用 Mac 来演示的，其他操作系统也大同小异。

我们用 Minikube 来创建本地 Kubernetes 集群。安装 Minikube 需要预先安装 VirtualBox 虚拟机，读者可以从官网[①]上直接下载安装，注意选择对应的操作系统版本即可。图 17-1 是我选用的版本。

图 17-1

Minikube 用 Go 语言编写，发布形式是一个独立的二进制文件，所以只需要下载下来，然后放在对应的位置即可。因此安装 Minikube，只需要一条命令：

```
curl -Lo minikube https://storage.googleapis.com/minikube/releases/v0.14.0/minikube-darwin-amd64 && chmod +x minikube && sudo mv minikube /usr/local/bin/
```

Kubernetes 提供了一个客户端 kubectl，可直接通过 kubectl 以命令行的方式与集群交互。

安装 kubectl 的方法如下：

```
curl -Lo kubectl http://storage.googleapis.com/kubernetes-release/release/v1.5.1/
```

---

① https://www.virtualbox.org/

```
bin/darwin/amd64/kubectl && chmod +x kubectl && sudo mv kubectl /usr/local/bin/
```

下面在 Minikube 中启动 Kubernetes 集群，如图 17-2 所示。

图 17-2

可以观察到 VirtualBox 中也启动了相应的虚拟机，如图 17-3 所示。

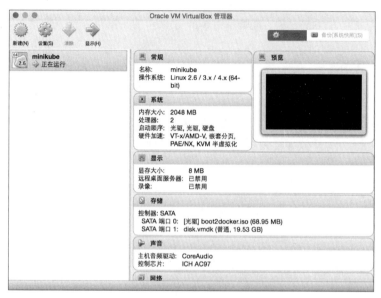

图 17-3

我们采用 Docker Hub[①] 上的最新镜像 tensorflow/tensorflow（基于 TensorFlow 的 1.0 版本）。首先，配置参数服务器的部署（deployment）文件，命名为 tf-ps-deployment.json。代码如下：

```
{
  "apiVersion": "extensions/v1beta1",
  "kind": "Deployment",
  "metadata": {
    "name": "tensorflow-ps2"
  },
  "spec": {
    "replicas": 2,
    "template": {
      "metadata": {
        "labels": {
```

---

① https://hub.docker.com/r/tensorflow/tensorflow/

```json
              "name": "tensorflow-ps2",
              "role": "ps"
            }
          },
          "spec": {
            "containers": [
              {
                "name": "ps",
                "image": "tensorflow/tensorflow",
                "ports": [
                  {
                    "containerPort": 2222
                  }
                ]
              }
            ]
          }
        }
      }
    }
```

配置参数服务器的服务（Service）文件，命名为 tf-ps-service.json，代码如下：

```json
{
  "apiVersion": "v1",
  "kind": "Service",
  "spec": {
    "ports": [
      {
        "port": 2222,
        "targetPort": 2222
      }
    ],
    "selector": {
      "name": "tensorflow-ps2"
    }
  },
  "metadata": {
    "labels": {
      "name": "tensorflow",
      "role": "service"
    },
    "name": "tensorflow-ps2-service"
  }
}
```

配置计算服务器的部署文件，命名为 tf-worker-deployment.json，代码如下：

```json
{
  "apiVersion": "extensions/v1beta1",
  "kind": "Deployment",
```

```
    "metadata": {
      "name": "tensorflow-worker2"
    },
    "spec": {
      "replicas": 2,
      "template": {
        "metadata": {
          "labels": {
            "name": "tensorflow-worker2",
            "role": "worker"
          }
        },
        "spec": {
          "containers": [
            {
              "name": "worker",
              "image": "tensorflow/tensorflow",
              "ports": [
                {
                  "containerPort": 2222
                }
              ]
            }
          ]
        }
      }
    }
}
```

配置计算服务器的服务文件,命名为 tf-worker-service.json,代码如下:

```
{
  "apiVersion": "v1",
  "kind": "Service",
  "spec": {
    "ports": [
      {
        "port": 2222,
        "targetPort": 2222
      }
    ],
    "selector": {
      "name": "tensorflow-worker2"
    }
  },
  "metadata": {
    "labels": {
      "name": "tensorflow-worker2",
      "role": "service"
    },
    "name": "tensorflow-wk2-service"
```

            }
}

执行以下命令：

```
kubectl create -f tf-ps-deployment.json
kubectl create -f tf-ps-service.json
kubectl create -f tf-worker-deployment.json
kubectl create -f tf-worker-service.json
```

分别输出以下结果：

```
deployment "tensorflow-ps2" created
service " tensorflow-ps2-service" created
deployment "tensorflow-worker2" created
service "tensorflow-wk2-service" created
```

稍等片刻，运行 kubectl get pod，可以看到参数服务器和计算服务器全部创建完成，如图 17-4 所示。

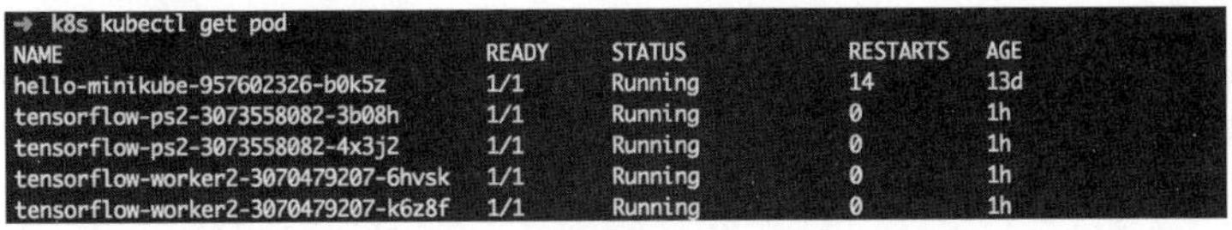

图 17-4

下面我们进入每个服务器（Pod）中，部署好需要运行的 mnist_replica.py 文件。

首先查看以下 2 台 ps_host 的 IP 地址，如图 17-5 所示。

然后查看 2 台 worker_host 的 IP 地址，如图 17-6 所示。

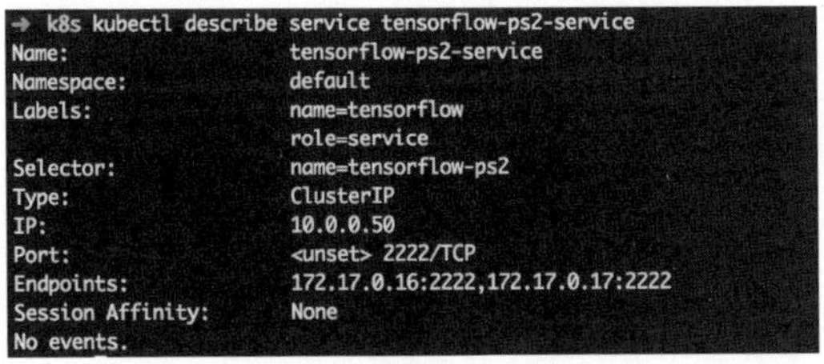

图 17-5   图 17-6

打开 4 个终端，分别进入 4 个 Pod 当中，命令如下：

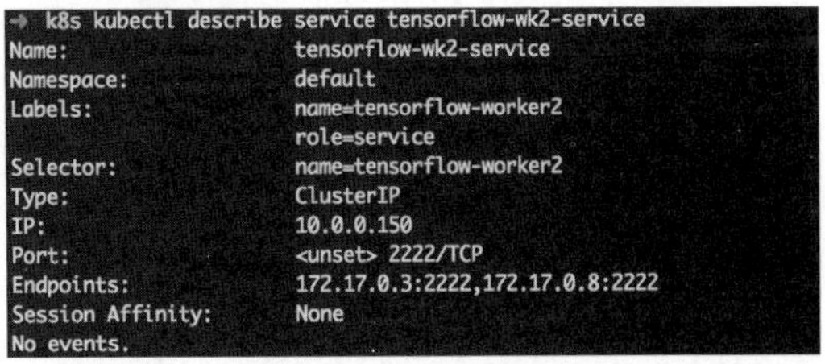

```
kubectl exec -ti tensorflow-ps2-3073558082-3b08h /bin/bash
kubectl exec -ti tensorflow-ps2-3073558082-4x3j2 /bin/bash
kubectl exec -ti tensorflow-worker2-3070479207-k6z8f /bin/bash
kubectl exec -ti tensorflow-worker2-3070479207-6hvsk /bin/bash
```

通过下面的方式将 mnist_replica.py 分别部署到 4 个 Pod 中，如下：

curl https://raw.githubusercontent.com/tensorflow/tensorflow/master/tensorflow/tools/dist_test/python/mnist_replica.py -o mnist_replica.py

在参数服务器的两个容器中分别执行：

python mnist_replica.py --ps_hosts=172.17.0.16:2222,172.17.0.17:2222 --worker_hosts=172.17.0.3:2222,172.17.0.8:2222 --job_name="ps" --task_index=0

python mnist_replica.py --ps_hosts=172.17.0.16:2222,172.17.0.17:2222 --worker_hosts=172.17.0.3:2222,172.17.0.8:2222 --job_name="ps" --task_index=1

在计算服务器的两个容器中分别执行：

python mnist_replica.py --ps_hosts=172.17.0.16:2222,172.17.0.17:2222 --worker_hosts=172.17.0.3:2222,172.17.0.8:2222 --job_name="worker" --task_index=0

python mnist_replica.py --ps_hosts=172.17.0.16:2222,172.17.0.17:2222 --worker_hosts=172.17.0.3:2222,172.17.0.8:2222 --job_name="worker" --task_index=1

执行输出与 14.6 节的输出类似。一共执行 200 次迭代，工作节点 1（172.17.0.3:2222）执行了 144 次迭代，如下：

```
job name = worker
task index = 0
I tensorflow/core/distributed_runtime/rpc/grpc_channel.cc:200] Initialize
GrpcChannelCache for job ps -> {0 -> localhost:2222}
I tensorflow/core/distributed_runtime/rpc/grpc_channel.cc:200] Initialize GrpcChannel
Cache for job worker -> {0 -> localhost:2223, 1 -> localhost:2224}
I tensorflow/core/distributed_runtime/rpc/grpc_server_lib.cc:217] Started server
with target: grpc://localhost:2223
Worker 0: Initializing session...
I tensorflow/core/distributed_runtime/master_session.cc:994] Start master session
0d791a02977e5701 with config:
device_filters: "/job:ps"
device_filters: "/job:worker/task:0"
allow_soft_placement: true

Worker 0: Session initialization complete.
Training begins @ 1483516057.489495
1483516057.518419: Worker 0: training step 1 done (global step: 0)
1483516057.541053: Worker 0: training step 2 done (global step: 1)
1483516057.569677: Worker 0: training step 3 done (global step: 2)
1483516057.584578: Worker 0: training step 4 done (global step: 3)
1483516057.646970: Worker 0: training step 5 done (global step: 4)
# ……中间略去
1483516059.286596: Worker 0: training step 141 done (global step: 197)
1483516059.291600: Worker 0: training step 142 done (global step: 198)
1483516059.297347: Worker 0: training step 143 done (global step: 199)
```

```
1483516059.303738: Worker 0: training step 144 done (global step: 200)
Training ends @ 1483516059.303808
Training elapsed time: 1.614513 s
After 200 training step(s), validation cross entropy = 1235.56
```

工作节点 2（172.17.0.8:2222）执行了 56 次迭代，输出如下：

```
job name = worker
task index = 1
I tensorflow/core/distributed_runtime/rpc/grpc_channel.cc:200] Initialize GrpcChannel
Cache for job ps -> {0 -> localhost:2222}
I tensorflow/core/distributed_runtime/rpc/grpc_channel.cc:200] Initialize GrpcChannel
Cache for job worker -> {0 -> localhost:2223, 1 -> localhost:2224}
I tensorflow/core/distributed_runtime/rpc/grpc_server_lib.cc:217] Started server
with target: grpc://localhost:2224
Worker 1: Waiting for session to be initialized...
I tensorflow/core/distributed_runtime/master_session.cc:994] Start master session
92e671f3dd1ffd05 with config:
device_filters: "/job:ps"
device_filters: "/job:worker/task:1"
allow_soft_placement: true

Worker 1: Session initialization complete.
Training begins @ 1483516058.803010
1483516058.832164: Worker 1: training step 1 done (global step: 121)
1483516058.844464: Worker 1: training step 2 done (global step: 123)
1483516058.860988: Worker 1: training step 3 done (global step: 126)
1483516058.873543: Worker 1: training step 4 done (global step: 128)
1483516058.884758: Worker 1: training step 5 done (global step: 130)
# ……中间略去
1483516059.152332: Worker 1: training step 52 done (global step: 176)
1483516059.167606: Worker 1: training step 53 done (global step: 178)
1483516059.177215: Worker 1: training step 54 done (global step: 180)
1483516059.301384: Worker 1: training step 55 done (global step: 182)
1483516059.309557: Worker 1: training step 56 done (global step: 202)
Training ends @ 1483516059.309638
Training elapsed time: 0.536126 s
After 200 training step(s), validation cross entropy = 1235.56
```

在这个例子中，更好的方式是把需要执行的源代码以及训练数据和测试数据放在持久卷（persistent volume）中，在多个 Pod 间实现共享，从而避免在每一个 Pod 中分别部署。

对应 TensorFlow 的 GPU 的 Docker 集群部署，Nvidia 官方提供了 nvidia-docker 的方式，原理主要是利用宿主机上的 GPU 设备，将它映射到容器中。更多与部署相关的内容读者可参考 https://github.com/NVIDIA/nvidia-docker。

17.2.2　其他应用

训练好模型之后可以将它打包制作成环境独立的镜像，这样能够极大地方便测试人员部署一致的环境，也便于对不同版本的模型做标记、比较不同模型的准确率，从整体上降低测试、部署上线等的工作复杂性，具有很大的优势。

17.3　小结

将 Kubernete 与 TensorFlow 结合，借助 Kubernetes 提供的稳定计算环境，对 TensorFlow 集群进行便捷的管理，降低了搭建大规模深度学习平台的难度，这也是社区非常推崇的部署方案。本章主要讲述了用 Kubernetes 管理 TensorFlow 集群的方法，以及在 Kubernetes 上部署分布式 TensorFlow 的方式，最后采用 MNIST 的分布式例子进行了实践。

第 18 章

TensorFlowOnSpark

在第 14 章我们讲了 TensorFlow 的分布式运行，在第 17 章又介绍了使用 Kubernetes 集群对 TensorFlow 节点进行调度、监控和失败重启等功能。我们知道，Hadoop 生态的大数据系统一般可以分为 Yarn、HDFS 和 MapReduce 计算框架，TensorFlow 本身的分布式就相当于 MapReduce 计算框架部分，而 Kubernetes 就相当于 Yarn 调度系统。本章要讲的 TensorFlowOnSpark 是利用远程直接内存访问（Remote Direct Memory Access，RDMA）解决了存储功能和调度，实现了深度学习和大数据的融合。

TensorFlowOnSpark（TFoS）是雅虎推出的开源项目[1]，支持使用 Apache Spark 集群进行分布式 TensorFlow 训练和预测。其实，TensorFlow 的程序并不能直接作为 Spark 的程序运行，TensorFlowOnSpark 提供了一个程序来进行桥接，本质上是每个 Spark Executor 启动一个对应的 TensorFlow 进程，然后通过远程进程通信（RPC）进行交互。

18.1 TensorFlowOnSpark 的架构[2]

要把一个训练程序改到使用 Spark 的集群上运行，在运用 TensorFlowOnSpark 后，就只需要改非常少量的代码（官方认为不到 10 行）。TensorFlowOnSpark 通过下面的步骤来管理 Spark 集群。

（1）预留：为在 Executor 上执行的每个 TensorFlow 进程保留一个端口，并启动数据消息的监听器。

（2）启动：在 Executor 上启动 Tensorflow 主函数。

（3）数据获取：这里提供了两种不同的模式来提取训练数据和测试数据。

- Readers 和 QueueRunners：利用 TensorFlow 的 Readers 和 QueueRunners 机制直接从 HDFS 文件中读取数据文件。Spark 不涉及访问数据。
- Feeding：将 Spark RDD 数据发送到 TensorFlow 节点，随后的数据将通过 feed_dict 机制传入 TensorFlow 图中。

---

[1] https://github.com/yahoo/TensorFlowOnSpark

[2] 本节内容参考 https://github.com/yahoo/TensorFlowOnSpark。

（4）关闭：关闭 Executor 上的 TensorFlow 计算节点和参数服务节点。

TensorFlowOnSpark 系统的架构如图 18-1 所示。

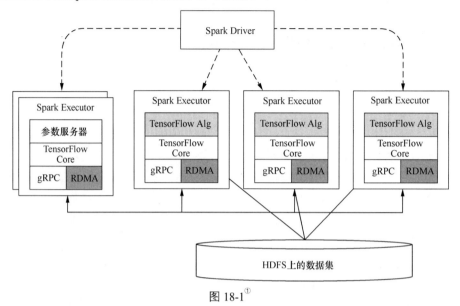

图 18-1[①]

TFoS 曾做过一个图像分类的实验，结果非常令人鼓舞。以同一准确度作为评判标准，准确度达到 0.730，单计算节点工作需要 46 小时，双计算节点需要 22.5 小时，4 计算节点需要 13 小时，8 计算节点需要 7.5 小时，如图 18-2 所示。因此，实现了接近模型训练的近线性可扩展性。

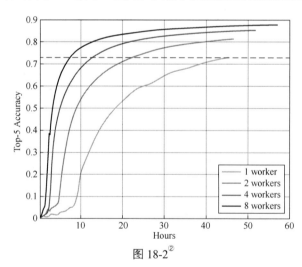

图 18-2[②]

---

① 本图参考 http://yahoohadoop.tumblr.com/post/157196317141/open-sourcing-tensorflowonspark-distributed-deep。

② 本图引自 http://yahoohadoop.tumblr.com/post/157196317141/open-sourcing-tensorflowonspark-distributed-deep。

下面我们就以 MNIST 数据集为例，看看如何在 Spark 上进行部署、训练以及预测。

18.2　TensorFlowOnSpark 在 MNIST 上的实践[①]

采用 Standalone 模式的 Spark 集群，仅需要一台计算机就够，下面以此为例看看如何应用 TensorFlowOnSpark。

首先，安装 Spark 和 Hadoop，这里所用的计算机的操作系统是 OS X 10.10.5，并且已经部署好了 Java 1.8.0 的 JDK，从 http://spark.apache.org/downloads.html 下载 Spark，这里选用 2.1.0 版本，从 http://hadoop.apache.org/#Download+Hadoop 下载 Hadoop，这里选用 2.7.3 版本。在 2017 年 3 月，这个框架对 TensorFlow 0.12.1 版本的支持较好，但对 TensorFlow 1.0 版本尚有些问题，还需要读者自己适配好。

安装后，修改必要的配置文件，设置环境变量后，启动 Hadoop：

```
$HADOOP_HOME/sbin/start-all.sh
```

然后，检出 TensorFlowOnSpark 源代码，如下：

```
git clone --recurse-submodules https://github.com/yahoo/TensorFlowOnSpark.git
cd TensorFlowOnSpark
git submodule init
git submodule update --force
git submodule foreach --recursive git clean -dfx
```

接着，将源代码部分打包，供提交任务时使用，如下：

```
cd TensorFlowOnSpark/src
zip -r ../tfspark.zip *
```

设置 TensorFlowOnSpark 根目录的环境变量，接下来会用到：

```
cd TensorFlowOnSpark
export TFoS_HOME=$(pwd)
```

接着，启动 Spark 主节点（master）：

```
${SPARK_HOME}/sbin/start-master.sh
```

配置两个工作节点（worker）实例，通过 master-spark-URL 和主节点连接：

```
export MASTER=spark://$(hostname):7077
```

[①] 本节实践过程参考 https://github.com/yahoo/TensorFlowOnSpark/wiki/GetStarted_standalone。

```
export SPARK_WORKER_INSTANCES=2
export CORES_PER_WORKER=1
export TOTAL_CORES=$((${CORES_PER_WORKER}*${SPARK_WORKER_INSTANCES}))
${SPARK_HOME}/sbin/start-slave.sh -c $CORES_PER_WORKER -m 3G ${MASTER}
```

接下来,提交任务,将 MNIST 的 zip 文件转换为 HDFS 上的 RDD 数据集:

```
${SPARK_HOME}/bin/spark-submit \
--master ${MASTER} --conf spark.ui.port=4048 --verbose \
${TFoS_HOME}/examples/mnist/mnist_data_setup.py \
--output examples/mnist/csv \
--format csv
```

运行完毕后,可以通过如下命令看到处理过的数据集:

```
hadoop fs -ls hdfs://localhost:9000/user/jiaxuan/examples/mnist/csv
Found 2 items
drwxr-xr-x   - jiaxuan supergroup          0 2017-03-10 04:27
hdfs://localhost:9000/user/jiaxuan/examples/mnist/csv/test
drwxr-xr-x   - jiaxuan supergroup          0 2017-03-10 04:27
hdfs://localhost:9000/user/jiaxuan/examples/mnist/csv/train
```

可以查看保存后的图片和标记向量,分别共有 10 份:

```
hadoop fs -ls hdfs://localhost:9000/user/jiaxuan/examples/mnist/csv/train/labels

-rw-r--r--   1 jiaxuan supergroup          0 2017-03-10 04:27
hdfs://localhost:9000/user/jiaxuan/examples/mnist/csv/train/labels/_SUCCESS
-rw-r--r--   1 jiaxuan supergroup     204800 2017-03-10 04:27
hdfs://localhost:9000/user/jiaxuan/examples/mnist/csv/train/labels/part-00000
-rw-r--r--   1 jiaxuan supergroup     245760 2017-03-10 04:27
hdfs://localhost:9000/user/jiaxuan/examples/mnist/csv/train/labels/part-00001
-rw-r--r--   1 jiaxuan supergroup     245760 2017-03-10 04:27
hdfs://localhost:9000/user/jiaxuan/examples/mnist/csv/train/labels/part-00002
-rw-r--r--   1 jiaxuan supergroup     245760 2017-03-10 04:27
hdfs://localhost:9000/user/jiaxuan/examples/mnist/csv/train/labels/part-00003
-rw-r--r--   1 jiaxuan supergroup     245760 2017-03-10 04:27
hdfs://localhost:9000/user/jiaxuan/examples/mnist/csv/train/labels/part-00004
-rw-r--r--   1 jiaxuan supergroup     245760 2017-03-10 04:27
hdfs://localhost:9000/user/jiaxuan/examples/mnist/csv/train/labels/part-00005
-rw-r--r--   1 jiaxuan supergroup     245760 2017-03-10 04:27
hdfs://localhost:9000/user/jiaxuan/examples/mnist/csv/train/labels/part-00006
-rw-r--r--   1 jiaxuan supergroup     245760 2017-03-10 04:27
hdfs://localhost:9000/user/jiaxuan/examples/mnist/csv/train/labels/part-00007
-rw-r--r--   1 jiaxuan supergroup     245760 2017-03-10 04:27
hdfs://localhost:9000/user/jiaxuan/examples/mnist/csv/train/labels/part-00008
-rw-r--r--   1 jiaxuan supergroup     229120 2017-03-10 04:27
hdfs://localhost:9000/user/jiaxuan/examples/mnist/csv/train/labels/part-00009
```

MNIST 训练集共有 60 000 条数据,有 10 个文件,每个文件有 6 000 条数据左右,里面存储的格式和标记向量格式如图 18-3 所示。

```
1.0,0.0,0.0,0.0,0.0,0.0,0.0,0.0,0.0,0.0
0.0,0.0,0.0,0.0,0.0,0.0,0.0,0.0,1.0,0.0
0.0,0.0,0.0,0.0,1.0,0.0,0.0,0.0,0.0,0.0
0.0,0.0,0.0,0.0,1.0,0.0,0.0,0.0,0.0,0.0
0.0,0.0,0.0,0.0,0.0,0.0,0.0,0.0,1.0,0.0
```

图 18-3

图片向量格式如图 18-4 所示。

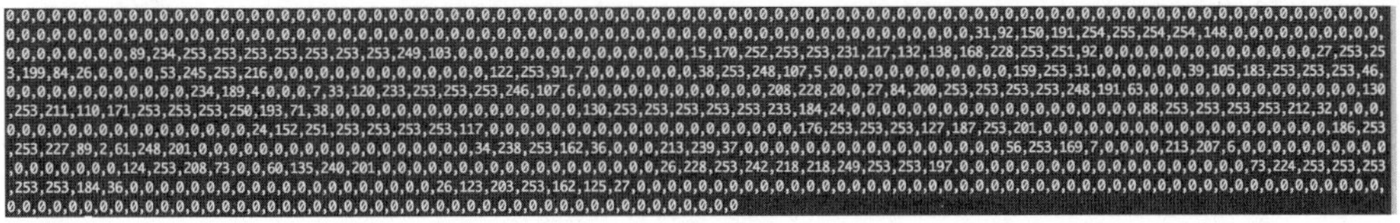

图 18-4

这里，我们主要是把训练集和测试集分别保存成 RDD 数据，具体代码参见${TFoS_HOME}/examples/mnist/mnist_data_setup.py。关键代码如下：

```
writeMNIST(sc, "mnist/train-images-idx3-ubyte.gz", "mnist/train-labels-idx1-
ubyte.gz", args.output + "/train", args.format, args.num_partitions)
writeMNIST(sc, "mnist/t10k-images-idx3-ubyte.gz", "mnist/t10k-labels-idx1-
ubyte.gz", args.output + "/test", args.format, args.num_partitions)
```

调用 writeMNIST 函数，将 RDDs 保存为特定格式：

```
def writeMNIST(sc, input_images, input_labels, output, format, num_partitions):
  """将 MNIST 图像和标记向量写入 HDFS 上"""
  with open(input_images, 'rb') as f:
    images = numpy.array(mnist.extract_images(f))

  with open(input_labels, 'rb') as f:
    labels = numpy.array(mnist.extract_labels(f, one_hot=True))

  shape = images.shape
  print("images.shape: {0}".format(shape))          # 60000 x 28 x 28
  print("labels.shape: {0}".format(labels.shape))   # 60000 x 10

  imageRDD = sc.parallelize(images.reshape(shape[0], shape[1] * shape[2]),
                            num_partitions)
  labelRDD = sc.parallelize(labels, num_partitions)

  output_images = output + "/images"
  output_labels = output + "/labels"

  # 将 RDDs 保存为特定格式
  if format == "pickle":
```

```
          imageRDD.saveAsPickleFile(output_images)
          labelRDD.saveAsPickleFile(output_labels)
    elif format == "csv":
          imageRDD.map(toCSV).saveAsTextFile(output_images)
          labelRDD.map(toCSV).saveAsTextFile(output_labels)
```

接着，提交训练任务，开始训练，命令如下，我们最终在 HDFS 上生成了 mnist_model：

```
${SPARK_HOME}/bin/spark-submit \
--master ${MASTER} \
--py-files
${TFoS_HOME}/tfspark.zip,${TFoS_HOME}/examples/mnist/spark/mnist_dist.py \
--conf spark.cores.max=${TOTAL_CORES} \
--conf spark.task.cpus=${CORES_PER_WORKER} \
--conf spark.executorEnv.JAVA_HOME="$JAVA_HOME" \
${TFoS_HOME}/examples/mnist/spark/mnist_spark.py \
--cluster_size ${SPARK_WORKER_INSTANCES} \
--images examples/mnist/csv/train/images \
--labels examples/mnist/csv/train/labels \
--format csv \
--mode train \
--model mnist_model
```

这里的 mnist_dist.py 主要是构建 TensorFlow 分布式任务，其中定义了分布式任务的主函数，也就是启动 TensorFlow 的主函数 map_fun，采用的数据获取方式是 Feeding。这里用到的 TensorFlowOnSpark 代码主要是获取 TensorFlow 集群和服务器实例，如下：

```
cluster, server = TFNode.start_cluster_server(ctx, 1, args.rdma)
```

其中 TFNode 调用我们刚才打包好的 tfspark.zip 中的 TFNode.py 文件。

mnist_spark.py 文件是我们训练的主程序，体现了 TensorFlowOnSpark 的部署步骤，如下：

```
sc = SparkContext(conf=SparkConf().setAppName("mnist_spark"))
executors = sc._conf.get("spark.executor.instances")
num_executors = int(executors) if executors is not None else 1
num_ps = 1
……
cluster = TFCluster.reserve(sc, args.cluster_size, num_ps, args.tensorboard,
TFCluster.InputMode.SPARK) #1.为在 Executor 执行上的每个 TensorFlow 进程保留一个端口
cluster.start(mnist_dist.map_fun, args) # 2.启动 Tensorflow 主函数
if args.mode == "train":
    cluster.train(dataRDD, args.epochs) # 3.训练
else:
    labelRDD = cluster.inference(dataRDD) # 预测
    labelRDD.saveAsTextFile(args.output)
cluster.shutdown() # 4.关闭 Executor 上的 TensorFlow 计算节点和参数服务节点
```

预测的过程也类似，运行如下命令：

```
${SPARK_HOME}/bin/spark-submit \
--master ${MASTER} \
--py-files
${TFoS_HOME}/tfspark.zip,${TFoS_HOME}/examples/mnist/spark/mnist_dist.py \
--conf spark.cores.max=${TOTAL_CORES} \
--conf spark.task.cpus=${CORES_PER_WORKER} \
--conf spark.executorEnv.JAVA_HOME="$JAVA_HOME" \
${TFoS_HOME}/examples/mnist/spark/mnist_spark.py \
--cluster_size ${SPARK_WORKER_INSTANCES} \
--images examples/mnist/csv/test/images \
--labels examples/mnist/csv/test/labels \
--mode inference \
--format csv \
--model mnist_model \
--output predictions
```

最终输出的预测文件如下：

```
2017-03-10T23:29:17.009563 Label: 7, Prediction: 7
2017-03-10T23:29:17.009677 Label: 2, Prediction: 2
```

其实，除了单机版的 Standalone 模式外，官方网站上还介绍了在 Amazon EC2 上运行以及在 Hadoop 集群上采用 YARN 模式运行，请读者自行参考。

18.3　小结

本章主要介绍了雅虎公司的开源工具 TensorFlowOnSpark 的架构及使用。读者只需要改很少的代码就可以将 TensorFlow 和 Spark 结合，真正实现大数据的深度学习训练。

第 19 章

TensorFlow 移动端应用

深度学习在声频、图像、视频处理上已经取得了令人印象深刻的进步,但它通常运行在功能强大的计算机上,如果需要运行在手机等移动设备或者树莓派等嵌入式平台上呢?

TensorFlow 目前是最有竞争力成为未来主流的深度学习框架,谷歌公司不仅为自己研发的操作系统——Android 提供了 TensorFlow 移动端支持,而且对 iOS 和树莓派也提供了移动端支持。

19.1 移动端应用原理

在移动端或者嵌入式设备上应用深度学习,有两种方式:一是将模型运行在云端服务器上,向服务器发送请求,接收服务器响应;二是在本地运行模型。一般来说,采用后者的方式,也就是在 PC 上训练好一个模型,然后将其放在移动端上进行预测。

使用本地运行模型原因在于,首先,向服务端请求数据的方式可行性差。移动端的资源(如网络、CPU、内存资源)是很稀缺的。例如,在网络连接不良或者丢失的情况下,向服务端发送连续的数据的代价就变得非常高昂。其次,运行在本地的实时性更好。但问题是,一个模型大小动辄几百兆,且不说把它安装到移动端需要多少网络资源,就是每次预测时需要的内存资源也是很多的。那么,要在性能相对较弱的移动/嵌入式设备(如没有加速器的 ARM CPU)上高效运行一个 CNN,应该怎么做呢?这就衍生出了很多加速计算的方向,其中重要的两个方向是对内存空间和速度的优化。采用的方式一是精简模型,既可以节省内存空间,也可以加快计算速度;二是加快框架的执行速度,影响框架执行速度主要有两方面的因素,即模型的复杂度和每一步的计算速度。

精简模型主要是使用更低的权重精度,如量化(quantization)或权重剪枝(weight pruning)。剪枝是指剪小权重的连接,把所有权值连接低于一个阈值的连接从网络里移除。

而加速框架的执行速度一般不会影响模型的参数,是试图优化矩阵之间的通用乘法(GEMM)运算,因此会同时影响卷积层(卷积层的计算是先对数据进行 im2col[①] 运算,再进行 GEMM 运算)

[①] im2col 的主要功能是对索引的图像块重排列为矩阵列。它是先将一个大矩阵,重叠地划分为多个子矩阵,对每个子矩阵序列化成向量,最后得到另一个矩阵。

和全连接层。

下面我们就分别来介绍。

19.1.1 量化[①]

量化（quantitative），这里不是指金融上的量化交易，而是指离散化。量化是一个总括术语，是用比 32 位浮点数更少的空间来存储和运行模型，并且 TensorFlow 量化的实现屏蔽了存储和运行细节。

神经网络训练时要求速度和准确率，训练通常在 GPU 上进行，所以使用浮点数影响不大。但是在预测阶段，使用浮点数会影响速度。量化可以在加快速度的同时，保持较高的精度。

量化网络的动机主要有两个。最初的动机是减小模型文件的大小。模型文件往往占据很大的磁盘空间，例如，6.6 节中介绍的模型，每个模型都接近 200 MB，模型中存储的是分布在大量层中的权值。在存储模型的时候用 8 位整数，模型大小可以缩小为原来 32 位的 25%左右。在加载模型后运算时转换回 32 位浮点数，这样已有的浮点计算代码无需改动即可正常运行。

量化的另一个动机是降低预测过程需要的计算资源。这在嵌入式和移动端非常有意义，能够更快地运行模型，功耗更低。从体系架构的角度来说，8 位的访问次数要比 32 位多，在读取 8 位整数时只需要 32 位浮点数的 1/4 的内存带宽，例如，在 32 位内存带宽的情况下，8 位整数可以一次访问 4 个，32 位浮点数只能 1 次访问 1 个。而且使用 SIMD 指令（19.2 节会加速介绍该指令集），可以在一个时钟周期里实现更多的计算。另一方面，8 位对嵌入式设备的利用更充分，因为很多嵌入式芯片都是 8 位、16 位的，如单片机、数字信号处理器（DSP 芯片），8 位可以充分利用这些。

此外，神经网络对于噪声的健壮性很强，因为量化会带来精度损失（这种损失可以认为是一种噪声），并不会危害到整体结果的准确度。

那能否用低精度格式来直接训练呢？答案是，大多数情况下是不能的。因为在训练时，尽管前向传播能够顺利进行，但往往反向传播中需要计算梯度。例如，梯度是 0.2，使用浮点数可以很好地表示，而整数就不能很好地表示，这会导致梯度消失。因此需要使用高于 8 位的值来计算梯度。因此，正如在本节一开始介绍的那样，在移动端训练模型的思路往往是，在 PC 上正常训练好浮点数模型，然后直接将模型转换成 8 位，移动端是使用 8 位的模型来执行预测的过程。

下面我们就以 8 位精度的存储和计算来说明。

1. 量化示例

我们举个将 GoogleNet 模型转换成 8 位模型的例子，看看模型的大小减小多少，以及用它

---

① 本节参考自官方网站《How to Quantize Neural Networks with TensorFlow》：https://www.tensorflow.org/performance/quantization。

预测的结果怎么样。

从官方网站上下载[①]训练好的 GoogleNet 模型，解压后，放在 /tmp 目录下，然后执行：

```
bazel build tensorflow/tools/quantization:quantize_graph
bazel-bin/tensorflow/tools/quantization/quantize_graph \
--input=/tmp/classify_image_graph_def.pb \
--output_node_names="softmax" --output=/tmp/quantized_graph.pb \
--mode=eightbit
```

生成量化后的模型 quantized_graph.pb 大小只有 23 MB，是原来模型 classify_image_graph_def.pb（91 MB）的 1/4。它的预测效果怎么样呢？执行：

```
bazel build tensorflow/examples/label_image:label_image
bazel-bin/tensorflow/examples/label_image/label_image \
--image=/tmp/cropped_panda.jpg \
--graph=/tmp/quantized_graph.pb \
--labels=/tmp/imagenet_synset_to_human_label_map.txt \
--input_width=299 \
--input_height=299 \
--input_mean=128 \
--input_std=128 \
--input_layer="Mul:0" \
--output_layer="softmax:0"
```

运行结果如图 19-1 所示，可以看出 8 位模型预测的结果也很好。

图 19-1

2. 量化过程的实现

TensorFlow 的量化是通过将预测的操作转换成等价的 8 位版本的操作来实现的。量化操作过程如图 19-2 所示。

图 19-2 中左侧是原始的 Relu 操作，输入和输出均是浮点数。右侧是量化后的 Relu 操作，先根据输入的浮点数计算最大值和最小值，然后进入量化（Quantize）操作将输入数据转换成 8 位。一般来讲，在进入量化的 Relu（QuantizedRelu）处理后，为了保证输出层的输入数据的准确性，还需要进行反量化（Dequantize）的操作，将权重再转回 32 位精度，来保证预测的准确性。也就是整个模型的前向传播采用 8 位整数运行，在最后一层之前加上一个反量化层，把 8 位转回 32 位作为输出层的输入。

实际上，我们会在每个量化操作（如 QuantizedMatMul、QuantizedRelu 等）的后面执行反

---

① 下载路径 http://download.tensorflow.org/models/image/imagenet/inception-2015-12-05.tgz。

量化操作（Dequantize），如图 19-3 左侧所示，在 QuantizedMatMul 后执行反量化和量化操作可以相互抵消。因此，如图 19-3 右侧所示，在输出层之前做一次反量化操作就可以了。

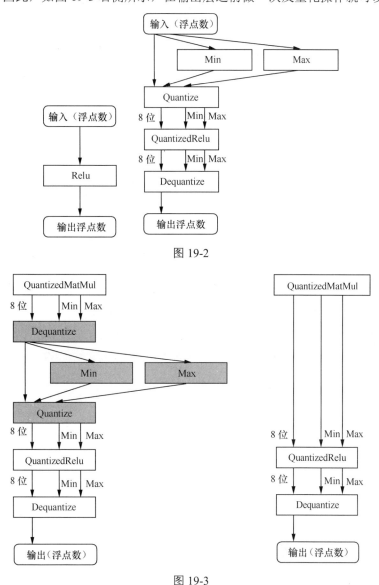

图 19-2

图 19-3

3．量化数据的表示

将浮点数转换为 8 位的表示实际上是一个压缩问题。实际上，权重和经过激活函数处理过的上一层的输出（也就是下一层的输入）实际上是分布在一个范围内的值。量化的过程一般是找出最大值和最小值后，将分布在其中的浮点数认为是线性分布，做线性扩展。因此，假设最小值是-10.0f，最大值是30.0f，那量化后的结果如表19-1所示。

表 19-1

量化后的值	原始的浮点数
0	-10.0
255	30.0
128	10.0

19.1.2　优化矩阵乘法运算

谷歌公司开源了一个小型独立的低精度通用矩阵乘法（General Matrix to Matrix Multiplication，GEMM）库——gemmlowp[①]。

19.2　iOS 系统实践

本节先带领读者编译完成在 iOS 系统上需要的 TensorFlow 程序，然后真实地编译一个能在 Xcode 模拟器中运行的图片识别模型，随后讲解使用自己的数据，如何在 PC 端训练好一个模型，经过 3 道工序的模型优化后，编译成 iOS 支持的模型，并生成 iOS 工程文件安装在 iPhone 上运行。

19.2.1　环境准备

需要运行在操作系统 Mac OS X 上的集成开发工具 Xcode，7.3（含）以上版本即可。图 19-4 是笔者所用的版本。

图 19-4

随后，需要编译包含 TensorFlow 核心的静态库，在 tensorflow-1.1.0 目录下运行：

---

① 库地址为 https://github.com/google/gemmlowp。

```
tensorflow/contrib/makefile/download_dependencies.sh
```

运行时会把相应的依赖库下载到 tensorflow/contrib/makefile/downloads/ 目录下：

```
├── eigen         # C++开源矩阵计算工具
├── gemmlowp      # 小型独立的低精度通用矩阵乘法（GEMM）库
├── googletest    # 谷歌开源的C++测试框架
├── protobuf      # 谷歌开源的数据交换格式协议
└── re2           # 谷歌开源的正则表达式库
```

19.2.2 编译演示程序并运行

在 tensorflow-1.1.0 目录下运行：

```
tensorflow/contrib/makefile/build_all_ios.sh
```

经过编译后会生成一个静态库，位于 tensorflow/contrib/makefile/gen/lib 下，如下：

```
├── ios_ARM64
├── ios_ARMV7
├── ios_ARMV7S
├── ios_I386
├── ios_X86_64
└── libtensorflow-core.a
```

这时就可以在 Xcode 的模拟器上以及 iOS 设备上运行 App 的预测示例了。

在 TensorFlow 的 iOS 示例[①]中，共有 3 个目录，代表 3 个示例，其中 benchmark 目录是预测的基准示例，simple 目录是图片的预测示例，camera 目录是视频流实时预测示例。

从官方网站[②]上下载 Inception V1 模型，这是在 ImageNet 上训练好的能识别 1000 类图片的识别模型。

把解压后的 Inception V1 模型分别复制到 benchmark、simple、camera 下的 data 目录中，分别进入这 3 个目录，运行目录下后缀名为 xcodeproj 的文件。如图 19-5 所示，进入 simple 目录中运行。

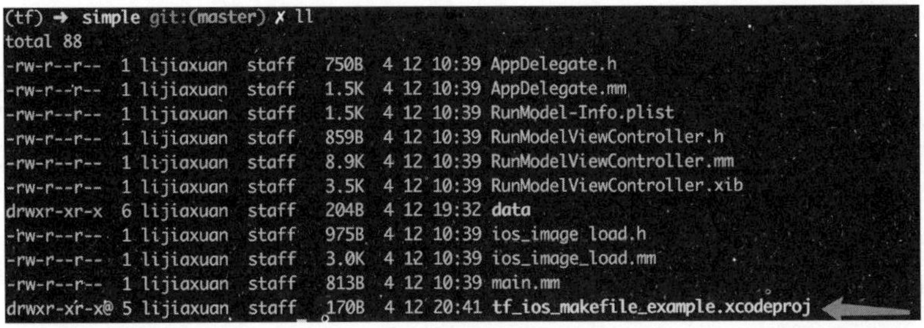

图 19-5

[①] 代码位于 https://github.com/tensorflow/tensorflow/tree/master/tensorflow/contrib/ios_examples/。
[②] 模型的下载地址为 https://storage.googleapis.com/download.tensorflow.org/models/inception5h.zip。

这个程序识别的图像是我的一张书包照片（如图 19-6 所示），将它放在 tensorflow/contrib/ios_examples/simple/data 目录下，并命名为 grace_hopper.jpg。

图 19-6

如图 19-7 所示，选择 iPhone 7 Plus 模拟器，并点击左上角运行标志，编译完成后，模拟器的页面会出现一个"Run Model"按钮，每单击一次按钮就进行一次预测，预测结果见 Xcode 的控制台。

图 19-7

可以看出，识别结果背包（backpack）的概率是 0.754，第二个预测结果是邮袋（mailbag），概率是 0.191。

19.2.3 自定义模型的编译及运行

如果我们想要训练自己的模型在手机端做预测,该如何做呢?这里我们假设想在手机上有一个实时花卉识别模型,当打开 App 时,摄像头对准某束花,App 立刻告诉我这束花的品种。[①]

我们从官方网站下载花卉数据[②]。解压放在/tmp 下后,可以看到郁金香(tulips)、玫瑰(roses)、蒲公英(dandelion)、向日葵(sunflowers)、雏菊(daisy)5 种花卉的文件目录,每个目录中存放着近 800 张该花卉品种的图片,如下:

```
├── LICENSE.txt
├── daisy
├── dandelion
├── roses
├── sunflowers
└── tulips
```

1. 训练原始模型

我们使用 TensorFlow 官方网站提供的预训练好的 Inception V3 模型[③]在此花卉数据集上进行训练。在项目根目录 tensorflow-1.1.0 下执行:

```
python tensorflow/examples/image_retraining/retrain.py \
--bottleneck_dir=/tmp/bottlenecks/ \
--how_many_training_steps 10 \
--model_dir=/tmp/inception \
--output_graph=/tmp/retrained_graph.pb \
--output_labels=/tmp/retrained_labels.txt \
--image_dir /tmp/flower_photos
```

训练完成后,可以在/tmp 下看到生成的模型文件 retrained_graph.pb(大小为 83 MB)和标签文件 retrained_labels.txt。

我们看到,上述命令行中存储和使用了"瓶颈"(bottlenecks)文件。瓶颈是用于描述实际进行分类的最终输出层之前的层(倒数第二层)的非正式术语。倒数第二层已经被训练得很好,因此瓶颈值会是一个有意义且紧凑的图像摘要,并且包含足够的信息使分类器做出选择。因此,在第一次训练的过程中,retrain.py 文件的代码会先分析所有的图片,计算每张图片的瓶颈值并存储下来。因为每张图片在训练的过程中会被使用多次,因此在下一次使用的过程中,可以不必重复计算。这里用 tulips/9976515506_d496c5e72c.jpg 为例,生成的瓶颈文件为 tulips/9976515506_d496c5e72c.jpg.txt,内容如图 19-8 所示。

[①] 本节讲解的内容部分参考官方网站 https://www.tensorflow.org/tutorials/image_retraining。
[②] http://download.tensorflow.org/example_images/flower_photos.tgz。
[③] 模型地址为 http://download.tensorflow.org/models/image/imagenet/inception-2015-12-05.tgz。

图 19-8

2. 编译成 iOS 支持的模型[①]

这里，从原始模型到 iOS 支持的模型将经过 3 个阶段的处理。首先是去掉 iOS 系统不支持的操作，并优化模型；然后将模型进行量化，权重变为 8 位的常数，缩小模型；最后对模型做一个内存映射。我们接下来分步骤细讲。

（1）去掉 iOS 不支持的操作并优化模型。

因为移动设备的内存资源稀缺，并且还需要下载应用程序，所以默认情况下，iOS 版本的 TensorFlow 仅支持在预测阶段中常见的且没有很大的外部依赖关系的操作。官方网站维护了一份支持的操作列表[②]。

目前有个操作 DecodeJpeg 不被支持，这个操作是用来对 JPEG 格式的图片进行解码的，但是它的实现依赖于 libjpeg，libjpeg 在 iOS 上的支持非常麻烦，并且还会增加二进制的占用空间。同时，对于本次的应用来说，我们希望从摄像头中实时识别出花卉的种类，直接处理相机的图像缓冲区，不需要先存成 JPEG 文件，然后再解码。

而恰好我们基于预训练模型 Inception v3 是从图片数据集中训练而得，模型是包含了 DecodeJpeg 操作。所以需要把输入数据直接供给（feed）发生在 Decode 后的 Mul 操作来绕过 Decode 操作。

而恰好我们基于预训练模型 Inception V3 训练的模型包含了 DecodeJpeg 操作，所以把输入数据直接填充（feed）到发生在解码后的 Mul 操作来绕过解码操作。

这个步骤也会做一些优化来加速预测，例如，将显式批处理规范化（explicit batch normalization）操作合并到卷积权重中，以减少计算次数。命令如下：

```
bazel build tensorflow/python/tools:optimize_for_inference
bazel-bin/tensorflow/python/tools/optimize_for_inference \
--input=/tmp/retrained_graph.pb \
--output=/tmp/optimized_graph.pb \
--input_names=Mul \
--output_names=final_result
```

在/tmp/生成模型 optimized_graph.pb（大小为 83 MB），可以通过 label_image 命令来预测，验证模型的有效性，如下：

```
bazel-bin/tensorflow/examples/label_image/label_image \
--output_layer=final_result \
```

---

① 本小节内容参考 https://petewarden.com/2016/09/27/tensorflow-for-mobile-poets/。

② 支持的操作列表参见 https://github.com/tensorflow/tensorflow/blob/master/tensorflow/contrib/makefile/tf_op_files.txt。

```
--labels=/tmp/retrained_labels.txt \
--image=/tmp/flower_photos/daisy/5547758_eea9edfd54_n.jpg \
--graph=/tmp/optimized_graph.pb
--input_layer=Mul
```

结果如图 19-9 所示，模型还是有效的。

图 19-9

（2）量化模型。

尽管苹果系统在.ipa 包中分发应用程序，所有应用程序中的资源都会使用 zip 压缩。 但通常模型不能很好地压缩，因此将模型权重从浮点数转化为整数（范围从 0～255），会损失一些准确度，但通常小于 1%。运行命令如下：

```
bazel build tensorflow/tools/quantization:quantize_graph
bazel-bin/tensorflow/tools/quantization/quantize_graph \
--input=/tmp/optimized_graph.pb \
--output=/tmp/rounded_graph.pb \
--output_node_names=final_result \
--mode=weights_rounded
```

在/tmp 下生成模型 rounded_graph.pb，大小为 83MB，但是经过 zip 命令压缩能达到 23 MB。

（3）内存映射。

我们需要处理的最后一个步骤是内存映射[1]（memory mapping）。如果 App 把 83 MB 的模型全部一次性加载到内存缓冲区，光加载这一步就会对 iOS 的 RAM 上施加很大的压力，同时，操作系统会不可预知地杀死使用内存过多的应用程序。我们需要使用的模型权值缓冲区是只读的，因此可以把它映射到内存中。当有内存压力时，操作系统可以直接释放些内存，来避免系统直接崩溃。

如何来做呢？需要重新排列模型，使权重能够分部分逐块地从主 GraphDef 加载到内存中。运行命令如下：

```
bazel build tensorflow/contrib/util:convert_graphdef_memmapped_format
bazel-bin/tensorflow/contrib/util/convert_graphdef_memmapped_format \
--in_graph=/tmp/rounded_graph.pb \
--out_graph=/tmp/mmapped_graph.pb
```

这时会在/tmp 下生成模型 mmapped_graph.pb（大小为 83 MB）。

3．生成 iOS 工程文件并运行

我们使用 19.2.2 节中粗略介绍过的视频流实时预测的演示程序的例子[2]，将模型文件和标

---

[1] 内存映射是指把物理内存映射到进程的地址空间之内，随后应用程序就可以直接使用输入/输出的地址空间，从而提高读写的效率。

[2] 地址为 https://github.com/tensorflow/tensorflow/tree/master/tensorflow/contrib/ios_examples/camera。

记文件复制到 tensorflow-1.1.0/tensorflow/contrib/ios_examples/camera/data 目录下。

然后修改 tensorflow-1.1.0/tensorflow/contrib/ios_examples/camera 下的文件 CameraExampleViewController.mm，更改要加载的模型文件名称、输入图片的尺寸、操作节点的名字以及缩放像素大小等。如下：

```
static NSString* model_file_name = @"mmapped_graph";
static NSString* model_file_type = @"pb";

const bool model_uses_memory_mapping = true;

static NSString* labels_file_name = @"retrained_labels";
static NSString* labels_file_type = @"txt";
// 以下尺寸需要和模型训练时相匹配
const int wanted_input_width = 299;
const int wanted_input_height = 299;
const int wanted_input_channels = 3;
const float input_mean = 128.0f;
const float input_std = 128.0f;
const std::string input_layer_name = "Mul";
const std::string output_layer_name = "final_result";
```

最后连上 iPhone 手机，就可以双击 tensorflow-1.1.0/tensorflow/contrib/ios_examples/camera/camera_example.xcodeproj 编译并运行了。运行后，会在手机上安装好 App，打开 App 并找到玫瑰花来识别，识别结果如图 19-10 所示。

图 19-10

这里概率并不是很高，原因是我在训练的时候迭代次数只设置了 10 次，设置 10 000 次后，可以使识别概率达到 99%以上。

那么，这个安装到 iOS 系统上的工程文件里面究竟包含了什么，才达到用摄像头实时识别的目的呢?生成的打包好的工程文件位于/Users/lijiaxuan/Library/Developer/Xcode/DerivedData/camera_example-dwwvzqamrwtfblfprxmxpvwasgin/Build/Products/Debug-iphoneos 下，如图 19-11所示。

图 19-11

我们打开 CameraExample.app 文件一探究竟。里面就包含了安装在 iPhone 上的可执行文件 CameraExample 以及以资源文件方式存储的模型文件 mmapped_graph.pb 和标记文件 retrained_labels.txt，如图 19-12 所示。

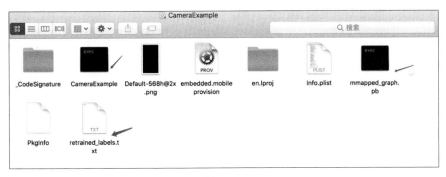

图 19-12

19.3　Android 系统实践[①]

本节先带领读者准备好 Android 系统的编译环境，然后再真实地编译一个能在 Android 手机上运行的图片识别模型，随后讲解使用自己的数据，如何在 PC 端训练好一个模型，经过模型优化后，编译成 Android 支持的模型，并生成 Android apk 文件安装在 Android 手机上运行。

---

① 本节有部分参考官方网站 https://github.com/tensorflow/tensorflow/tree/master/tensorflow/examples/android/。

19.3.1 环境准备

下面就一步一步地介绍如何在有摄像头的 Android 设备上运行 TensorFlow 的图片分类器。我们先来搭建环境，需要依赖 Java、Android SDK、Android NDK、Bazel。这里仍然使用 Mac Pro 笔记本进行演示，其他操作系统的搭建环境与此类似。

1. 搭建 Java 环境

从 Oracle 官方网站下载 JDK 1.8 版本[①]，得到 jdk-8u111-macosx-x64.dmg 文件，双击进行安装，如图 19-13 所示。

图 19-13

安装完毕后，设置 Java 的环境变量，如下：

```
JAVA_HOME=`/usr/libexec/java_home`
export JAVA_HOME
```

2. 搭建 Android SDK 环境

从 Android 官方网站[②]下载 Android SDK，这里使用的是 25.0.2 版本，得到文件 android-sdk_r25.0.2-macosx.zip，然后直接解压，放在~/Library/Android/sdk 目录下。解压后里面的目录如下：

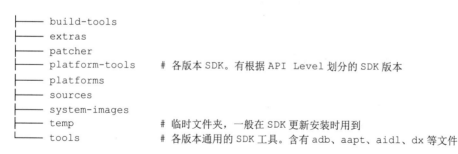

---

① http://www.oracle.com/technetwork/java/javase/downloads/jdk8-downloads-2133151.html
② https://developer.android.com

3. 搭建 Android NDK 环境

从 Android 官方网站[①]下载 Android NDK 的 Mac OS X 版本，得到 android-ndk-r13b-darwin-x86_64.zip 文件，直接解压即可。解压后得到的目录如下：

```
├── CHANGELOG.md
├── build
├── ndk-build
├── ndk-depends
├── ndk-gdb
├── ndk-stack
├── ndk-which
├── platforms
├── prebuilt
├── python-packages
├── shader-tools
├── simpleperf
├── source.properties
├── sources
└── toolchains
```

4. 搭建 Bazel

直接使用 brew 安装 bazel，如下：

```
brew install bazel
```

若已安装，用如下方式更新：

```
brew upgrade bazel
```

19.3.2 编译演示程序并运行

至此，编译 Android 手机的 apk 文件需要用到的环境都已经搭建好了。下面就来编译一个 TensorFlow 的图片分类演示程序，并在 Android 手机上运行。相关演示程序在 https://github.com/tensorflow/tensorflow/tree/master/tensorflow/examples/android。

1. 编译演示程序

首先，修改 tensorflow-1.1.0 的根目录中的 WORKSPACE 文件。将 android_sdk_repository 和 android_ndk_repository 的配置改为用户自己的安装目录及版本。具体如下：

[①] https://developer.android.com/ndk/downloads/index.html

```
android_sdk_repository(
    name = "androidsdk",
    api_level = 25,
    build_tools_version = "25.0.2",
    # Replace with path to Android SDK on your system
    path = "~/Library/Android/sdk",
)

android_ndk_repository(
    name="androidndk",
    path="~/Downloads/android-ndk-r13b",
    api_level=23)
```

修改完毕后，在根目录用 bazel 构建：

```
bazel build //tensorflow/examples/android:tensorflow_demo
```

运行结果如下：

```
Target //tensorflow/examples/android:tensorflow_demo up-to-date:
  bazel-bin/tensorflow/examples/android/tensorflow_demo_deploy.jar
  bazel-bin/tensorflow/examples/android/tensorflow_demo_unsigned.apk
  bazel-bin/tensorflow/examples/android/tensorflow_demo.apk
INFO: Elapsed time: 39.357s, Critical Path: 15.21s
```

在编译成功之后，默认会在 tensorflow-1.1.0/bazel-bin/tensorflow/examples/android 目录下面生成我们想要的 TensorFlow 演示程序，如图 19-14 所示。

图 19-14

下面我们就把生成的 apk 文件安装到 Android 手机上并运行。

2. 运行

将生成的 apk 文件传输到手机上，利用手机摄像头看看效果。这里采用的是小米 Note 手机，搭载 Android 6.0.1 版本，并且需要开启"开发者模式"。将手机用数据线与计算机相连，进入 SDK 所在的目录下，进入 platform-tools 文件夹，找到 adb 命令，并执行：

./adb install tensorflow-0.12/bazel-bin/tensorflow/examples/android/tensorflow_demo.apk

这样就将 tensorflow_demo.apk 自动安装到手机上了，在手机上会生成图 19-15 所示的两个 App 图标。

打开 TF Detect 的 App，App 会调起手机摄像头，对摄像头返回的数据流进行实时监测，监测结果如图 19-16 所示。

图 19-15　　　　　　　　　　　图 19-16

看起来精度并不是很高，与手机摄像头的像素有关系。读者可以定制自己的图片分类器，训练好模型后，重新编译 apk 即可。

19.3.3　自定义模型的编译及运行

本节和 19.2.3 节中的步骤基本相同，仍然分为 3 步：训练原始模型、编译成 Android 系统支持的模型，以及生成 Andriod apk 文件并运行。

其中，训练原始模型和编译成 Android 系统支持的模型的过程都是相同的，因为都是使用项目根目录下的 tensorflow/python/tools/optimize_for_inference.py、tensorflow/tools/quantization/quantize_graph.py、tensorflow/contrib/util/convert_graphdef_memmapped_format.cc 分别对模型进行优化。这里，我们直接将第一步生成的原始模型文件 retrained_graph.pb 和标记文件 retrained_labels.txt 放在 tensorflow/examples/android/assets 目录下。

需要修改 tensorflow/examples/android/src/org/tensorflow/demo/TensorFlowImageClassifier.java 中要加载的模型文件名称、输入图片的尺寸、操作节点的名字和如何缩放像素大小等，这和 19.2.3

节非常类似，只是是用 Java 语言实现的。方法如下：

```
private static final int INPUT_SIZE = 299;
private static final int IMAGE_MEAN = 128;
private static final float IMAGE_STD = 128;
private static final String INPUT_NAME = "Mul:0";
private static final String OUTPUT_NAME = "final_result:0";
private static final String MODEL_FILE = "file:///android_asset/retrained_graph.pb";
private static final String LABEL_FILE = "file:///android_asset/retrained_labels.txt";
```

然后重新编译 apk，连接上 Android 手机后，安装 apk，方法如下：

```
bazel build //tensorflow/examples/android:tensorflow_demo
adb install -r -g bazel-bin/tensorflow/examples/android/tensorflow_demo.apk
```

运行结果仍如图 19-10 所示。

19.4 树莓派实践

TensorFlow 还可以在树莓派（Raspberry Pi）上运行，树莓派是只有信用卡大小的微型电脑，系统基于 Linux，它也有音频和视频功能。现在有很多树莓派的应用，例如，输入 1 万张自己的面部图片，在树莓派上训练人脸识别的模型，教会它认识你后，可以在你进入家门后，帮你开灯、播放音乐等各种功能。树莓派上的编译方法和直接在 Linux 环境上使用十分相似，读者可以自己参考文档。

19.5 小结

本章讲解了移动端模型的应用原理，重点讲解了量化这一重要思想，介绍了 TensorFlow 在 iOS 和 Android 移动端的应用，并采用 TensorFlow 的工具对生成的原始模型进行优化、量化和内存映射。其原理都是借助有摄像头的手机来做分类和物体识别。随着移动端手机性能的提高，在移动端做深度学习会有很大前景。

第 20 章

TensorFlow 的其他特性

随着 TensorFlow 的版本不断迭代，目前它已经有很多新特性。除了第 15 章和第 16 章介绍的 XLA 和 Debugger 外，还有一个非常好的生产系统使用模型服务系统——TensorFlow Serving，以及支持动态图计算的 TensorFlow Fold。此外，还有一些基于硬件的优化方法也是目前人工智能发展的趋势。本章就来介绍一下这些内容。

20.1　TensorFlow Serving[①]

TensorFlow Serving 是专为生产环境设计的一种灵活、高性能的机器学习模型服务系统。它非常适合基于实际情况的数据大规模地运行，会产生多个模型的训练过程。

TensorFlow Serving 可以用于开发过程和生产过程，有以下两个主要作用。

（1）对模型的生命周期进行管理。一个模型一般是先数据训练，然后逐步产生初步的模型，随后优化模型。图 20-1 所示为持续的模型训练流。

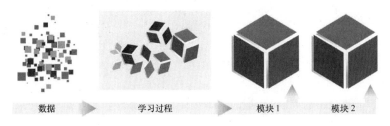

图 20-1

（2）当模型采用多重算法进行试验时，对生成的模型进行管理。当客户端（Client）向 TensorFlow Serving 请求模型后，TensorFlow Severing 会返回适当的模型给客户端。图 20-2 所示为 TensorFlow Severing 架构关系图。

---

① 本节参考 TensorFlow 官方网站文档：https://tensorflow.github.io/serving/。

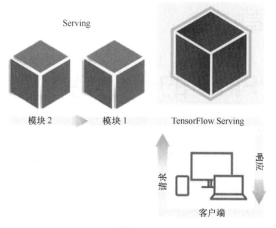

图 20-2

另外，TensorFlow 主要支持 Python 和 C++，最近又增加了对 Java、Ruby 和 Go 的支持。但是，大部分用户可能是基于 Python API 来构建图和训练模型的，直接使用其他编程语言访问模型比较困难。有了 TensorFlow Serving 和 gRPC[1]，就可以提供跨语言的 RPC 接口，使用 Java、Go 甚至是 Ruby 都可以直接访问这些模型。

TensorFlow Serving 的代码位于 https://github.com/ tensorflow/serving，安装过程可以采用源代码 Bazel 编译安装[2]，或者采用 Docker 安装。具体的过程可以参考 TensorFlow 官方网站[3]。

在第 17 章我们讲解了通过 Kubernetes 来实现 TensorFlow 集群，其实还可以结合 TensorFlow Serving，为训练好的模型创建一个 Docker 镜像，将它推送到 Google Container Registry[4] 上，这样模型就可以在谷歌云平台（Google Cloud Platform）上运行了，也就是说，在 Kubernetes 里成功部署了模型的服务。详细的安装方法可以参考 TensorFlow 官方网站的"Serving Inception Model with TensorFlow Serving and Kubernetes"[5]。另外，谷歌还提供了 Google ML Engine，这是一个全托管的 TensorFlow 平台，能把训练的模型一键转换为预测服务。

20.2 TensorFlow Flod[6]

一般的深度学习过程是，先对模型的训练数据进行预处理，把不同结构的数据剪裁成相同

---

[1] gRPC 是谷歌公司开源的一个高性能、跨语言的 RPC 框架。

[2] 与编译安装 TensorFlow 类似，安装方法见 https://github.com/tensorflow/serving/blob/master/tensorflow_serving/g3doc/setup.md。

[3] https://tensorflow.github.io/serving/setup

[4] https://cloud.google.com/container-registry/docs/

[5] https://tensorflow.github.io/serving/serving_inception

[6] 本节参考论文《Deep Learning with Dynamic Computation Graphs》：https://openreview.net/pdf?id=ryrGawqex。

的维度和尺寸，划分为一批批的，进入到训练流程里。

这种训练方式称为"静态图模型"。它的缺点在于，如果输入数据无法进行一般的预处理，模型就必须针对不同的输入数据建立不同的计算图（computation graph）分别进行训练，对处理器、内存和高速缓存都没有很好地利用。

TensorFlow Fold[①]可以根据不同结构的输入数据建立动态计算图（dynamic computation graph），根据每个不同的输入数据建立不同的计算图。动态批处理（dynamic batching）功能会自动组合这些计算图，实现在输入数据内部的批处理，也就是批处理单个输入图内的不同节点，以及不同输入数据之间的批处理，也就是批处理不同输入图之间的运算。同时还可以通过插入一些附加指令来在不同批处理操作之间移动数据。这简化了模型训练阶段对输入数据的预处理过程。这些批处理操作的优势赋予模型后，在 CPU 的模型的运行速度提高了 10 倍以上，GPU 上提高了 100 倍。

Tensorflow 的动态图计算的提出被认为是第一次清晰地在设计理念上领先其他深度学习框架。

20.3　TensorFlow 计算加速

使用 TensorFlow 框架训练时使训练加速的方法有很多。例如，可以通过用 GPU 的设备来实现，可以通过 XLA 框架对部分 OP 进行融合，还可以采用分布式的方式将计算部分和参数部分分布到不同机器上来提升性能。同时，还可以利用硬件来计算，如利用 CPU 的更高级的指令集，如 SSE、AVX 等，用 FPGA 编写支持 TensorFlow 的计算单元等。这里我们先讲解一下在 CPU 的情况下如何进行优化，使用 CPU 运行时可能出现哪些警告，提出优化的方向，随后讲解 FPGA 的加速原理。

20.3.1　CPU 加速

如果是直接采用 pip 命令的方式安装的，可能会报出以下警告：

```
2017-02-26 13:27:48.579303: W tensorflow/core/platform/cpu_feature_guard.cc:45]
The TensorFlow library wasn't compiled to use SSE4.1 instructions, but these are
available on your machine and could speed up CPU computations.
2017-02-26 13:27:48.579512: W tensorflow/core/platform/cpu_feature_guard.cc:45]
The TensorFlow library wasn't compiled to use SSE4.2 instructions, but these are
available on your machine and could speed up CPU computations.
2017-02-26 13:27:48.579519: W tensorflow/core/platform/cpu_feature_guard.cc:45]
The TensorFlow library wasn't compiled to use AVX instructions, but these are
```

---

① https://github.com/tensorflow/fold

```
available on your machine and could speed up CPU computations.
2017-02-26 13:27:48.579524: W tensorflow/core/platform/cpu_feature_guard.cc:45]
The TensorFlow library wasn't compiled to use AVX2 instructions, but these are
available on your machine and could speed up CPU computations.
2017-02-26 13:27:48.579528: W tensorflow/core/platform/cpu_feature_guard.cc:45]
The TensorFlow library wasn't compiled to use FMA instructions, but these are
available on your machine and could speed up CPU computations.
```

出现上述问题的原因是：为了尽可能与更广泛的机器兼容，TensorFlow 默认仅在 x86 机器上使用 SSE4.1 SIMD 指令，而大多数现代 PC 和 Mac 都支持更高级的指令。因此，通过源代码安装可以获得最大性能，可以开启 CPU 的高级指令集（如 SSE、AVX）的支持。可以使用 bazel 构建一个只能在自己的机器上运行的二进制文件，如下：

```
bazel build -c opt --copt=-mavx --copt=-mavx2 --copt=-mfma --copt=-mfpmath=both
--copt=-msse4.2 --config=cuda -k //tensorflow/tools/pip_package:build_pip_package
 bazel-bin/tensorflow/tools/pip_package/build_pip_package /tmp/tensorflow_pkg
```

此时会在 /tmp/tensorflow_pkg 下产生一个 wheel 文件，再用 pip 命令安装这个 wheel 文件。

20.3.2　TPU 加速和 FPGA 加速

谷歌目前为 TensorFlow 设计了专用集成芯片——张量处理单元（Tensor Processing Unit，TPU）。

我们知道，CPU 进行逻辑运算（如 if else）的能力很强，但是纯粹的计算能力与 GPU 相比就差一些，而深度学习恰恰需要做海量的计算。

GPU 在一些场景下运算速度比 CPU 要快，一方面是因为 GPU 有强大的浮点计算单元，GPU 的着色器（shader）是对一批数据以相同的步调执行相同的指令流水，准确地讲，GPU 在同一时钟周期能执行的指令的数量是千级别的，好的 GPU 大约是 3000 多条，而 CPU 在同一时钟周期内能执行的指令数量是几十级别的，因此远超 CPU 指令集的数据并行能力，作为代价就是 GPU 做 if else 能力很弱，原因就是它流水线并行能力（同一时钟周期并发执行不同逻辑序列的能力）很差，它需要这一批数据同步调地执行同样的逻辑。

而神经网络刚好需要这样的大规模数据并行的能力，尤其是 CNN 中卷积、矩阵运算之类的操作，都是通过数据并行可大幅提高性能的。

但是，因为 GPU 出厂后架构固定，硬件原生支持的指令就固定了，所以，如果神经网络中有 GPU 不支持的指令，GPU 就不能直接实现。例如，如果想要计算矩阵乘法，但是若 GPU 只支持加法和乘法，那就只能用软件模拟的方法用加法和乘法来模拟矩阵乘法。

FPGA 的加速就在于，虽然硬件中可能有不支持的指令，但是开发者可以在 FPGA 里编程，改变 FPGA 的硬件结构来使它支持。

那是不是 GPU 支持足够多的基础指令，就能打平 FPGA 了呢？不是。FPGA 加速在于它和

GPU 和 CPU 的体系结构就不同。FPGA 不是冯·诺伊曼结构的，而是一个代码描述的逻辑电路。FPGA 只要片上逻辑门和引脚够多，全部输入、运算和输出都在一个时钟周期内完成。FPGA 因为一个时钟周期执行一次全部烧好的电路，某种角度来说它一个模块就一句超复杂"指令"，所以不同模块也算是不同逻辑序列，并且这个序列里就一条指令。单元间通信这些冯·诺伊曼结构的东西对于 FPGA 都不是问题，不同运算单元间本身就硬件直连，所以才能做到数据并行和流水线并行共存（GPU 流水线并行能力约为 0），真的要比单算浮点运算能力，当前常见的 FPGA 不比 GPU 好。因此，如果是需要低延迟的预测推理，每批大小比较小时，FPGA 更合适。

而 TPU 和 FPGA 类似，它是一种专用集成电路（application specific integrated circuit，ASIC），但是硬件逻辑一旦烧写完毕就不可以再编程，是专门为 TensorFlow 做深度学习开发的。从 TPU 目前的版本来看，还不能完整运行 Tensorflow 的功能，它的目的是高效地完成预测推理，还不涉及训练。

20.4 小结

本章介绍了 TensorFlow 的其他新特性，如 TensorFlow Serving、TensorFlow Flod，还介绍了 TensorFlow 的硬件加速方法，例如，当计算机只有 CPU 时，开发人员可以利用 CPU 的更高级的指令集；当有 FPGA 时，开发人员可以在 FPGA 里编程，改变硬件结构来支持神经网络的指令；当有 TPU 时，它完美地支持 TensorFlow 的所有运算，效率最高。

第 21 章

机器学习的评测体系

当我们训练完一个模型之后,如何评价这个模型的好坏呢?准确率是一个评价标准,但它仅仅是相对于这个模型对测试集的预测结果。抛开这些,如何看待这个模型在解决语音或图像的某个具体问题时是否能发挥作用呢?这就涉及评价模型的性能指标。本章主要讲解人脸识别和智能聊天机器人的性能指标,以及机器翻译的评价方法和常用的通用评价指标。

21.1 人脸识别的性能指标

人脸识别的主要性能指标包括鉴别性能和验证性能。

(1)鉴别性能就是指是否鉴别准确。具体性能指标有以下几个。

- Top-K 识别率:就是在给出的前 K 个结果中包含正确结果的概率。
- 错误拒绝辨识率(FNIR):指注册用户被系统错误辨识为其他注册用户的比例。
- 错误接受辨识率(FPIR):非注册用户被系统辨识为某个注册用户的比例。

(2)验证性能是指验证人脸模型是否足够好。性能指标主要有以下两个。

- 误识率(False Accept Rate,FAR):就是将其他人误作指定人员的概率。
- 拒识率(False Reject Rate,FRR):就是将指定人员误作其他人员的概率。

除此之外,还有识别速度(识别一副人脸图像的时间、识别一个人的时间)、注册速度(注册一个人的时间)等衡量人脸识别技术的指标。

21.2 聊天机器人的性能指标

如何对聊天机器人智能程度进行评价是一项挑战。目前采用的通用的客观评价标准有:回答正确率、任务完成率、对话回合数、对话时间、系统平均响应时间、错误信息率等,但是评价的基本单元是单轮对话。同时，由于人机对话过程是一个连续的过程，输入首句后对话展开，不同系统的回复不尽相同，因此不能简单地将连续对话切分成单轮对话去评价。因此，在形成客观标准之前，设计合理的人工主观评价也是对聊天机器人智能程度评价标准的补充。①

一个好的聊天机器人应该具有以下特点。

（1）机器人的答句和用户的问句应该语义一致，语法正确，并且逻辑正确。

（2）机器人的答句应该是有趣的、多样的，而不是一直产生一些安全回答，如"好呀""是呀"之类。

在这两个特点上，微软小冰就表现得很好。我常常用一句重复的话逗它，但它回复非常多样而且有趣，有时候甚至还会"训斥"我总是重复一句话，并且还能给出图片、各种角度的多样回答，能够对话多轮，而不会重复答句，给人对方词穷的感觉。例如，图 21-1 给出的是我和小冰的一次对话。

图 21-1

事实上，即使是祝福语，20 多轮对话的多样性也是令人咋舌的。我还尝试过其他产品，重复问句，带来的回答往往都是"谢谢，你也是"或者"也祝你生日快乐"这样不搭边的回答，并且在三四轮对话后，机器人就产生重复回答了。

（3）机器人应该"个性表达一致"。它的年龄、身份、出生地等基本背景信息以及爱好、语言风格应该一致，能让人把它想象成一个典型的人。例如，微软小冰关于性别的回答，在多轮会话中有些不一致，但总体上个性是一致的，如图 21-2 所示。

---

① 这段内容参考 http://sanwen.net/a/hkhptbo.html，发表在《中国人工智能学会通讯》2016 年第 6 卷第 1 期上。

图 21-2

21.3 机器翻译的评价方法

现在机器翻译方法越来越多,那么如何评价一个机器翻译方法的好坏呢?

最初是用人工评测的方法,在得到翻译结果后,请专家来为每个句子的翻译结果打分,然后统计平均分。这种方法存在两个问题,一是由两批专家打分,即使一批专家给两个翻译结果打分,也无法保证打分尺度一致;二是打分周期让系统迭代的周期变长。

下面我们就来介绍两种自动评价方法。

21.3.1 BLEU

这里讲的 BLEU(bilingual evaluation understudy)方法是在 2002 年由 IBM 的沃森研究中心提出的。BLEU 是 Bilingual Evaluation Understudy 的英文缩写。它的核心思想是:机器翻译语句与人类的专业翻译语句越接近就越好。

这个自动评价方法与人工评价高度相关。我们把正确的句子叫作参考译文(reference),也称正确句子(golden sentence),测试的句子叫作候选译文(candidate),这种方法适用于一个测试语料中具有多个参考译文的情况。

我们比较参考译文与候选译文中相同的片段的数量,用参考译文中连续出现的 N 元组(N 个单词或字)与候选译文中出现的 N 元组进行比较,也称为 n 单位片段(n-gram)比较,计算完全匹配的 N 元组的个数与参考译文中 N 元组的总个数的比例,这些匹配片段与它们在文字中存在的位置无关。匹配片段数越多,则待评价的候选译文的质量越好。因此,BLEU 得分越高翻译质量越好。

21.3.2 METEOR

METEOR 是另一个用来评价机器翻译输出质量好坏的方法。与 BLEU 不同，它不仅要求候选译文在整个句子上，而且在句子的分段级别上，也要与参考译文的更接近。

我们来看维基百科上的一个例子[①]。METEOR 方法在待评价字符串和参考字符串之间创建一个平面图，如图 21-3 所示。

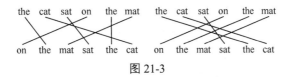

图 21-3

在待评价翻译中的每个一元组必须映射到参考翻译中的 1 个或 0 个一元组，如果有两个平面图的映射数量相同（如图 21-3 所示），那么选择映射交叉数目较少的那个。也就是说，图 21-3 左侧的会被选中。METEOR 得分越高质量越好。图 21-4 所示为维基百科上面的比较结果。

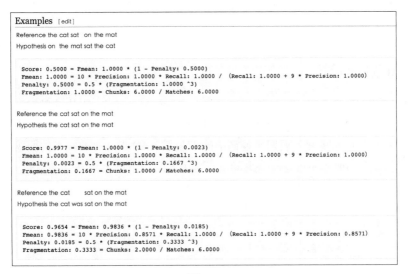

图 21-4

21.4 常用的通用评价指标

对于深度学习的分类程序来说，常用的评价指标有准确率、召回率、F 值、ROC、AUC、AP 和 mAP 等。准确率、召回率和 F 值过于简单，这里就不赘述，下面主要讲 ROC、AUC、AP 和 mAP。

---

① https://en.wikipedia.org/wiki/METEOR#Algorithm

21.4.1 ROC 和 AUC

ROC（Receiver Operating Characteristic，受试者工作特征曲线）和 AUC（Area Under roc Curve，曲线下面积）是评价分类器的指标。图 21-5 展示的是摘自维基百科[①]的 ROC 曲线示例。如图 21-5 所示，ROC 曲线的横坐标为 FPR（False positive rate），纵坐标为 TPR（True positive rate）。ROC 曲线越接近左上角，分类器的性能就越好。

AUC 是 ROC 曲线下方的那部分面积的大小。通常，ROC 曲线一般都处于 $y = x$ 这条直线的上方，因此 AUC 的值介于 0.5 和 1.0 之间，AUC 的值越大表示性能越好。有一些专门的 AUC 计算工具，参见 http://mark.goadrich.com/programs/AUC/。

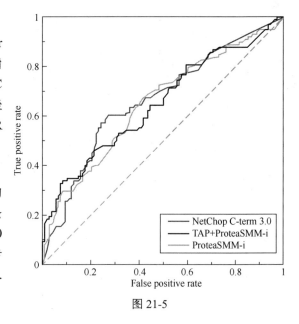

图 21-5

21.4.2 AP 和 mAP

在计算机视觉中，尤其在分类问题中，AP（average precision，平均准确性）是模型分类能力的重要指标。如果单纯用 P（precision rate，准确率）和 R（recall rate，召回率）来评价，组成的 PR 曲线有一个趋势就是，召回率越高准确率越低。AP 指这个曲线下的面积，等于对召回率做积分，而 mAP（mean average precision，平均准确性平均）也是为了解决准确率、召回率、F 值的单点值局限性的，它对所有类别分别取平均，把每一个类当作一次二分类任务。目前的图像分类论文基本都是用 mAP 的高低作为分类好坏的标准。

21.5 小结

本章介绍了机器学习的评测体系。包括"实战篇"中人脸识别的性能指标、聊天机器人的性能指标，以及机器翻译的评价方法。另外，还介绍了几个常用的通用评价指标，即 ROC、AUC、AP 和 mAP。但是，对一个具体的行业应用来说，性能指标和评价方法不是一成不变的，随着模型准确率和召回率的提高，对模型的评价维度也会更全面，读者可以多多关注相关科研成果。

---

① https://en.wikipedia.org/wiki/Receiver_operating_characteristic#/media/File:Roccurves.png

附录 A

公开数据集

为了方便读者进行更多实践，本附录给读者介绍一些可用的公开数据集。

A.1 图片数据集

ImageNet[1]是目前世界上最大的图像识别数据集，包含 14197122 张图像，由斯坦福大学视觉实验室终身教授李飞飞创立。每年的 ImageNet 大赛是国际上计算机视觉的顶级赛事。

COCO[2]是微软创立的用于分割和加字幕标注的数据集。其主要特征如下：

- 目标分割；
- 通过上下文进行识别；
- 每个图像包含多个目标对象；
- 超过 300000 个图像；
- 超过 2000000 个实例；
- 80 种对象；
- 每个图像包含 5 个字幕；
- 包含 100000 个人的关键点。

CIFAR[3]（Canada Institute For Advanced Research）是由加拿大先进技术研究院收集的 8 000 万小图片的数据集。CIFAR 包含 CIFAR-10 和 CIFAR-100 两个数据集。Cifar-10 由 60 000 张 32×32 的 RGB 彩色图片构成，共 10 个类别，50 000 张训练，10 000 张测试（交叉验证）。CIFAR-100 由 60 000 张图像构成，包含 100 个类别，每个类别 600 张图像，其中 500 张用于训练，100 张用于测试。其中这 100 个类别又组成了 20 个大的类别，每个图像包含小类别和大类别两个标记。

---

① http://www.image-net.org/
② http://mscoco.org/
③ https://www.cifar.ca/

A.2 人脸数据集

AFLW[①]（Annotated Facial Landmarks in the Wild）提供从 Flickr 收集的带标注的面部图像的大规模集合，包括了各种姿态、表情、光照、种族、性别、年龄等因素影响的图片，大约包括 25 000 万手工标注的人脸图片，每个人脸被标注了 21 个特征点，图像大多数是彩色的，59%为女性，41%为男性。该数据集非常适合用于人脸识别、人脸检测、人脸对齐等方面的研究。

Labeled Faces in the Wild Home[②]（LFW）数据集是由美国马萨诸塞大学阿姆斯特分校计算机视觉实验室整理而成的。它包含 13 233 张图片，共 5 749 个人，其中 4 096 个人只有一张图片，1 680 个人的图片多于一张，主要用于研究非受限情形下的人脸识别问题，因为人脸的外形很不稳定，会受到面部表情、观察角度、光照条件、室内室外、遮盖物（口罩、眼睛、帽子等）、年龄等方面的影响。现在已经成为学术界评价识别性能的标准（benchmark）。

GENKI[③]数据集是由加利福尼亚大学收集的。该数据集包含 GENKI-R2009a、GENKI-4K 和 GENKI-SZSL 三个部分，其中 GENKI-R2009a 包含 11 159 个图片，GENKI-4K 包含 4 000 个图像，分为"笑"和"不笑"两类，每个图片的人脸的姿势、头的转动都标注了角度，专门用于做笑脸识别。GENKI-SZSL 包含 3 500 个图像，这些图片包括广泛的背景、光照条件、地理位置、个人身份和种族等。

VGG Face[④]数据集包含了 2 622 个不同的人，每个人包含 1 000 张图片，是一个训练人脸识别的大的数据集。

大规模名人人脸标注数据集 CelebA[⑤]（Large-scale CelebFaces Attributes）包含 10 177 个名人，202 599 张名人图像，每张图像都有 40 个属性标注。

A.3 视频数据集

YouTube-8M[⑥]数据集是一个不错的视频数据集，包含了 800 万个 YouTube 视频的 URL，代表 50 万小时长度的视频，并带有视频标注。

---

① http://lrs.icg.tugraz.at/research/aflw/
② http://vis-www.cs.umass.edu/lfw/
③ http://mplab.ucsd.edu
④ http://www.robots.ox.ac.uk/~vgg/data/vgg_face/
⑤ http://mmlab.ie.cuhk.edu.hk/projects/CelebA.html
⑥ https://research.google.com/youtube8m/

A.4 问答数据集

MS MARCO[①]（Microsoft MAchine Reading Comprehension）是微软发布的一个包含 10 万个问题和答案的数据集，研究者可以使用这个数据集来创造能够像人类一样阅读和回答问题的系统。这个数据集是基于匿名的真实数据构建的。

康奈尔大学电影对白数据集[②]有超过 600 部好莱坞电影的对白。

A.5 自动驾驶数据集

法国国家信息与自动化研究所行人数据集[③]（INRIA Person Dataset），这个数据集是作为图像和视频中直立人检测的研究工作的一部分收集的，里面的图片分为两种格式：一种是具有对应注释文件的原始图像，另一种是具有原始负像的经过正规化处理后的 64×128 像素正像。图片分为只有车、只有人、有车有人和无车无人 4 个类别。

KITTI[④]（Karlsruhe Institute of Technology and Toyota Technological Institute）是一个车辆数据集，包含 7 481 个训练图片和 7 518 个测试图片。该数据集中标注了车辆的类型、是否截断、遮挡情况、角度值、二维和三维框、位置、旋转角度等重要的信息。

A.6 年龄、性别数据集

Adience 数据集[⑤]来源为 Flickr 相册，由用户使用 iPhone5 或者其他智能手机设备拍摄，图片包含 2 284 个类别和 26 580 张图片，并且保留了光照、姿势、噪声的影响，是在做性别、年龄估计和人脸检测中运用算法时进行基准测试的一个数据集。

除以上这些数据集外，还有非常多的公开数据集，读者可以自己用搜索引擎去研究和探索。

---

① http://www.msmarco.org
② https://www.cs.cornell.edu/~cristian/Cornell_Movie-Dialogs_Corpus.html
③ http://pascal.inrialpes.fr/data/human/
④ http://www.cvlibs.net/datasets/kitti/
⑤ http://www.openu.ac.il/home/hassner/Adience/data.html

附录 B

项目管理经验小谈

终于到本书的最后部分了，相信通过前面的学习你已经对 TensorFlow 的基础知识和实战了解得很全面了，那就快快动手结合自己的业务实现一个 Demo 吧。作为一个技术人员，你也不可避免地会遇到职场上的管理和流程问题，而且随着工作年限的提高，你可能早晚都要做一个纯管理者或者技术管理者，或者是一个被别人经常请教技术方案的人。本章我就说一些在工作中的项目管理经验。

B.1 管理的激进与保守问题

技术管理人员在设计技术架构及人员管理的时候，往往会有两种风格——激进派和保守派。下面我来说说这两种风格的特点，以及作为技术管理人员，如何针对具体的项目，用不同的风格来扬长避短。

B.1.1 激进派

这种风格表现在：项目上追求快速完成，不太注重项目持久性。这种风格的优点是，一个新点子往往能迅速上线，但弊端更多。

这样的管理者开头和分配任务的方式往往是一样的：

"小 A，小 B，小 C，快快快，在这儿开个会。我们要做一个 xxx，就是实现个 xxx，小 A，你做 A 部分，小 B 你做 B 部分，小 C 你做 C 部分。我们这个项目，2 周，开发完，交给测试。测试一两天就应该能测完。10 月底上线。"

然后，小 A、小 B、小 C 回到工位，开始火急火燎地开发。不，开始火急火燎地研究需求，设计系统方案，最后开始编码。

然后，真正到 2 周了，其实也开发完了，交付给测试后，会出现很多问题，然后他们分别拼命改。终于在最后期限——10 月底上线了，可是，给用户一用，发现好多问题，紧急修复，紧急，紧急，身后一背虚汗。

这样的开发方式，弊端在哪里呢？

首先，因为留给基层开发人员的时间很短，所以开发人员在开发时无法深入地对系统架构有整体的思考，并且因为时间紧迫，开发人员都是"吃技术老本"来完成这个项目，没有从项目中学到新东西，也没有获得太大的成长。比如，之所以让小 A 负责 A，小 B 负责 B，小 C 负责 C，是因为这部分是他们各自的擅长领域，开发人员在技术上做的是"重复的机械性的"工作。

其次，上线后会有各种诡异问题。这是因为，开发时对所有的逻辑没有想全，项目周期紧张，测试人员也是在测试当天前后才了解到这个项目，对项目的整体功能把握不透彻，就完全依赖开发人员的描述进行测试。一些异常状态以及跟之前系统可能有的交互的影响未考虑到，导致很多不易察觉的错误上线后才发现。这时，留给开发人员的活儿就是在线上定位和修改 bug。因为这种问题往往是没有很明显复现条件的，所以定位问题的难度很大。这时开发人员就要重新梳理一遍自己的开发逻辑，从中发现可能的问题。

再次，由于时间紧张，开发人员往往不写"设计文档"，这对后期接手人员的工作带来很大困难。万一开发人员变动或者离职，接手人员有时就得重头"啃"代码，或者自己另写一套代码维护。

我称这种项目管理方式叫作"走 2 步，退 1 步半"。因此，开发的时候，好像很迅速，一个系统可能 2 周左右就开发完成，然后上线，管理人员和一线开发人员都皆大欢喜，发邮件抄送全组祝贺。可是，后续发现，问题维护成本也很高，大概也需要 1 周半的时间去维护系统的遗留问题，这些遗留问题被测试人员或者用户发现后，往往也需要一定的沟通成本来描述和定位。最重要的是，问题发生在线上后，影响了公司的品牌和声誉。

这种开发模式对"熟手"工程师来说可能成长不大，而对"生手"工程师来说，这种模式会倒逼他在某个时间点完成一项任务，在技术应用上学习和成长是很快的。但即使"熟手"也会出现上述问题，是因为技术本领的熟练，不足以应对开发这个系统时需要的团队配合以及考虑系统上下游的关系的问题，因为你做的很多设计，可能和你搭档的工程师并不知道，或者在整个系统中并不必要。因此，有的时候你不能走得太快，否则会遗失很多东西，到时候还得补回来。

B.1.2　保守派

保守派和激进派的做法几乎完全相反。下面我就举个例子来描述保守派项目管理的开发流程。例如，产品经理想给产品新加一个功能，他可能面临如下步骤。

（1）直接找到对应的技术人员去沟通。

（2）技术人员同意添加，并有能够解决问题的技术方案。但是，不要以为技术人员就可以直接干活写代码了，因为技术人员的上级还不知道这件事情，所以这个技术人员还没有相应的时间资源（即排期）去做。因此，需要再向技术主管确认这个功能是否要添加，以及主管安排这个技术人员的工作排期。随后，需要产品经理发出邮件，抄送对应的技术人员和双方主管，确认沟通内容，这样，沟通圆满完成。

（3）若技术人员认为这个功能没有必要，或者添加这个功能的技术复杂度很高。他们就需要上报到双方经理处进行协商，而协商的结果则要视问题的复杂度及各自的 KPI 来定。有可能问题太复杂，这个功能就暂时被搁置了，也有可能产品和技术虽然都负责一个项目，但是两边的 KPI 导向可能不一致，这也可能会导致新功能被搁置。

而到了真正开始项目开发的时候，保守派一般会有 1~2 个工程师参与，详细写出"设计文档"，和项目经理一起开会，对设计文档的实现点逐个讨论，逐个达成一致，然后确保在考虑上没有疏忽和遗漏，才开始写代码。

B.1.3　保守派和激进派的区别

保守派和激进派最大的区别在于，保守派在向前推进项目的每一步，都倾向以"邮件"的方式传达给合作方，包括每一次沟通的内容及沟通的结论，并且倾向于在开发前就把完整的设计方案全部整理好，细化到任何一个步骤，并且让参与的工程师都知晓。而激进派则不同，他比较倾向于口头和对方讨论和沟通，并立刻投入功能实现中，在最后上线时发邮件庆贺，并且倾向于每个人独立负责自己的那一部分，需要部分之间衔接时，才去两人私下讨论，因为不正式，所以常常也考虑不到对整个系统或者其他工程师手头工作的影响。

这两种管理方式我们在同一家公司的不同项目管理者身上经常能看到。但本质上，这两种方式都一定程度上损失了公司效率。其实，稍微理想一些的方式应该是下面这样的。

技术经理在平时的工作中，就对自己负责的产品有深刻的理解，能够主动提出需要改进的功能，并且对系统架构有深刻的了解，能够知道自己目前维护的系统的优势和不足在哪里，平时就督促一线开发人员做好系统优化。在面对新需求时，能从产品角度给出新需求的建议，能从技术角度给出技术选型和实现方案，并能拉上测试人员及早接入了解项目。这样，就能做到对这个项目有全局的把控，对开发节奏就有合理的排期，选择适当的团队成员进行开发，并且上线之后"坑"也很少。同时，能够分辨出哪些项目是可以很快完成的，哪些项目是需要一起讨论设计方案的，做项目的步骤中出现问题，及时与开发人员沟通，而不是总看着开发人员，让他们自己沟通解决。

这就对技术管理人员的要求很高，需要技术管理人员不断地钻研业务和团队的技术。"激进型"和"保守型"的管理风格相互融合，团队的领导者应该兼具这两种风格，这对技术方案的选择和规划开发计划能够提供很好的合理保证。因此，实际上，技术管理者的门槛应该是很高的，他除了技术过硬外，还需要足够了解业务本质，足够了解手头的技术架构的重点和难点，知道将来的部署方向，掌握每一个技术人员的技术本领以及期望的发展方向。

另外，谈谈大公司和创业公司的区别，他们最大的区别就在于沟通的成本，以及由此决定的员工工作时的心态和状态。

对于 BAT 之类的大公司，犯错误的成本是很高的。因此，在开发过程中，沟通的成本非常高。大公司的流程管理相对比较规范和严格，有些是以 KPI 为导向的，团队里的技术、产品、运营都有专门的负责人，他们都有自己独立的 KPI，即使这些不同角色的人都是负责同一个项目也是如此。因此，在做项目时，一个很小的改动，或者一次很小的沟通，甚至是一次很平常的沟通的结论，大都需要发出邮件让双方的领导知情，很多效率会损失在这里。因此，这种管理风格多是"保守"的。

而创业公司一般是，想到一个好点子就立即安排去实现，或者遇到竞品上线了一个新功能也立刻实现相应的功能。因此，开发周期相对都很快，管理方式也略微"激进"些。

管理方式的不同事关公司，也事关管理者，也有一些公司在这个层面做得很好，他们的管理者在决策上比较有经验，既不盲目追溯，也不大跨步冒进，他们的技术管理人员承担了很大的决策压力，因此非常有胆识。

有些年轻人以在大公司工作为骄傲，也有些职场新手羡慕和敬仰大公司。这里，我借用乔布斯说的一段话来与读者共勉："公司规模扩大之后，就会变得因循守旧，员工们觉得只要遵守流程，就能奇迹般地继续成功，于是开始推行严格的流程制度，很快员工就把遵守流程和纪律当作工作本身。"因此，无论在哪里，我们都应该实现的是在工作目标本身上的突破，而不是拘泥于流程本身。

B.2　公司效率损失及规避

很多情况下，公司效率往往损失在细微末节的小事上。比如，某个技术人员的代码没有通过运行就提交了，不慎被发布到线上，然后为这件事需要耽误好几天的时间来修复和后续案例分析；再如，同事之间对同一个文件的代码进行修改后，合并后没有正确解决冲突。这种错误虽然很小，但是也极大地影响了团队的工作效率，往往要牵扯到好几个人去处理。这种错误往往发生在比较"激进"的团队中，这时，一些开发流程对出现这些错误就有了规避的作用。

（1）代码需要经过代码评审（code review，CR）。代码评审的重要性不言自明，对于被评审者，他可以学到很多现成的编码经验；而对于评审人员，他可以看看新手有哪些新的设计思路，给自己以启发，并且能知道系统中常犯的错误和问题，对高屋建瓴地理解系统非常重要。但是，现在代码评审往往被很多公司忽视。它还是一道心里防线，能够防止未运行通过的代码被提交。

（2）即使是简单的一次代码上线，也需要测试人员和运维人员去验证。很多情况下，开发人员认为修改量很小，影响范围有限，因此直接上线了，这往往会导致问题出现，在我周围也听说过很多例。因此，无论修改范围大小，都需要经过验证的流程。

（3）慎重使用 root 权限。运维人员往往有很多机器的最高权限，但人毕竟不是机器，有累、困、饿、烦的时候，有很多误操作就来源于这种情况下的"rm -rf"。因此，一些解决经验就是：重新编译或者自己实现 rm 命令的源代码，进入重要目录后，执行这个操作时，需要输入密码，这个密码可以是"当天的 0 点时间戳加上当天的星期序号的 md5 值"等。严格执行根据运维级别给予操作权限，对应重要目录的权限，即使很高级别的人，也不能随意切换到 root 用户，执行 rm -rf 操作。

B.3 小结

本章主要总结了我在学习项目管理及项目开发中的一些经验，根据我在创业公司和大公司的一些观察，对公司整体效率的提升和快速稳步发展提出了一些建议，也从技术角度对减少公司效率损失提供了一些建议，供有志于成为技术管理人员的读者参考借鉴。

欢迎来到异步社区！

异步社区的来历

异步社区（www.epubit.com.cn）是人民邮电出版社旗下IT专业图书旗舰社区，于2015年8月上线运营。

异步社区依托于人民邮电出版社20余年的IT专业优质出版资源和编辑策划团队，打造传统出版与电子出版和自出版结合、纸质书与电子书结合、传统印刷与POD按需印刷结合的出版平台，提供最新技术资讯，为作者和读者打造交流互动的平台。

社区里都有什么？

购买图书

我们出版的图书涵盖主流IT技术，在编程语言、Web技术、数据科学等领域有众多经典畅销图书。社区现已上线图书1000余种，电子书400多种，部分新书实现纸书、电子书同步出版。我们还会定期发布新书书讯。

下载资源

社区内提供随书附赠的资源，如书中的案例或程序源代码。

另外，社区还提供了大量的免费电子书，只要注册成为社区用户就可以免费下载。

与作译者互动

很多图书的作译者已经入驻社区，您可以关注他们、咨询技术问题；可以阅读不断更新的技术文章，听作译者和编辑畅聊好书背后有趣的故事；还可以参与社区的作者访谈栏目，向您关注的作者提出采访题目。

灵活优惠的购书

您可以方便地下单购买纸质图书或电子图书，纸质书直接从人民邮电出版社书库发货，电子书提供多种阅读格式。

对于重磅新书，社区提供预售和新书首发服务，用户可以第一时间买到心仪的新书。

用户账户中的积分可以用于购书优惠。100积分=1元，购买图书时，在 里填入可使用的积分数值，即可扣减相应金额。

特 别 优 惠

购买本书的读者专享异步社区购书优惠券。

使用方法：注册成为社区用户，在下单购书时输入 S4XC5 使用优惠码 ，然后点击"使用优惠码"，即可在原折扣基础上享受全单 9 折优惠。（订单满 39 元即可使用，本优惠券只可使用一次）

纸电图书组合购买

社区独家提供纸质图书和电子书组合购买方式，价格优惠，一次购买，多种阅读选择。

社区里还可以做什么？

提交勘误

您可以在图书页面下方提交勘误，每条勘误被确认后可以获得 100 积分。热心勘误的读者还有机会参与书稿的审校和翻译工作。

写作

社区提供基于 Markdown 的写作环境，喜欢写作的您可以在此一试身手，在社区里分享您的技术心得和读书体会，更可以体验自出版的乐趣，轻松实现出版的梦想。

如果成为社区认证作译者，还可以享受异步社区提供的作者专享特色服务。

会议活动早知道

您可以掌握 IT 圈的技术会议资讯，更有机会免费获赠大会门票。

加入异步

扫描任意二维码都能找到我们：

异步社区	微信服务号	微信订阅号	官方微博	QQ 群：436746675

社区网址：www.epubit.com.cn

投稿 & 咨询：contact@epubit.com.cn